MATHEMATICS QUESTIONS AND ANSWERS FOR MASTER DEGREE ENTRANCE EXAMINATION(VOLUME 2)

硕士研究生入学考试
数学试题及解答（第2卷）

● 刘培杰数学工作室　编

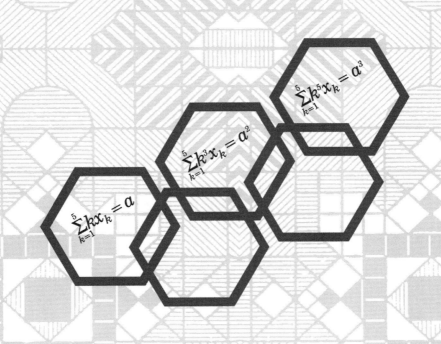

内 容 简 介

本书收录了国内31所院校1982或1983年的考研数学试题,包括北京师范学院、上海工业大学、武汉钢铁学院、武汉测绘学院、南京邮电学院等,其中对大部分考题给出了详细的解答.

本书可供大学相关专业学生备考研究生专业招生考试时参考使用.

图书在版编目(CIP)数据

硕士研究生入学考试数学试题及解答. 第2卷/刘培杰数学工作室编. —哈尔滨:哈尔滨工业大学出版社,2024.4

ISBN 978-7-5767-0901-8

Ⅰ.①硕… Ⅱ.①刘… Ⅲ.①高等数学-研究生-入学考试-题解 Ⅳ.①O13-14

中国国家版本馆CIP数据核字(2023)第110868号

SHUOSHI YANJIUSHENG RUXUE KAOSHI SHUXUE SHITI JI JIEDA(DI 2 JUAN)

策划编辑	刘培杰　张永芹
责任编辑	王勇钢
封面设计	孙茵艾
出版发行	哈尔滨工业大学出版社
社　　址	哈尔滨市南岗区复华四道街10号　邮编150006
传　　真	0451-86414749
网　　址	http://hitpress.hit.edu.cn
印　　刷	辽宁新华印务有限公司
开　　本	787 mm×1 092 mm　1/16　印张17　字数364千字
版　　次	2024年4月第1版　2024年4月第1次印刷
书　　号	ISBN 978-7-5767-0901-8
定　　价	68.00元

(如因印装质量问题影响阅读,我社负责调换)

◎ 目录

北京师范学院(1982)　//1
上海工业大学(1982)　//6
上海工业大学(1983)　//13
武汉钢铁学院(1982)　//20
武汉测绘学院(1982)　//27
南京邮电学院(1982)　//38
昆明工学院(1982)　//47
山东工学院(1982)　//55
南京化工学院(1982)　//65
上海机械学院(1982)　//71
武汉建材学院(1982)　//80
中南矿冶学院(1982)　//86
成都地质学院(1982)　//98
兰州铁道学院(1982)　//104
北京农业机械化学院(1982)　//110
镇江农业机械学院(1982)　//116
湘潭大学(1982)　//123
长沙铁道学院(1982)　//129
陕西机械学院(1982)　//135
太原工学院(1982)　//144

安徽工学院(1982)　　//155

淮南矿业学院(1982)　　//164

甘肃工业大学(1982)　　//170

无锡轻工业学院(1982)　　//177

贵州工学院(1982)　　//183

郑州工学院(1982)　　//189

北京轻工业学院(1982)　　//198

大连轻工业学院(1982)　　//204

南京林产工业学院(1982)　　//211

一机部机械研究院(1982)　　//218

海军工程学院(1983)　　//230

大连海运学院(1983)　　//238

北京师范学院[①](1982)

高等数学

一、求：(1) $\lim\limits_{n\to\infty}\left(\dfrac{1}{n^2}+\dfrac{2}{n^2}+\cdots+\dfrac{n}{n^2}\right)$.

(2) $\lim\limits_{n\to\infty}\dfrac{1^2+2^2+3^2+\cdots+n^2}{n^3}$.

解 (1) 由自然数前 n 项和的公式,有

$$原式=\lim_{n\to\infty}\frac{1}{n^2}(1+2+\cdots+n)$$
$$=\lim_{n\to\infty}\frac{1}{n^2}\frac{n(n+1)}{2}=\frac{1}{2}$$

(2) 由自然数平方和公式,有

$$原式=\lim_{n\to\infty}\frac{1}{6}\frac{n(n+1)(2n+1)}{n^3}$$
$$=\frac{1}{6}\lim_{n\to\infty}\left(1+\frac{1}{n}\right)\left(2+\frac{1}{n}\right)=\frac{1}{3}$$

注：这两个极限都可利用定积分计算。如令 $f(x)=x^2$, $f(x)$ 在 $[0,1]$ 上连续,因而可积.

取 $\Delta x=\dfrac{1}{n}$,且

$$x_i=\frac{i}{n}\quad(i=1,2,\cdots,n)$$

于是

$$\int_0^1 x^2\,\mathrm{d}x=\lim_{n\to\infty}\sum_{i=1}^n f(x_i)\Delta x$$
$$=\lim_{n\to\infty}\sum_{i=1}^n\frac{i^2}{n^3}$$

---

① 现为首都师范大学.

二、求旋转抛物面 $x^2+y^2=az$，xOy 平面与柱面 $x^2+y^2=2ax$ 所围之体积.

解 所求体积为
$$V=\iint_D \frac{x^2+y^2}{a}\mathrm{d}x\mathrm{d}y$$

其中 D 为 xOy 平面上的圆周 $x^2+y^2=2ax$ 所围区域. 取极坐标 $x=r\cos\theta,y=r\sin\theta$，得此圆周的极坐标方程为
$$r^2=2ar\cos\theta$$

即
$$r=2a\cos\theta \quad \left(-\frac{\pi}{2}<\theta<\frac{\pi}{2}\right)$$

故
$$V=\int_{-\frac{\pi}{2}}^{\frac{\pi}{2}}\mathrm{d}\theta\int_0^{2a\cos\theta}\frac{r^2}{a}r\mathrm{d}r$$
$$=\int_{-\frac{\pi}{2}}^{\frac{\pi}{2}}4a^3\cos^4\theta\mathrm{d}\theta$$
$$=8a^3\int_0^{\frac{\pi}{2}}\cos^4\theta\mathrm{d}\theta$$

又由分部积分法，得
$$\int_0^{\frac{\pi}{2}}\cos^4\theta\mathrm{d}\theta=\int_0^{\frac{\pi}{2}}\cos^3\theta\mathrm{d}\sin\theta$$
$$=\cos^3\theta\sin\theta\Big|_0^{\frac{\pi}{2}}+3\int_0^{\frac{\pi}{2}}\cos^2\theta\sin^2\theta\mathrm{d}\theta$$
$$=\frac{3}{4}\int_0^{\frac{\pi}{2}}\sin^2 2\theta\mathrm{d}\theta$$
$$=\frac{3}{8}\int_0^{\frac{\pi}{2}}(1-\cos 4\theta)\mathrm{d}\theta$$
$$=\frac{3}{8}\cdot\frac{\pi}{2}$$
$$=\frac{3}{16}\pi$$

有
$$V=\frac{3}{2}\pi a^3$$

三、将 $\sin^{-1}x$ 展开为泰勒(Taylor)级数，并求 π 之值.

解 由二项式展开公式得
$$(1+x)^\alpha=1+\sum_{n=1}^\infty \frac{\alpha(\alpha-1)\cdots(\alpha-n+1)}{n!}x^n \quad (-1<x<1)$$

取 $\alpha=-\frac{1}{2}$，得

$$\frac{1}{\sqrt{1-x^2}} = 1 + \sum_{n=1}^{\infty} \frac{-\frac{1}{2}\left(-\frac{1}{2}-1\right)\cdots\left(-\frac{1}{2}-n+1\right)}{n!}(-x^2)^n$$

$$= 1 + \sum_{n=1}^{\infty} \frac{1 \cdot 3 \cdot 5 \cdot \cdots \cdot (2n-1)}{2^n \cdot n!} x^{2n}$$

$$= 1 + \sum_{n=1}^{\infty} \frac{(2n-1)!!}{(2n)!!} x^{2n}$$

有

$$\sin^{-1} x = \int_0^x \frac{1}{\sqrt{1-x^2}} \mathrm{d}x$$

$$= \int_0^x \mathrm{d}x + \sum_{n=1}^{\infty} \frac{(2n-1)!!}{(2n)!!} \int_0^x x^{2n} \mathrm{d}x$$

$$= x + \sum_{n=1}^{\infty} \frac{(2n-1)!!}{(2n)!!} \cdot \frac{1}{2n+1} x^{2n+1} \quad (-1 < x < 1)$$

在所得展开式中，令 $x = \frac{1}{2}$，得

$$\pi = 6\sin^{-1}\frac{1}{2}$$

$$= 6\left[\frac{1}{2} + \frac{1}{2} \cdot \frac{1}{3}\left(\frac{1}{2}\right)^3 + \frac{1 \cdot 3}{2 \cdot 4} \cdot \frac{1}{5}\left(\frac{1}{2}\right)^5 + \right.$$

$$\frac{1 \cdot 3 \cdot 5}{2 \cdot 4 \cdot 6} \cdot \frac{1}{7}\left(\frac{1}{2}\right)^7 + \frac{1 \cdot 3 \cdot 5 \cdot 7}{2 \cdot 4 \cdot 6 \cdot 8} \cdot \frac{1}{9}\left(\frac{1}{2}\right)^9 +$$

$$\left. \frac{1 \cdot 3 \cdot 5 \cdot 7 \cdot 9}{2 \cdot 4 \cdot 6 \cdot 8 \cdot 10} \cdot \frac{1}{11}\left(\frac{1}{2}\right)^{11} + \cdots \right] \qquad ①$$

取前六项作为 π 的近似值，则其误差

$$\Delta = 6\left[\frac{1 \cdot 3 \cdot 5 \cdot 7 \cdot 9 \cdot 11}{2 \cdot 4 \cdot 6 \cdot 8 \cdot 10 \cdot 12} \cdot \frac{1}{13}\left(\frac{1}{2}\right)^{13} + \right.$$

$$\left. \frac{1 \cdot 3 \cdot 5 \cdot 7 \cdot 9 \cdot 11}{2 \cdot 4 \cdot 6 \cdot 8 \cdot 10 \cdot 12} \cdot \frac{13}{14} \cdot \frac{1}{15}\left(\frac{1}{2}\right)^{15} + \cdots \right]$$

$$< 6 \cdot \frac{1 \cdot 3 \cdot 5 \cdot 7 \cdot 9 \cdot 11}{2 \cdot 4 \cdot 6 \cdot 8 \cdot 10 \cdot 12} \cdot \frac{1}{13}\left(\frac{1}{2}\right)^{13} \cdot$$

$$\left[1 + \left(\frac{1}{2}\right)^2 + \left(\frac{1}{2}\right)^4 + \cdots\right]$$

$$< 10^{-4}$$

再把式 ① 中写出的六项计算出来（每一项都计算到小数点后五位），可得

$$\pi \approx 3.1416$$

四、求下列微分方程的解：

(1) $\dfrac{\mathrm{d}^2 y}{\mathrm{d}x^2} - 2\dfrac{\mathrm{d}y}{\mathrm{d}x} - 3y = 2x.$

(2) $\dfrac{\mathrm{d}^2 u}{\mathrm{d}r^2} + \dfrac{2}{r}\dfrac{\mathrm{d}u}{\mathrm{d}r} + k^2 u = 0$，满足 $r \to 0$，u 为有限的解.

解 (1) 相应齐次方程的特征方程是
$$k^2 - 2k - 3 = (k-3)(k+1) = 0$$
特征值是
$$k = 3, k = -1$$
故齐次方程的通解为
$$\bar{y} = c_1 e^{3x} + c_2 e^{-x} \quad (c_1, c_2 \text{ 为任意常数})$$
因为 0 不是特征根,故可设非齐次方程有形如 $y = Ax$ 的特解,代入非齐次方程,得
$$-3Ax = 2x$$
因而 $A = -\dfrac{2}{3}$,即求得特解 $y = -\dfrac{2}{3}x$,故所求通解为
$$y = c_1 e^{3x} + c_2 e^{-x} - \dfrac{2}{3}x$$

(2) 令
$$x = kr, u(r) = u\left(\dfrac{x}{k}\right) = y(x)$$
得
$$\dfrac{\mathrm{d}u}{\mathrm{d}r} = k \dfrac{\mathrm{d}y}{\mathrm{d}x}$$
$$\dfrac{\mathrm{d}^2 u}{\mathrm{d}r^2} = k^2 \dfrac{\mathrm{d}^2 y}{\mathrm{d}x^2}$$
于是,所给微分方程变换为
$$\dfrac{\mathrm{d}^2 y}{\mathrm{d}x^2} + \dfrac{2}{x} \dfrac{\mathrm{d}y}{\mathrm{d}x} + y = 0$$
再令 $y = x^{-1} v(x)$,得
$$y' = -x^{-2} v + x^{-1} v'$$
$$y'' = 2x^{-3} v - 2x^{-2} v' + x^{-1} v''$$
于是
$$y'' + \dfrac{2}{x} y' + y = x^{-1} v'' + x^{-1} v = 0$$
即
$$v'' + v = 0$$
这个齐次线性方程的特征方程是 $k^2 + 1 = 0$,特征根为
$$k = \pm \mathrm{i}$$
故
$$v(x) = c'_1 \cos x + c'_2 \sin x \quad (c'_1, c'_2 \text{ 为任意常数})$$
即
$$y(x) = x^{-1} v = c'_1 \dfrac{\cos x}{x} + c'_2 \dfrac{\sin x}{x}$$
有
$$u(r) = c'_1 \dfrac{\cos kr}{kr} + c'_2 \dfrac{\sin kr}{kr}$$

$$= c_1 \frac{\cos kr}{r} + c_2 \frac{\sin kr}{r}$$

因 $r \to 0$ 时,$\frac{\cos kr}{r} \to \infty$,$\frac{\sin kr}{r} \to k$,故所求满足 $r \to 0$,u 为有限的解,即

$$u(r) = c \frac{\sin kr}{r} \quad (c \text{ 为任意常数})$$

五、在区间 $(-\pi, \pi)$ 上,将 x^2 展开成傅里叶(Fourier)级数.

解 因为 $f(x) = x^2$ 为偶函数,有

$$b_n = 0$$

而

$$a_0 = \frac{2}{\pi} \int_0^\pi x^2 \mathrm{d}x = \frac{2}{3}\pi^2$$

$$a_n = \frac{2}{\pi} \int_0^\pi x^2 \cos nx \, \mathrm{d}x$$

$$= \frac{2}{\pi n} x^2 \sin nx \Big|_0^\pi - \frac{4}{n\pi} \int_0^\pi x \sin nx \, \mathrm{d}x$$

$$= \frac{4}{n^2 \pi} x \cos nx \Big|_0^\pi - \frac{4}{n^2 \pi} \int_0^\pi \cos nx \, \mathrm{d}x$$

$$= \frac{4}{n^2}(-1)^n \quad (n = 1, 2, \cdots)$$

所以

$$x^2 = \frac{1}{3}\pi^2 + 4 \sum_{n=1}^\infty \frac{(-1)^n}{n^2} \cos nx \quad (-\pi < x < \pi)$$

上海工业大学(1982)

高等数学

一、求下列极限：

(1) $\lim\limits_{x \to 0} (ax+b)^{\frac{2}{x}}$，其中 $a > b, b > 0, x > 0$.

(2) $\lim\limits_{x \to 0} \left(\dfrac{1}{x^2} + \cot^2 x \right)$.

(3) $\lim\limits_{n \to \infty} \int_{-1}^{2} \arctan nx \, \mathrm{d}x$.

解 (1) 可得

$$\text{原式} = \begin{cases} 0, & b < 1 \\ \mathrm{e}^a, & b = 1 \\ +\infty, & b > 1 \end{cases}$$

(2) 可得原式 $= +\infty$.

(3) 可得

$$\text{原式} = \lim_{n \to \infty} \left[x \arctan nx \Big|_{-1}^{2} - \frac{1}{2n} \ln(1 + n^2 x^2) \Big|_{-1}^{2} \right]$$

$$= \lim_{n \to \infty} \left[2\arctan 2n - \arctan n - \frac{1}{2n}\ln(1+4n^2) + \frac{1}{2n}\ln(1+n^2) \right]$$

$$= \frac{\pi}{2}$$

二、计算下列积分：

(1) $\displaystyle\int \ln\left[(x+a)^{x+a}(x+b)^{x+b}\right] \dfrac{\mathrm{d}x}{(x+a)(x+b)}$.

(2) $\displaystyle\int \dfrac{m\cos x + n\sin x}{p\cos x + q\sin x} \mathrm{d}x$, $mq - np \neq 0$.

解 (1) 可得

$$\text{原式} = \int \left[(x+a)\ln(x+a) + (x+b)\ln(x+b)\right] \frac{\mathrm{d}x}{(x+a)(x+b)}$$

$$= \int \frac{\ln(x+a)}{x+b} \mathrm{d}x + \int \frac{\ln(x+b)}{x+a} \mathrm{d}x$$

---

① 现为上海大学.

$$= \ln(x+a)\ln(x+b) + c - \int \frac{\ln(x+b)}{x+a} dx +$$
$$\int \frac{\ln(x+b)}{x+a} dx$$
$$= \ln(x+a)\ln(x+b) + c$$

(2) 可得
$$原式 = \int \frac{\sin(x+\varphi_2)}{\sin(x+\varphi_1)} dx$$

其中
$$\cos\varphi_1 = \frac{q}{\sqrt{p^2+q^2}}$$
$$\sin\varphi_1 = \frac{p}{\sqrt{p^2+q^2}}$$
$$\cos\varphi_2 = \frac{n}{\sqrt{m^2+n^2}}$$
$$\sin\varphi_2 = \frac{m}{\sqrt{m^2+n^2}}$$

因此
$$原式 = \int\{[\sin(x+\varphi_1)\cos(\varphi_2-\varphi_1) + \cos(x+\varphi_1)\sin(\varphi_2-\varphi_1)]/\sin(x+\varphi_1) dx\}$$
$$= \cos(\varphi_2-\varphi_1)x + \sin(\varphi_2-\varphi_1)\ln|\sin(x+\varphi_1)| + c$$
$$= (nq+mp)x/(\sqrt{p^2+q^2}\sqrt{m^2+n^2}) +$$
$$(mq-np)\ln|p\cos x + q\sin x|/$$
$$(\sqrt{p^2+q^2}\sqrt{m^2+n^2}) + c$$

三、在点 $A(a,\varphi_0)$ 与 $B(b,\varphi_0+2\pi)$ 之间引一圈阿基米德(Archimedes)螺线 $\rho=c\theta$，证明：半径 a 与 $b(a<b)$ 间的圆环被它分割成两部分的面积之比是 $\dfrac{b+2a}{2b+a}$。

证 在 A 与 B 之间引入一圈阿基米德螺线，则由线段 AB 及螺线围成的区域的面积为

$$S = \int_{\varphi_0}^{\varphi_0+2\pi} \frac{1}{2}\rho^2 d\theta$$
$$= \int_{\varphi_0}^{\varphi_0+2\pi} \frac{c^2}{2}\theta^2 d\theta$$
$$= \frac{c^2}{6}[(\varphi_0+2\pi)^3 - \varphi_0^3]$$
$$= \frac{c^2\pi}{3}(3\varphi_0^2 + 6\pi\varphi_0 + 4\pi^2)$$

因此圆环 $a\leqslant\rho\leqslant b$ 被分成的两部分面积之比为

$$\frac{\dfrac{c^2\pi}{3}(3\varphi_0^2+6\pi\varphi_0+4\pi^2) - \pi a^2}{\pi b^2 - \dfrac{c^2\pi}{3}(3\varphi_0^2+6\pi\varphi_0+4\pi^2)}$$

$$= \frac{c^2(3\varphi_0^2 + 6\pi\varphi_0 + 4\pi^2) - 3a^2}{3b^2 - c^2(3\varphi_0^2 + 6\pi\varphi_0 + 4\pi^2)}$$

再注意到
$$a = c\varphi_0, b = c(\varphi_0 + 2\pi)$$

则两部分面积之比可进一步写成
$$\frac{a^2 + b^2 + ab - 3a^2}{3b^2 - (a^2 + b^2 + ab)} = \frac{-2a^2 + b^2 + ab}{-a^2 - ab + 2b^2}$$
$$= \frac{b + 2a}{2b + a}$$

四、(1) 设方程 $F(xy, z - 2x) = 0$ 所确定的 z 是 x, y 的函数，试化简
$$x\frac{\partial z}{\partial x} - y\frac{\partial z}{\partial y}$$

(2) 设 $u = f(x, y)$ 有二阶连续偏导数，$x = \rho\cos\theta, y = \rho\sin\theta$，证明
$$\frac{\partial^2 u}{\partial x^2} + \frac{\partial^2 u}{\partial y^2} = \frac{\partial^2 u}{\partial \rho^2} + \frac{1}{\rho}\frac{\partial u}{\partial \rho} + \frac{1}{\rho^2}\frac{\partial^2 u}{\partial \theta^2}$$

解 (1) 对 $F = 0$ 两边分别关于 x 和 y 求导，得
$$yF_1 + \left(\frac{\partial z}{\partial x} - 2\right)F_2 = 0$$
$$xF_1 + \frac{\partial z}{\partial y}F_2 = 0$$

前一式乘上 x 减去后一式乘上 y，得
$$\left(x\frac{\partial z}{\partial x} - y\frac{\partial z}{\partial y} - 2x\right)F_2 = 0$$

因为 $F_2 \neq 0$，所以
$$x\frac{\partial z}{\partial x} - y\frac{\partial z}{\partial y} = 2x$$

(2) 可得
$$\frac{\partial u}{\partial \rho} = \frac{\partial u}{\partial x}\cos\theta + \frac{\partial u}{\partial y}\sin\theta$$
$$\frac{\partial u}{\partial \theta} = -\rho\sin\theta\frac{\partial u}{\partial x} + \rho\cos\theta\frac{\partial u}{\partial y}$$

由此解出
$$\frac{\partial u}{\partial x} = \cos\theta\frac{\partial u}{\partial \rho} - \frac{\sin\theta}{\rho}\frac{\partial u}{\partial \theta}$$
$$\frac{\partial u}{\partial y} = \sin\theta\frac{\partial u}{\partial \rho} + \frac{\cos\theta}{\rho}\frac{\partial u}{\partial \theta}$$

因此
$$\frac{\partial^2 u}{\partial x^2} = \frac{\partial}{\partial \rho}\left(\frac{\partial u}{\partial \rho}\cos\theta - \frac{\partial u}{\partial \theta}\frac{\sin\theta}{\rho}\right)\cos\theta -$$
$$\frac{\partial}{\partial \theta}\left(\frac{\partial u}{\partial \rho}\cos\theta - \frac{\partial u}{\partial \theta}\frac{\sin\theta}{\rho}\right)\frac{\sin\theta}{\rho}$$

$$\begin{aligned}
&= \frac{\partial^2 u}{\partial \rho^2}\cos^2\theta - \frac{\partial^2 u}{\partial \theta \partial \rho}\frac{\sin\theta\cos\theta}{\rho} + \\
&\quad \frac{\partial u}{\partial \theta}\frac{\sin\theta\cos\theta}{\rho^2} - \frac{\partial^2 u}{\partial \rho \partial \theta}\frac{\sin\theta\cos\theta}{\rho} + \\
&\quad \frac{\partial u}{\partial \rho}\frac{\sin^2\theta}{\rho} + \frac{\partial^2 u}{\partial \theta^2}\frac{\sin^2\theta}{\rho^2} + \\
&\quad \frac{\partial u}{\partial \theta}\frac{\cos\theta\sin\theta}{\rho^2}
\end{aligned}$$

$$\begin{aligned}
\frac{\partial^2 u}{\partial y^2} &= \frac{\partial}{\partial \rho}\left(\frac{\partial u}{\partial \rho}\sin\theta + \frac{\partial u}{\partial \theta}\frac{\cos\theta}{\rho}\right)\sin\theta + \\
&\quad \frac{\partial}{\partial \theta}\left(\frac{\partial u}{\partial \rho}\sin\theta + \frac{\partial u}{\partial \theta}\frac{\cos\theta}{\rho}\right)\frac{\cos\theta}{\rho} \\
&= \frac{\partial^2 u}{\partial \rho^2}\sin^2\theta + \frac{\partial^2 u}{\partial \theta \partial \rho}\frac{\cos\theta\sin\theta}{\rho} - \\
&\quad \frac{\partial u}{\partial \theta}\frac{\sin\theta\cos\theta}{\rho^2} + \frac{\partial^2 u}{\partial \rho \partial \theta}\frac{\sin\theta\cos\theta}{\rho} + \\
&\quad \frac{\partial u}{\partial \rho}\frac{\cos^2\theta}{\rho} + \frac{\partial^2 u}{\partial \theta^2}\frac{\cos^2\theta}{\rho^2} - \\
&\quad \frac{\partial u}{\partial \theta}\frac{\sin\theta\cos\theta}{\rho^2}
\end{aligned}$$

最后

$$\frac{\partial^2 u}{\partial x^2} + \frac{\partial^2 u}{\partial y^2} = \frac{\partial^2 u}{\partial \rho^2} + \frac{1}{\rho}\frac{\partial u}{\partial \rho} + \frac{1}{\rho^2}\frac{\partial^2 u}{\partial \theta^2}$$

五、已知级数 $\sum_{n=0}^{\infty}\frac{x^{4n}}{(4n)!}$.

(1) 证明级数满足关系式 $y^{(4)} = y$.

(2) 求此级数的和函数.

证 (1) 设 $y = \sum_{n=0}^{\infty}\frac{x^{4n}}{(4n)!}$，级数可进行任意次逐项求导. 易知

$$y^{(4)} = \sum_{n=1}^{\infty}\frac{x^{4n-4}}{(4n-4)!} = \sum_{n=0}^{\infty}\frac{x^{4n}}{(4n)!} = y$$

(2) 解常系数线性微分方程 $y^{(4)} - y = 0$，得

$$y = c_1 e^x + c_2 e^{-x} + c_3 \cos x + c_4 \sin x$$

代入初始条件 $y(0)=1, y'(0)=y''(0)=y'''(0)=0$，有

$$y = \frac{1}{4}(e^x + e^{-x}) + \frac{1}{2}\cos x$$

此即为原级数的和函数.

六、叙述并证明平面曲线积分的格林(Green)公式.

公式的叙述 设：(1) 闭区域 D 的边界曲线 C 与任一平行于坐标轴的直线的交点不多于两个；

（2）函数 $P(x,y), Q(x,y)$ 在 D 上具有一阶连续偏导数，则有格林公式

$$\oint_C P\mathrm{d}x + Q\mathrm{d}y = \iint_D \left(\frac{\partial Q}{\partial x} - \frac{\partial P}{\partial y}\right) \mathrm{d}x\mathrm{d}y$$

这里曲线积分是沿路线 C 的正向，二重积分是展布在区域 D 之上。

证 设过 x 轴上 $x=a,b$ 两点所作的与 y 轴平行的直线交 C 于 A,B 两点，并把 C 分为两段，下面一段为 C_1，方程为 $y=y_1(x)$，上面一段为 C_2，方程为 $y=y_2(x)$，则根据二重积分的计算法，有

$$\iint_D \frac{\partial P}{\partial y}\mathrm{d}x\mathrm{d}y = \int_a^b \mathrm{d}x \int_{y_1(x)}^{y_2(x)} \frac{\partial P}{\partial y}\mathrm{d}y$$

$$= \int_a^b [P(x,y_2) - P(x,y_1)]\mathrm{d}x$$

另外，由曲线积分的计算法有

$$\oint_C P\mathrm{d}x = \int_{C_1} P\mathrm{d}x + \int_{C_2} P\mathrm{d}x$$

$$= \int_a^b P(x,y_1)\mathrm{d}x + \int_b^a P(x,y_2)\mathrm{d}x$$

$$= -\int_a^b [P(x,y_2) - P(x,y_1)]\mathrm{d}x$$

于是，比较上面所得的两个结果，我们证得

$$\iint_D \frac{\partial P}{\partial y}\mathrm{d}x\mathrm{d}y = -\oint_C P\mathrm{d}x$$

同样可证

$$\iint_D \frac{\partial Q}{\partial x}\mathrm{d}x\mathrm{d}y = \oint_C Q\mathrm{d}y$$

合并上面两式就得到格林公式。

当边界曲线 C 与坐标轴的交点多于两个时，可引进几条辅助曲线把区域 D 分为有限个部分区域，使得每个区域的边界满足定理的条件，则格林公式对于这样的区域仍然是成立的。用辅助曲线对区域进行分割的方法显然可以证明这一点。

七、 求由曲面 $(x^2+y^2)^2 + z^4 = y$ 所围成立体的体积.

解 采用柱坐标 $x=r\cos\theta, y=r\sin\theta, z=z$，则所求立体的体积为

$$2\int_0^\pi \int_0^{\sqrt[3]{\sin\theta}} \sqrt[4]{r\sin\theta - r^4} \cdot r\mathrm{d}r\mathrm{d}\theta$$

$$= 2\int_0^\pi \int_0^{\sqrt[3]{\sin\theta}} \sqrt[4]{\frac{\sin\theta - r^3}{r^3}} \frac{1}{3}\mathrm{d}r^3 \mathrm{d}\theta$$

$$= \frac{2}{3}\int_0^\pi \int_0^{\sin\theta} \sqrt[4]{\frac{\sin\theta - u}{u}}\mathrm{d}u\mathrm{d}\theta$$

$$= \frac{2}{3}\int_0^\pi \int_{+\infty}^0 \sin\theta t \,\mathrm{d}\frac{1}{1+t^4}\mathrm{d}\theta$$

$$= \frac{4}{3}\int_{+\infty}^0 t\,\mathrm{d}\frac{1}{1+t^4}$$

$$= -\frac{4}{3} \lim_{R \to +\infty} \int_R^0 \frac{1}{1+t^4} dt$$

$$= \frac{4\pi}{9}$$

八、 设 $f(x)$ 是以 ω 为周期的连续函数,李雅普诺夫(Lyapunov)证明了对于线性微分方程

$$\frac{dy}{dx} + ky = f(x) \quad (k\text{ 为常数})$$

必存在唯一的以 ω 为周期的特解,请把这个解求出来.

解 原方程的通解为

$$y(x) = e^{-kx}\left(\int f(x) e^{kx} dx + c\right)$$

因而

$$y(x+\omega) = e^{-kx-\omega k}\left(\int f(x) e^{kx+\omega k} dx + c\right)$$

要使

$$y(x+\omega) = y(x)$$

须且只须 $c=0$. 因此原方程有如下唯一的以 ω 为周期的特解

$$y(x) = e^{-kx}\int f(x) e^{kx} dx$$

九、 求解联立矩阵方程组

$$\begin{cases} \begin{pmatrix} 2 & 1 \\ 1 & 1 \end{pmatrix} \boldsymbol{X} + \begin{pmatrix} 3 & 2 \\ 1 & 1 \end{pmatrix} \boldsymbol{Y} = \begin{pmatrix} 9 & 4 \\ 4 & 3 \end{pmatrix} & \text{①} \\ \begin{pmatrix} 0 & -1 \\ 1 & 3 \end{pmatrix} \boldsymbol{X} + \begin{pmatrix} 1 & 0 \\ 2 & 1 \end{pmatrix} \boldsymbol{Y} = \begin{pmatrix} 1 & -2 \\ 5 & 4 \end{pmatrix} & \text{②} \end{cases}$$

解 方程 ② 左乘上

$$\begin{pmatrix} 0 & -1 \\ 1 & 3 \end{pmatrix}^{-1}$$

减去方程 ① 左乘上

$$\begin{pmatrix} 2 & 1 \\ 1 & 1 \end{pmatrix}^{-1}$$

解得

$$\boldsymbol{Y} = \begin{pmatrix} 1 & -1 \\ 2 & 3 \end{pmatrix}$$

代入方程 ① 或 ② 得

$$\boldsymbol{X} = \begin{pmatrix} 1 & 0 \\ 0 & 1 \end{pmatrix}$$

十、 设随机变量 (ξ, η) 的分布密度为

$$\varphi(x,y) = \begin{cases} K e^{-(2x+y)}, & x>0, y>0 \\ 0, & \text{其他} \end{cases}$$

求:常数 K,分布函数 $F(x,y)$,$P\{\xi\leqslant 2,\eta\leqslant -1\}$,$P\{\xi\leqslant 2,\eta\leqslant 1\}$ 及 $P\{\xi+\eta\leqslant 1\}$.

解 由
$$\int_{-\infty}^{+\infty}\int_{-\infty}^{+\infty}\varphi(x,y)\mathrm{d}x\mathrm{d}y=1$$

把 $\varphi(x,y)$ 的表达式代入,得
$$\frac{K}{2}=1$$
$$K=2$$

而
$$\begin{aligned}F(x,y)&=\int_{-\infty}^{x}\int_{-\infty}^{y}\varphi(u,v)\mathrm{d}u\mathrm{d}v\\&=\int_{0}^{x}\int_{0}^{y}2\mathrm{e}^{-2u-v}\mathrm{d}u\mathrm{d}v\\&=\begin{cases}(1-\mathrm{e}^{-2x})(1-\mathrm{e}^{-y}),x>0,y>0\\0,\text{其他}\end{cases}\end{aligned}$$
$$P\{\xi\leqslant 2,\eta\leqslant -1\}=0$$
$$\begin{aligned}P\{\xi\leqslant 2,\eta\leqslant 1\}&=\int_{0}^{2}\int_{0}^{1}2\mathrm{e}^{-2x-y}\mathrm{d}x\mathrm{d}y\\&=(1-\mathrm{e}^{-4})(1-\mathrm{e}^{-1})\end{aligned}$$
$$\begin{aligned}P\{\xi+\eta\leqslant 1\}&=\int_{0}^{1}\int_{0}^{1-y}2\mathrm{e}^{-2x-y}\mathrm{d}x\mathrm{d}y\\&=1+\mathrm{e}^{-2}-2\mathrm{e}^{-1}\end{aligned}$$

上海工业大学(1983)

第一部分

1. 求极限 $\lim\limits_{x\to\pi}\dfrac{\sin mx}{\sin nx}$ (m,n 是常数).

解 当 m,n 都是整数时

$$\lim_{x\to\pi}\frac{\sin mx}{\sin nx}=\frac{m}{n}$$

当 n 是整数,但 m 不是整数时,极限不存在.

当 n 不是整数时

$$\lim_{x\to\pi}\frac{\sin mx}{\sin nx}=\frac{\sin m\pi}{\sin n\pi}$$

2. 求极限 $\lim\limits_{x\to\infty}\left(\cos\dfrac{2}{x}\right)^x$.

解 因

$$\lim_{x\to\infty}\left(\cos\frac{2}{x}\right)^x=\mathrm{e}^{\lim\limits_{x\to\infty}x\ln\left|\cos\frac{2}{x}\right|}$$

而

$$\lim_{x\to\infty}x\ln\left|\cos\frac{2}{x}\right|=\lim_{x\to\infty}\frac{\ln\left|\cos\frac{2}{x}\right|}{x^{-1}}=0$$

故

$$\lim_{x\to\infty}\left(\cos\frac{2}{x}\right)^x=\mathrm{e}^0=1$$

3. 设 $f\left(x+\dfrac{1}{x}\right)=x^3+\dfrac{1}{x^3}$,求 $f(x)$.

解 设 $y=x+\dfrac{1}{x}$,则

$$x^3+\frac{1}{x^3}=y^3-3y$$

有

$$f(y)=y^3-3y$$

把 y 换为 x,则有

$$f(x)=x^3-3x$$

4. 设 $\varphi(x)$ 在 $x=a$ 处二阶导数存在,证明

$$\lim_{h\to 0}\frac{\varphi(a+h)+\varphi(a-h)-2\varphi(a)}{h^2}=\varphi''(a)$$

证 因

$$\lim_{h\to 0}\frac{\varphi(a+h)-\varphi(a)-\varphi'(a)h}{h^2}=\lim_{h\to 0}\frac{\varphi'(a+h)-\varphi'(a)}{2h}=\frac{\varphi''(a)}{2}$$

$$\lim_{h\to 0}\frac{\varphi(a-h)-\varphi(a)+\varphi'(a)h}{h^2}=\lim_{h\to 0}\frac{-\varphi'(a-h)+\varphi'(a)}{2h}=\frac{\varphi''(a)}{2}$$

故

$$\lim_{h\to 0}\frac{\varphi(a+h)+\varphi(a-h)-2\varphi(a)}{h^2}=\varphi''(a)$$

5. 设 $\begin{cases} x=t-\ln(1+t^2) \\ y=\arctan t \end{cases}$，求 $\dfrac{d^2 x}{dy^2}$。

解 由题意可得

$$\frac{dx}{dt}=1-\frac{2t}{1+t^2}=\frac{(1-t)^2}{1+t^2}$$

$$\frac{d^2 x}{dt^2}=\frac{-2(1-t^2)}{(1+t^2)^2}$$

$$\frac{dy}{dt}=\frac{1}{1+t^2}$$

$$\frac{d^2 y}{dt^2}=\frac{-2t}{(1+t^2)^2}$$

故

$$\frac{d^2 x}{dy^2}=\frac{\dfrac{d^2 x}{dt^2}\cdot\dfrac{dy}{dt}-\dfrac{d^2 y}{dt^2}\cdot\dfrac{dx}{dt}}{\left(\dfrac{dy}{dt}\right)^3}$$

$$=-2(1-t)(1+t^2)$$

6. 设 $u=f(x-y,y-z,t-z)$，求 $\dfrac{\partial u}{\partial x}+\dfrac{\partial u}{\partial y}+\dfrac{\partial u}{\partial z}+\dfrac{\partial u}{\partial t}$ 及 $\dfrac{\partial^4 u}{\partial x\partial y\partial z\partial t}$。

解 令

$$R=x-y, V=y-z, W=t-z$$

则

$$u=f(R,V,W)$$

$$\frac{\partial u}{\partial x}=\frac{\partial f}{\partial R}\cdot\frac{\partial R}{\partial x}=\frac{\partial f}{\partial R}$$

$$\frac{\partial u}{\partial y}=\frac{\partial f}{\partial R}\cdot\frac{\partial R}{\partial y}+\frac{\partial f}{\partial V}\cdot\frac{\partial V}{\partial y}=-\frac{\partial f}{\partial R}+\frac{\partial f}{\partial V}$$

$$\frac{\partial u}{\partial z}=\frac{\partial f}{\partial V}\cdot\frac{\partial V}{\partial z}+\frac{\partial f}{\partial W}\cdot\frac{\partial W}{\partial z}=-\frac{\partial f}{\partial V}-\frac{\partial f}{\partial W}$$

$$\frac{\partial u}{\partial t}=\frac{\partial f}{\partial W}\cdot\frac{\partial W}{\partial t}=\frac{\partial f}{\partial W}$$

有

$$\frac{\partial u}{\partial x}+\frac{\partial u}{\partial y}+\frac{\partial u}{\partial z}+\frac{\partial u}{\partial t}=0$$

$$\frac{\partial u}{\partial x} = \frac{\partial f}{\partial R}$$

$$\frac{\partial^2 u}{\partial x \partial y} = -\frac{\partial^2 f}{\partial R^2} + \frac{\partial^2 f}{\partial R \partial V}$$

$$\frac{\partial^3 u}{\partial x \partial y \partial z} = \frac{\partial^3 f}{\partial R^2 \partial V} + \frac{\partial^3 f}{\partial R^2 \partial W} - \frac{\partial^3 f}{\partial R \partial V^2} - \frac{\partial^3 f}{\partial R \partial V \partial W}$$

$$\frac{\partial^4 u}{\partial x \partial y \partial z \partial t} = \frac{\partial^4 f}{\partial R^2 \partial V \partial W} + \frac{\partial^4 f}{\partial R^2 \partial W^2} - \frac{\partial^4 f}{\partial R \partial V^2 \partial W} - \frac{\partial^4 f}{\partial R \partial V \partial W^2}$$

7. 求不定积分 $\int \frac{4x-3}{\sqrt{5-2x+x^2}} \mathrm{d}x$.

解 由

$$\int \frac{4x-3}{\sqrt{5-2x+x^2}}\mathrm{d}x = \int \frac{4x-4}{\sqrt{5-2x+x^2}}\mathrm{d}x + \int \frac{\mathrm{d}x}{\sqrt{5-2x+x^2}}$$

$$\int \frac{4x-4}{\sqrt{5-2x+x^2}}\mathrm{d}x \xrightarrow{t=5-2x+x^2} 2\int \frac{\mathrm{d}t}{\sqrt{t}}$$

$$= 4\sqrt{t} + c_1 = 4\sqrt{5-2x+x^2} + c_1$$

$$\int \frac{\mathrm{d}x}{\sqrt{5-2x+x^2}} \xrightarrow{t=x-1} \int \frac{\mathrm{d}t}{\sqrt{4+t^2}} = \operatorname{arsh}\frac{t}{2} + c_2 = \operatorname{arsh}\frac{x-1}{2} + c_2$$

故有

$$\int \frac{4x-3}{\sqrt{5-2x+x^2}}\mathrm{d}x = 4\sqrt{5-2x+x^2} + \operatorname{arsh}\frac{x-1}{2} + c$$

8. 计算 $\int_{-\frac{\pi}{2}}^{\frac{\pi}{2}} \left(\frac{\cos x}{5+\sin x} + x^6 \sin x \right) \mathrm{d}x$.

解 因为

$$\int_{-\frac{\pi}{2}}^{\frac{\pi}{2}} \left(\frac{\cos x}{5+\sin x} + x^6 \sin x \right) \mathrm{d}x = \int_{-\frac{\pi}{2}}^{\frac{\pi}{2}} \frac{\cos x}{5+\sin x}\mathrm{d}x + \int_{-\frac{\pi}{2}}^{\frac{\pi}{2}} x^6 \sin x \mathrm{d}x$$

$$\int_{-\frac{\pi}{2}}^{\frac{\pi}{2}} \frac{\cos x}{5+\sin x}\mathrm{d}x = \ln(5+\sin x)\Big|_{-\frac{\pi}{2}}^{\frac{\pi}{2}} = \ln 6 - \ln 4 = \ln \frac{3}{2}$$

$$\int_{-\frac{\pi}{2}}^{\frac{\pi}{2}} x^6 \sin x \mathrm{d}x = 0$$

所以

$$\int_{-\frac{\pi}{2}}^{\frac{\pi}{2}} \left(\frac{\cos x}{5+\sin x} + x^6 \sin x \right) \mathrm{d}x = \ln \frac{3}{2}$$

9. 计算 $\int_0^1 \mathrm{d}x \int_x^1 x^2 \mathrm{e}^{-y^2} \mathrm{d}y$.

解 原式可得

$$\int_0^1 \mathrm{d}x \int_x^1 x^2 \mathrm{e}^{-y^2} \mathrm{d}y = \int_0^1 \mathrm{d}y \int_0^y x^2 \mathrm{e}^{-y^2} \mathrm{d}x$$

$$= \frac{1}{3}\int_0^1 y^3 \mathrm{e}^{-y^2} \mathrm{d}y$$

$$= \frac{1}{6} - \frac{1}{3e}$$

10. 求函数 $f(x) = e^x + e^{-x} + 2\cos x$ 的极值,并判定它是极大值还是极小值.

解 由题意可得 $f'(x) = e^x - e^{-x} - 2\sin x$. 令 $f'(x) = 0$,解得且唯一解得
$$x = 0$$
$$f(0) = 4$$
而
$$f''(x) = e^x + e^{-x} - 2\cos x$$
$$f''(0) = 0$$
$$f'''(x) = e^x - e^{-x} + 2\sin x$$
$$f'''(0) = 0$$
$$f^{(4)}(x) = e^x + e^{-x} + 2\cos x$$
$$f^{(4)}(0) = 4 > 0$$

由此得知 $f(0) = 4$ 为极小值.

第二部分

1. 求由曲线段 $y = \sin x (0 \leqslant x \leqslant 2\pi)$ 绕 x 轴旋转所形成的旋转体的体积及表面积.

解 因
$$dV = \pi \sin^2 x \, dx$$
故体积
$$V = 2\int_0^\pi \pi \sin^2 x \, dx = \pi^2$$
因
$$dS = 2\pi \sin x \, dx$$
故表面积
$$S = 2\int_0^\pi 2\pi \sin x \, dx = 8\pi$$

2. 计算曲线积分 $\oint_C (e^x + 1)\cos y \, dx - [(e^x + x)\sin y - x] \, dy$,其中 C 为四叶玫瑰线 $\rho = \sin 2\theta$ 在第一象限中一瓣的正向.

解 由格林公式有
$$\frac{\partial Q}{\partial x} - \frac{\partial P}{\partial y} = [-(e^x + 1)\sin y + 1] + (e^x + 1)\sin y = 1$$
故
$$\oint_C (e^x + 1)\cos y \, dx - [(e^x + x)\sin y - x] \, dy = \iint_\Omega dx \, dy$$
作变换
$$x = r\cos\theta, y = r\sin\theta$$
$$0 \leqslant \theta \leqslant \frac{\pi}{2}, 0 \leqslant r \leqslant \sin 2\theta$$

则
$$\iint_\Omega \mathrm{d}x\mathrm{d}y = \int_0^{\frac{\pi}{2}} \mathrm{d}\theta \int_0^{\sin 2\theta} r\mathrm{d}r = \frac{\pi}{8}$$

3. 求幂级数 $\sum_{n=1}^{\infty} \frac{n(n+1)}{2} x^{n-1}$ 在收敛区间上的和，并求 $\sum_{n=1}^{\infty} \frac{n(n+1)}{3^n}$ 的值.

解 由比值法知幂级数 $\sum_{n=1}^{\infty} \frac{n(n+1)}{2} x^{n-1}$ 收敛，且收敛区间为 $-1 < x < 1$.

令此幂级数之和为 $f(x)$，则
$$\int_0^x \left(\int_0^x f(x) \mathrm{d}x \right) \mathrm{d}x = \frac{1}{2} \sum_{n=1}^{\infty} x^{n+1} = \frac{1}{2} \frac{x^2}{1-x}$$

于是
$$f(x) = \frac{1}{2} \left(\frac{x^2}{1-x} \right)'' = \frac{1}{2} \left[\frac{x(2-x)}{(1-x)^2} \right]'$$
$$= \frac{1}{(1-x)^3}$$

亦即
$$\sum_{n=1}^{\infty} \frac{n(n+1)}{2} x^{n-1} = \frac{1}{(1-x)^3} \quad (-1 < x < 1)$$

若求 $\sum_{n=1}^{\infty} \frac{n(n+1)}{3^n}$ 的值，即是求当 $x = \frac{1}{3}$ 时幂级数 $\frac{2}{3} \sum_{n=1}^{\infty} \frac{n(n+1)}{2} x^{n-1}$ 之和.

由上面的结果有
$$\sum_{n=1}^{\infty} \frac{n(n+1)}{3^n} = \frac{2}{3} \sum_{n=1}^{\infty} \frac{n(n+1)}{2} \left(\frac{1}{3} \right)^{n-1}$$
$$= \frac{2}{3} \left[\frac{1}{\left(1-\frac{1}{3}\right)^3} \right] = \frac{9}{4}$$

4. 已知 $y_1(x) = \mathrm{e}^{3x}$ 是微分方程
$$(x^2+1)y'' - 2xy' - (ax^2 + bx + c)y = 0$$
的一个特解.

(1) 确定常数 a, b, c.

(2) 求出所得微分方程的通解.

解 (1) 由 $y_1 = \mathrm{e}^{3x}$ 知
$$y_1' = 3\mathrm{e}^{3x}, y_1'' = 9\mathrm{e}^{3x}$$

将 y_1, y_1', y_1'' 代入微分方程中有
$$(9x^2+9)\mathrm{e}^{3x} - 6x\mathrm{e}^{3x} - (ax^2 + bx + c)\mathrm{e}^{3x} = 0$$

解得
$$a = 9, b = -6, c = 9$$

(2) 将原微分方程改写成以下形式
$$y'' - \frac{2x}{x^2+1} y' - \frac{9x^2 - 6x + 9}{x^2+1} y = 0$$

令
$$P(x) = -\frac{2x}{x^2+1}$$
$$Q(x) = -\frac{9x^2-6x+9}{x^2+1}$$

由降阶法知上面微分方程解的形式为
$$y = y_1\left(c_2 + c_1\int \frac{1}{y_1^2}e^{-\int P(x)dx}dx\right)$$

令 $c_2 = 0, c_1 = 1$,解出另一特解
$$y_2 = e^{3x}\int e^{-6x}e^{\int \frac{2xdx}{x^2+1}}dx$$
$$= e^{3x}\int e^{-6x}(x^2+1)dx$$
$$= -\frac{1}{18}(3x^2+x+6)e^{-3x}$$

于是得到通解如下
$$y = c_2 e^{3x} - \frac{c_1}{18}(3x^2+x+6)e^{-3x}$$

5. 求微分方程
$$5\left(\frac{d^3y}{dx^3}\right)^2 - 3\frac{d^2y}{dx^2}\cdot\frac{d^4y}{dx^4} = 0$$
的一切解.

解 令 $z = \dfrac{d^2y}{dx^2}$,则原微分方程可写成
$$5z'^2 - 3zz'' = 0$$

再设 $z' = P$,则有
$$5P^2 - 3z\frac{dP}{dx} = 0$$
$$5P^2 - 3z\frac{dP}{dz}\frac{dz}{dx} = P\left(5P - 3z\frac{dP}{dz}\right) = 0$$

由此解出
$$P = 0, P = \frac{3}{5}z\frac{dP}{dz}$$

即 $\dfrac{dP}{P} = \dfrac{5}{3}\dfrac{dz}{z}$,两边同时积分有
$$\ln P = \frac{5}{3}\ln z + \ln c_1$$
$$P = c_1 z^{\frac{5}{3}}$$

由 $P = z'$,得到
$$\frac{dz}{dx} = c_1 z^{\frac{5}{3}}$$

即

$$z^{-\frac{5}{3}}\,\mathrm{d}z = c_1\,\mathrm{d}x$$

再对上式两边同时积分得到

$$-\frac{3}{2}z^{-\frac{2}{3}} = c_1 x + c_2$$

$$z^{-\frac{2}{3}} = -\frac{2}{3}(c_1 x + c_2)$$

令 $b_1 = -\frac{2}{3}c_1$，$b_2 = -\frac{2}{3}c_2$，则

$$z = (b_1 x + b_2)^{-\frac{3}{2}}$$

又由假设 $z = \dfrac{\mathrm{d}^2 y}{\mathrm{d}x^2}$，有

$$\frac{\mathrm{d}^2 y}{\mathrm{d}x^2} = (b_1 x + b_2)^{-\frac{3}{2}}$$

$$\frac{\mathrm{d}^2 y}{\mathrm{d}x} = (b_1 x + b_2)^{-\frac{3}{2}}\,\mathrm{d}x$$

两边同时积分有

$$\frac{\mathrm{d}y}{\mathrm{d}x} = -\frac{2}{b_1}(b_1 x + b_2)^{-\frac{1}{2}} + b_3$$

$$y = -\frac{4}{b_1^2}(b_1 x + b_2)^{\frac{1}{2}} + b_3 x + b_4$$

$P = 0$ 时的另一通解为

$$y = a_1 x^2 + a_2 x + a_3$$

武汉钢铁学院(1982)

高等数学

一、填空：

(1) 已知 $f(x) = \dfrac{1}{1+x}$，则 $f(f(x))$ 的定义域是_____.

(2) 已知 $f(x) = 17$，则 $f(f'(x)) =$ _____.

(3) $\lim\limits_{x\to 0}\left[\dfrac{(1+x)^{\frac{1}{x}}}{\mathrm{e}}\right]^{\frac{1}{x}} =$ _____.

解 (1) $\{x \mid x \in (-\infty, +\infty), x \neq -1, -2\}$.

注
$$f(f(x)) = \dfrac{1}{1+\dfrac{1}{1+x}}$$

(2) 17.

(3) $\dfrac{1}{\sqrt{\mathrm{e}}}$.

注

$$\left[\dfrac{(1+x)^{\frac{1}{x}}}{\mathrm{e}}\right]^{\frac{1}{x}} = \mathrm{e}^{\frac{1}{x}\ln\frac{(1+x)^{\frac{1}{x}}}{\mathrm{e}}}$$

$$\lim_{x\to 0}\dfrac{1}{x}\ln\dfrac{(1+x)^{\frac{1}{x}}}{\mathrm{e}} = \lim_{x\to 0}\dfrac{\dfrac{\ln(1+x)}{x} - 1}{x}$$

$$= \lim_{x\to 0}\left[\dfrac{\ln(1+x)}{x}\right]'$$

$$= \lim_{x\to 0}\dfrac{\dfrac{x}{1+x} - \ln(1+x)}{x^2}$$

$$= \lim_{x\to 0}\dfrac{\dfrac{1}{(1+x)^2} - \dfrac{1}{1+x}}{2x}$$

$$= \lim_{x\to 0}\dfrac{-\dfrac{2}{(1+x)^3} + \dfrac{1}{(1+x)^2}}{2}$$

---

① 现为武汉科技大学.

$$= -\frac{1}{2}$$

二、(1) 已知
$$f(x) = \begin{cases} \sin x, & x \leqslant c \\ ax + b, & x > c \end{cases}$$
其中 c 为常数,试确定参数 a,b 之值,使 $f'(c)$ 存在.

(2) 已知 $f(0)=1, f(2)=3, f'(2)=5$,试计算
$$\int_0^1 x f''(2x) \mathrm{d}x$$

解 (1) 首先应使 $f(x)$ 在点 $x=c$ 连续,即
$$ac + b = \sin c \qquad ①$$
其次应使 $f(x)$ 在点 c 的左、右导数相等,即
$$a = \cos c \qquad ②$$
由式①② 解出
$$a = \cos c, \quad b = \sin c - c\cos c$$
则
$$f'(c) = \cos c$$
因此
$$f(x) = \begin{cases} \sin x, & x \leqslant c \\ x\cos c + \sin c - c\cos c, & x > c \end{cases}$$
在点 c 的导数 $f'(c)$ 存在.

(2) 可得
$$\begin{aligned}
\text{原式} &= \frac{1}{2} x f'(2x) \Big|_0^1 - \frac{1}{2} \int_0^1 f'(2x) \mathrm{d}x \\
&= \frac{1}{2} f'(2) - \frac{1}{4} f(2x) \Big|_0^1 \\
&= \frac{1}{2} f'(2) - \frac{1}{4} f(2) + \frac{1}{4} f(0) \\
&= \frac{5}{2} - \frac{3}{4} + \frac{1}{4} \\
&= 2
\end{aligned}$$

三、求下列各积分:

(1) $\displaystyle\int \frac{x \mathrm{d}x}{\sqrt{1+x^2} + \sqrt{(1+x^2)^3}}$.

(2) $\displaystyle\int \frac{x \mathrm{e}^{\arctan x}}{(1+x^2)^{\frac{3}{2}}} \mathrm{d}x$.

(3) $\displaystyle\iiint_V (x^2+y^2) \mathrm{d}x\mathrm{d}y\mathrm{d}z$,其中 V 是由 $x^2+y^2+z^2=1$ 及 $z=0$ 所围成的上半球域.

解 (1) 可得

原式 $= \dfrac{1}{2}\int \dfrac{\mathrm{d}(1+x^2)}{\sqrt{1+x^2+\sqrt{(1+x^2)^3}}}$

$= \dfrac{1}{2}\int \dfrac{\dfrac{1}{\sqrt{1+x^2}}\mathrm{d}(1+x^2)}{\sqrt{1+\sqrt{1+x^2}}}$

$= \int \dfrac{\mathrm{d}(1+\sqrt{1+x^2})}{\sqrt{1+\sqrt{1+x^2}}}$

$= 2\sqrt{1+\sqrt{1+x^2}}+c$

（2）可得

原式 $=\int \dfrac{\mathrm{e}^{\arctan x}}{1+x^2}\mathrm{d}\sqrt{1+x^2} = \dfrac{\mathrm{e}^{\arctan x}}{\sqrt{1+x^2}} - \int \sqrt{1+x^2}\,\mathrm{d}\left(\dfrac{\mathrm{e}^{\arctan x}}{1+x^2}\right)$

$= \dfrac{\mathrm{e}^{\arctan x}}{\sqrt{1+x^2}} - \int \dfrac{\mathrm{e}^{\arctan x}}{(1+x^2)^{\frac{3}{2}}}\mathrm{d}x + 2\int \dfrac{x\mathrm{e}^{\arctan x}}{(1+x^2)^{\frac{3}{2}}}\mathrm{d}x$

$= \dfrac{\mathrm{e}^{\arctan x}}{\sqrt{1+x^2}} - \int \mathrm{e}^{\arctan x}\mathrm{d}\dfrac{x}{\sqrt{1+x^2}} + 2\int \dfrac{x\mathrm{e}^{\arctan x}}{(1+x^2)^{\frac{3}{2}}}\mathrm{d}x$

$= \dfrac{\mathrm{e}^{\arctan x}}{\sqrt{1+x^2}} - \dfrac{x\mathrm{e}^{\arctan x}}{\sqrt{1+x^2}} + 3\int \dfrac{x\mathrm{e}^{\arctan x}}{(1+x^2)^{\frac{3}{2}}}\mathrm{d}x$

最后得

$$\text{原式} = \dfrac{\mathrm{e}^{\arctan x}}{2\sqrt{1+x^2}}(x-1)+c$$

（3）采用球坐标

$$x = r\sin\theta\cos\varphi$$
$$y = r\sin\theta\sin\varphi$$
$$z = r\cos\theta$$

$$0\leqslant r\leqslant 1, 0\leqslant \varphi\leqslant 2\pi, 0\leqslant \theta\leqslant \dfrac{\pi}{2}$$

原式 $=\displaystyle\int_0^{2\pi}\int_0^{\frac{\pi}{2}}\int_0^1 r^4\sin^3\theta\,\mathrm{d}r\mathrm{d}\theta\mathrm{d}\varphi$

$=\dfrac{2\pi}{5}\displaystyle\int_0^{\frac{\pi}{2}}\sin^3\theta\,\mathrm{d}\theta$

$=\dfrac{2\pi}{5}\left(\dfrac{1}{3}\cos^3\theta - \cos\theta\right)\Big|_0^{\frac{\pi}{2}}$

$$= \frac{4\pi}{15}$$

四、 对下列每一种情形分别计算 $f(2)$，其中 $f(x)$ 在 $[0, +\infty)$ 上连续，且满足给定等式：

（1）$\int_0^x f(t)\mathrm{d}t = x^2(1+x)$.

（2）$\int_0^{x^2(1+x)} f(t)\mathrm{d}t = x$.

解 （1）等式两边关于 x 求导得
$$f(x) = 2x + 3x^2$$
$$f(2) = 2 \times 2 + 3 \times 2^2 = 16$$

（2）等式两边关于 x 求导得
$$f[x^2(1+x)](2x + 3x^2) = 1$$
即
$$f[x^2(1+x)] = \frac{1}{2x + 3x^2}$$

令 $x = 1$，有
$$f(2) = \frac{1}{2 \times 1 + 3 \times 1} = \frac{1}{5}$$

五、 求方程 $y'' + 4y' + 5y = 8\cos x$ 当 $x \to -\infty$ 时为有界的特解.

解 特征方程
$$r^2 + 4r + 5 = 0$$
$$r_{1,2} = -2 \pm \mathrm{i}$$

故原方程所对应的齐次方程的通解为
$$y = \mathrm{e}^{-2x}(c_1\cos x + c_2\sin x)$$

令 $y = A\sin x + B\cos x$，代入原方程，并比较等式两边对应项的系数，可得
$$-A - 4B + 5A = 0$$
$$-B + 4A + 5B = 8$$

解出 $A = B = 1$，因此 $y = \sin x + \cos x$ 为原方程的一个特解.

因此，原方程的通解为
$$y = \mathrm{e}^{-2x}(c_1\cos x + c_2\sin x) + \sin x + \cos x$$

为使 $x \to -\infty$ 时，y 有界，必须
$$c_1 = c_2 = 0$$

最后得出满足题设条件的特解为
$$y = \sin x + \cos x$$

六、（1）判别级数 $\sum_{n=1}^{\infty} \frac{1}{n^2 - \ln n}$ 的敛散性.

（2）求级数 $\sum_{n=1}^{\infty} \frac{x^n}{n(n+1)}$ 的收敛区间，并求出和函数.

解 (1) 原级数的通项

$$0 < a_n = \frac{1}{n^2 - \ln n} < \frac{1}{n^{\frac{3}{2}}} \quad (n \text{ 足够大时})$$

而级数 $\sum_{n=1}^{\infty} \frac{1}{n^{\frac{3}{2}}}$ 是收敛的,故原级数收敛.

(2) 级数的收敛半径为

$$R = \lim_{n \to \infty} \left| \frac{\frac{1}{n(n+1)}}{\frac{1}{(n+1)(n+2)}} \right| = 1$$

且当 $x = \pm 1$ 时,原级数分别化为

$$\sum_{n=1}^{\infty} \frac{1}{n(n+1)}$$

和

$$\sum_{n=1}^{\infty} \frac{(-1)^n}{n(n+1)}$$

都是收敛的,故原级数的收敛区间为 $[-1, 1]$. 当 $-1 < x < 1$ 时

$$\text{原级数} = \sum_{n=1}^{\infty} \frac{x^n}{n} - \sum_{n=1}^{\infty} \frac{x^n}{n+1} = I_1 - I_2$$

$$I_1 = \int_0^x \left(\sum_{n=1}^{\infty} x^{n-1} \right) dx$$

$$= \int_0^x \frac{1}{1-x} dx$$

$$= \ln \frac{1}{1-x}$$

类似地

$$xI_2 = \int_0^x \left(\sum_{n=1}^{\infty} x^n \right) dx$$

$$= \int_0^x \frac{x}{1-x} dx$$

$$= -x + \ln \frac{1}{1-x}$$

$$I_2 = -1 + \frac{1}{x} \ln \frac{1}{1-x}$$

故

$$\text{原级数} = \ln \frac{1}{1-x} \left(1 - \frac{1}{x}\right) + 1 \quad (-1 < x < 1)$$

当 $x = 1$ 时

$$\text{原级数} = \sum_{n=1}^{\infty} \frac{1}{n(n+1)} = \sum_{n=1}^{\infty} \left(\frac{1}{n} - \frac{1}{n+1} \right) = 1$$

当 $x = -1$ 时

原级数 $= \sum\limits_{n=1}^{\infty} \dfrac{(-1)^n}{n(n+1)} = \sum\limits_{n=1}^{\infty} (-1)^n \left(\dfrac{1}{n} - \dfrac{1}{n+1} \right)$

其部分和
$$S_n = \sum_{k=1}^{n} (-1)^k \left(\dfrac{1}{k} - \dfrac{1}{k+1} \right)$$
$$= 1 - 2\left(1 - \dfrac{1}{2} + \dfrac{1}{3} - \dfrac{1}{4} + \cdots + \dfrac{(-1)^{n-1}}{n} \right) + (-1)^n \dfrac{1}{n+1}$$

故
$$原级数 = \lim_{n \to \infty} S_n = 1 - 2\ln 2 = \ln \dfrac{e}{4}$$

七、(1) 求矩阵
$$\boldsymbol{A} = \begin{pmatrix} 1 & 2 & 3 & 4 \\ 0 & 1 & 2 & 3 \\ 0 & 0 & 1 & 2 \\ 0 & 0 & 0 & 1 \end{pmatrix}$$

的逆矩阵 $\boldsymbol{A}^{-1}$.

(2) 若 $\boldsymbol{A}$ 为方阵，且 $\boldsymbol{A}^2 = \boldsymbol{A}$，求证
$$(\boldsymbol{A} + \boldsymbol{E})^k = \boldsymbol{E} + (2^k - 1)\boldsymbol{A}$$
其中 k 为正整数，$\boldsymbol{E}$ 为单位矩阵.

解 (1) 可得
$$|\boldsymbol{A}| = 1$$
$$\boldsymbol{A}^{-1} = \begin{pmatrix} 1 & -2 & 1 & 0 \\ 0 & 1 & -2 & 1 \\ 0 & 0 & 1 & -2 \\ 0 & 0 & 0 & 1 \end{pmatrix}$$

(2) 当 $k = 2$ 时
$$(\boldsymbol{A} + \boldsymbol{E})^2 = \boldsymbol{A}^2 + 2\boldsymbol{A} + \boldsymbol{E} = \boldsymbol{E} + (2^2 - 1)\boldsymbol{A}$$

若 $(\boldsymbol{A} + \boldsymbol{E})^k = \boldsymbol{E} + (2^k - 1)\boldsymbol{A}$，则
$$(\boldsymbol{A} + \boldsymbol{E})^{k+1} = [\boldsymbol{E} + (2^k - 1)\boldsymbol{A}](\boldsymbol{A} + \boldsymbol{E})$$
$$= \boldsymbol{A} + (2^k - 1)\boldsymbol{A}^2 + \boldsymbol{E} + (2^k - 1)\boldsymbol{A}$$
$$= \boldsymbol{E} + (1 + 2^k - 1 + 2^k - 1)\boldsymbol{A}$$
$$= \boldsymbol{E} + (2^{k+1} - 1)\boldsymbol{A}$$

这就用数学归纳法证明了结论成立.

八、(1) 已知随机变量 ζ 的分布密度为
$$\phi(x) = e^{-|x|} \quad (-\infty < x < +\infty)$$
求方差 $D(\zeta)$.

(2) 已知产品中 96% 是合格品，现有一种简化的检查方法，它把真正的合格品确认为合格品的概率为 0.98，而误认废品为合格品的概率为 0.05，求在简化方法检查下，合格品的一个产品确实是合格品的概率.

解 (1) 先求均值 $E(\zeta)$,因为 $xe^{-|x|}$ 为奇函数,所以
$$E(\zeta) = \int_{-\infty}^{+\infty} x e^{-|x|} dx = 0$$
故方差
$$\begin{aligned} D(\zeta) &= \int_{-\infty}^{+\infty} x^2 e^{-|x|} dx = 2\int_0^{+\infty} x^2 e^{-x} dx \\ &= -2x^2 e^{-x}\Big|_0^{+\infty} + 4\int_0^{+\infty} x e^{-x} dx \\ &= -4x e^{-x}\Big|_0^{+\infty} + 4\int_0^{+\infty} e^{-x} dx \\ &= -4 e^{-x}\Big|_0^{+\infty} \\ &= 4 \end{aligned}$$

(2) 设 A 表示出现真正合格品,B 表示简化方法检查下被认为是合格品,由题设则有
$$P(A) = 0.96$$
$$\begin{aligned} P(B) &= P(B \mid A)P(A) + P(B \mid \overline{A})P(\overline{A}) \\ &= 0.98 \times 0.96 + 0.05 \times 0.04 \\ &= 0.942\ 8 \end{aligned}$$
$$\begin{aligned} P(AB) &= P(B \mid A)P(A) \\ &= 0.98 \times 0.96 \\ &= 0.940\ 8 \end{aligned}$$
因此,在简化方法检查下,合格品的一个产品确实是合格品的概率为
$$\begin{aligned} P(A \mid B) &= \frac{P(AB)}{P(B)} \\ &= \frac{0.940\ 8}{0.942\ 8} \\ &\approx 0.998 \end{aligned}$$

武汉测绘学院(1982)

高等数学

一、试证级数 $\sum_{n=0}^{\infty} \dfrac{1}{(2n+1)^2}$ 收敛,然后计算它的值.(提示:利用 $f(x)=x$ 在适当区间上的三角级数展开式.)

证 因为原级数的通项
$$\frac{1}{(2n+1)^2} \leqslant \frac{1}{4n^2} \quad (n=1,2,\cdots)$$

而级数 $\sum_{n=1}^{\infty} \dfrac{1}{n^2}$ 是收敛的,故原级数收敛.下面求其值.在区间 $[0,\pi]$ 上,将函数 $f(x)=x$ 展开成余弦级数,其傅氏系数为

$$a_0 = \frac{2}{\pi}\int_0^{\pi} x\,\mathrm{d}x = \pi$$

$$a_n = \frac{2}{\pi}\int_0^{\pi} x\cos nx\,\mathrm{d}x$$

$$= \frac{2}{\pi}\cdot\frac{x\sin nx}{n}\bigg|_0^{\pi} - \frac{2}{n\pi}\int_0^{\pi}\sin nx\,\mathrm{d}x$$

$$= 2\,\frac{\cos n\pi - 1}{n^2\pi} \quad (n>0)$$

即

$$a_{2k+2} = 0$$

$$a_{2k+1} = -\frac{4}{(2k+1)^2\pi}$$

$$(k=0,1,2,\cdots)$$

所求展开式为

$$x = \frac{\pi}{2} - \frac{4}{\pi}\sum_{n=0}^{\infty}\frac{\cos(2n+1)x}{(2n+1)^2} \quad (0\leqslant x\leqslant \pi)$$

令 $x=\pi$,则由上式不难得出原级数的值为

$$\sum_{n=0}^{\infty}\frac{1}{(2n+1)^2} = \frac{\pi^2}{8}$$

---

① 现为武汉大学测绘学院.

二、利用多元函数求极值的方法来求周界等于 l(常量)的三角形的最大面积.

解 设三角形的两边长为 x 和 y,则第三边长为 $l-x-y$,且三角形的面积为
$$S = \sqrt{\frac{l}{2}\left(\frac{l}{2}-x\right)\left(\frac{l}{2}-y\right)\left(x+y-\frac{l}{2}\right)}$$
$$= \frac{1}{4}\sqrt{l(l-2x)(l-2y)(2x+2y-l)}$$

令
$$S_1 = (l-2x)(l-2y)(2x+2y-l)$$

下面求 S_1 的最大值
$$\frac{\partial S_1}{\partial x} = -2(l-2y)(2x+2y-l)+2(l-2x)(l-2y)$$
$$= 2(l-2y)(2l-4x-2y)$$
$$\frac{\partial S_1}{\partial y} = 2(l-2x)(2l-2x-4y)$$

令 $\frac{\partial S_1}{\partial x}=0, \frac{\partial S_1}{\partial y}=0$,解出
$$x = y = \frac{l}{3}$$

因此 S_1 的最大值为
$$\max S_1 = \left(l-\frac{2l}{3}\right)\left(l-\frac{2l}{3}\right)\left(\frac{4l}{3}-l\right) = \frac{l^3}{27}$$

而周长为 l 的三角形的最大面积为
$$\max S = \frac{1}{4} \cdot \frac{l^2}{3\sqrt{3}} = \frac{l^2}{12\sqrt{3}}$$

三、函数 $z=f(x,y)$ 若恒满足关系式 $f(tx,ty)=t^k f(x,y)$,则称 z 为 k 次齐次函数. 设 $z=f(x,y)$ 是一个可微函数,试证它是 k 次齐次函数的充要条件为等式
$$xf_x(x,y) + yf_y(x,y) = kf(x,y)$$
成立.

证 (必要性)对等式
$$f(tx,ty) = t^k f(x,y)$$
两边关于 t 微分,得
$$xf_x(tx,ty) + yf_y(tx,ty) = kt^{k-1}f(x,y)$$
在上式中令 $t=1$,得
$$xf_x(x,y) + yf_y(x,y) = kf(x,y)$$

(充分性)考虑辅助函数
$$\phi(t) = \frac{f(tx,ty)}{t^k} \quad (t>0)$$
求 $\phi'(t)$,得一分式,其分子为
$$txf_x(tx,ty) + tyf_y(tx,ty) - kf(tx,ty)$$
由题设条件知上式为 0,因此

$$\phi'(t)=0$$
$$\phi(t)=c=\text{常数} \quad (t>0)$$

为确定 c,在 $\phi(t)$ 的表达式内令 $t=1$,可得
$$c=f(x,y)$$

因此
$$\phi(t)=\frac{f(tx,ty)}{t^k}=f(x,y)$$

即
$$f(tx,ty)=t^k f(x,y)$$

这说明 $f(x,y)$ 是 k 次齐次函数.

四、设:
(1) $f(x),g(x)$ 在 $(-\infty,+\infty)$ 可导,$g(x)\neq 0$.
(2) $f'(x)=g(x),g'(x)=f(x),f(x)\neq g(x)$.

若 $F(x)=f(x)/g(x)$,求证方程 $F(x)=0$ 有且只有一个实根.

证 因为
$$F'(x)=\frac{f'(x)g(x)-g'(x)f(x)}{g^2(x)}=\frac{g^2(x)-f^2(x)}{g^2(x)}$$
$$F''(x)=\frac{2(g(x)g'(x)-f(x)f'(x))g^2(x)-2g(x)g'(x)(g^2(x)-f^2(x))}{g^4(x)}$$
$$=-2\frac{f(x)(g^2(x)-f^2(x))}{g^3(x)}$$

所以
$$F''(x)=-2F(x)F'(x)$$

令 $F'(x)=p$,该方程可化简为
$$p\frac{\mathrm{d}p}{\mathrm{d}F(x)}=-2pF(x)$$
$$p=-F^2(x)+c_1$$

代入 $p=\frac{g^2(x)-f^2(x)}{g^2(x)}$,$F(x)=\frac{f(x)}{g(x)}$,可得
$$c_1=1$$

因此
$$p=\frac{\mathrm{d}F(x)}{\mathrm{d}x}=1-F^2(x)$$
$$F(x)=\frac{ce^{2x}-1}{ce^{2x}+1} \quad (c>0)$$

即 $F(x)$ 有且只有一个实根
$$x=\frac{1}{2}\ln\frac{1}{c}$$

五、计算曲面 $y^2=2z$ 在 $0\leqslant y\leqslant 2, 0\leqslant x\leqslant yz$ 范围的面积.

解 所求曲面的面积为

$$S = 2\int_0^2 \int_0^{\frac{y^3}{2}} \sqrt{1 + \left[\left(\frac{y^2}{2}\right)'\right]^2}\, dx dy$$

$$= \int_0^2 y^3 \sqrt{1+y^2}\, dy$$

$$= \frac{1}{2}\int_0^2 y^2 \sqrt{1+y^2}\, dy^2$$

$$= \frac{1}{2} \cdot \frac{2}{5}(1+y^2)^{\frac{5}{2}}\Big|_0^2 - \frac{1}{2} \cdot \frac{2}{3}(1+y^2)^{\frac{3}{2}}\Big|_0^2$$

$$= \frac{1}{5}(25\sqrt{5} - 1) - \frac{1}{3}(5\sqrt{5} - 1)$$

$$= \frac{10}{3}\sqrt{5} + \frac{2}{15}$$

六、(1) 求证

$$\begin{vmatrix} x & y & z \\ z & x & y \\ y & z & x \end{vmatrix} = (x+y+z)(x+\omega y+\omega^2 z)(x+\omega^2 y+\omega z)$$

其中 ω 是 1 的立方根 $\dfrac{-1+\sqrt{-3}}{2}$.

(2) 设

$$A = \begin{pmatrix} a & 1 & 0 & 0 & \cdots & 0 & 0 \\ 0 & a & 1 & 0 & \cdots & 0 & 0 \\ 0 & 0 & a & 1 & \cdots & 0 & 0 \\ \vdots & \vdots & \vdots & \vdots & & \vdots & \vdots \\ 0 & 0 & 0 & 0 & \cdots & a & 1 \\ 0 & 0 & 0 & 0 & \cdots & 0 & a \end{pmatrix}$$

是一个 n 阶方阵,试求 A^n.

证 (1) 先将后两列加到第一列上,得

$$\begin{vmatrix} x+y+z & y & z \\ x+y+z & x & y \\ x+y+z & z & x \end{vmatrix} = (x+y+z)\begin{vmatrix} 1 & y & z \\ 1 & x & y \\ 1 & z & x \end{vmatrix}$$

将右端行列式的第二行加上第一行的 ω^2 倍和第三行的 ω^2 倍. 由于 $1+\omega+\omega^2 = 0$,故得

$$\begin{vmatrix} x & y & z \\ z & x & y \\ y & z & x \end{vmatrix} = (x+y+z)\begin{vmatrix} 1 & y & z \\ 1 & x & y \\ 1 & z & x \end{vmatrix}$$

$$= (x+y+z)\begin{vmatrix} 1 & y & z \\ 0 & x+\omega y+\omega^2 z & y+\omega z+\omega^2 x \\ 1 & z & x \end{vmatrix}$$

最后将右端的行列式中的第一行的 ω 倍和同一行的 ω^2 倍加到末一行去,然后将第二列的 $-\omega^2$ 倍加到末一列上,并注意到 $\omega^3 = 1, \omega^4 = \omega$,得

$$\begin{vmatrix} x & y & z \\ z & x & y \\ y & z & x \end{vmatrix} = (x+y+z) \begin{vmatrix} 1 & y & z \\ 0 & x+\omega y+\omega^2 z & y+\omega z+\omega^2 x \\ 0 & z+\omega y+\omega^2 y & x+\omega z+\omega^2 z \end{vmatrix}$$

$$= (x+y+z) \begin{vmatrix} 1 & y & -\omega^2 y+z \\ 0 & x+\omega y+\omega^2 z & 0 \\ 0 & z+\omega y+\omega^2 y & x+\omega^2 y+\omega z \end{vmatrix}$$

$$= (x+y+z)(x+\omega y+\omega^2 z)(x+\omega^2 y+\omega z)$$

（2）由直接相乘得

$$\boldsymbol{A}^2 = \begin{pmatrix} a^2 & 2a & 1 & 0 & \cdots & 0 & 0 \\ 0 & a^2 & 2a & 1 & \cdots & 0 & 0 \\ 0 & 0 & a^2 & 2a & \cdots & 0 & 0 \\ \vdots & \vdots & \vdots & \vdots & & \vdots & \vdots \\ 0 & 0 & 0 & 0 & \cdots & a^2 & 2a \\ 0 & 0 & 0 & 0 & \cdots & 0 & a^2 \end{pmatrix}$$

$$\boldsymbol{A}^3 = \begin{pmatrix} a^3 & 3a^2 & 3a & 1 & 0 & \cdots & 0 & 0 \\ 0 & a^3 & 3a^2 & 3a & 1 & \cdots & 0 & 0 \\ 0 & 0 & a^3 & 3a^2 & 3a & \cdots & 0 & 0 \\ \vdots & \vdots & \vdots & \vdots & \vdots & & \vdots & \vdots \\ 0 & 0 & 0 & 0 & 0 & \cdots & a^3 & 3a^2 \\ 0 & 0 & 0 & 0 & 0 & \cdots & 0 & a^3 \end{pmatrix}$$

$$3a^2 = C_3^1 a^{3-1}$$
$$3a = C_3^2 a^{3-2}$$
$$1 = C_3^3 a^{3-3}$$

故可设

$$\boldsymbol{A}^{n-1} = \begin{pmatrix} a^{n-1} & C_{n-1}^1 a^{n-2} & C_{n-1}^2 a^{n-3} & \cdots & C_{n-1}^{n-2} a & 1 \\ 0 & a^{n-1} & C_{n-1}^1 a^{n-2} & \cdots & C_{n-1}^{n-3} a^2 & C_{n-1}^{n-2} a \\ 0 & 0 & a^{n-1} & \cdots & C_{n-1}^{n-4} a^3 & C_{n-1}^{n-3} a^2 \\ \vdots & \vdots & \vdots & & \vdots & \vdots \\ 0 & 0 & 0 & \cdots & a^{n-1} & C_{n-1}^1 a^{n-2} \\ 0 & 0 & 0 & \cdots & 0 & a^{n-1} \end{pmatrix}$$

于是由 $\boldsymbol{A}^n = \boldsymbol{A}^{n-1} \boldsymbol{A}$，且利用 $C_{n-1}^t + C_{n-1}^{t+1} = C_n^{t+1}$ 即可求得

$$\boldsymbol{A}^n = \begin{pmatrix} a^n & C_n^1 a^{n-1} & C_n^2 a^{n-2} & \cdots & C_n^{n-2} a^2 & C_n^{n-1} a \\ 0 & a^n & C_n^1 a^{n-1} & \cdots & C_n^{n-3} a^3 & C_n^{n-2} a^2 \\ 0 & 0 & a^n & \cdots & C_n^{n-4} a^4 & C_n^{n-3} a^3 \\ \vdots & \vdots & \vdots & & \vdots & \vdots \\ 0 & 0 & 0 & \cdots & a^n & C_n^1 a^{n-1} \\ 0 & 0 & 0 & \cdots & 0 & a^n \end{pmatrix}$$

其中如果 $n \leqslant k-1$,对于 $S > n$,可令 $C_n^S = 0$.

线性代数

一、(1) 假定向量 $\boldsymbol{\alpha}$ 是向量组 $\boldsymbol{\alpha}_1, \boldsymbol{\alpha}_2, \cdots, \boldsymbol{\alpha}_s$ 的线性组合,但不是 $\boldsymbol{\alpha}_1, \boldsymbol{\alpha}_2, \cdots, \boldsymbol{\alpha}_{s-1}$ 的线性组合,试证明 $\boldsymbol{\alpha}_s$ 是 $\boldsymbol{\alpha}_1, \boldsymbol{\alpha}_2, \cdots, \boldsymbol{\alpha}_{s-1}, \boldsymbol{\alpha}$ 的线性组合.

(2) 试证明属于实对称矩阵 A 的不同特征向量必正交.

证 (1) 由题设,存在常数 $a_1, a_2, \cdots, a_s$,使
$$\boldsymbol{\alpha} = a_1 \boldsymbol{\alpha}_1 + a_2 \boldsymbol{\alpha}_2 + \cdots + a_s \boldsymbol{\alpha}_s$$
并且 $a_s \neq 0$,否则 $\boldsymbol{\alpha}$ 将是 $\boldsymbol{\alpha}_1, \boldsymbol{\alpha}_2, \cdots, \boldsymbol{\alpha}_{s-1}$ 的线性组合,与假设矛盾. 故有
$$\boldsymbol{\alpha}_s = \frac{1}{a_s}\boldsymbol{\alpha} - \frac{a_1}{a_s}\boldsymbol{\alpha}_1 - \frac{a_2}{a_s}\boldsymbol{\alpha}_2 - \cdots - \frac{a_{s-1}}{a_s}\boldsymbol{\alpha}_{s-1}$$
亦即 $\boldsymbol{\alpha}_s$ 是向量组 $\boldsymbol{\alpha}_1, \boldsymbol{\alpha}_2, \cdots, \boldsymbol{\alpha}_{s-1}, \boldsymbol{\alpha}$ 的线性组合.

(2) 设 λ_1, λ_2 为实对称矩阵 A 的任意两个不同特征值,并且有对应的特征向量 $\boldsymbol{X}_1$ 和 $\boldsymbol{X}_2$ 使
$$\lambda_1 \boldsymbol{X}_1 = A\boldsymbol{X}_1$$
$$\lambda_2 \boldsymbol{X}_2 = A\boldsymbol{X}_2$$
记 $\boldsymbol{X}'_1$ 为 $\boldsymbol{X}_1$ 的转置,则
$$\lambda_1 \boldsymbol{X}'_1 = \boldsymbol{X}'_1 A$$
有
$$\lambda_1 \boldsymbol{X}'_1 \boldsymbol{X}_2 = \boldsymbol{X}'_1 A \boldsymbol{X}_2 = \lambda_2 \boldsymbol{X}'_1 \boldsymbol{X}_2$$
即
$$(\lambda_1 - \lambda_2)\boldsymbol{X}'_1 \boldsymbol{X}_2 = \boldsymbol{0}$$
但 $\lambda_1 \neq \lambda_2$,有
$$\boldsymbol{X}'_1 \boldsymbol{X}_2 = \boldsymbol{0}$$
即 $\boldsymbol{X}_1$ 与 $\boldsymbol{X}_2$ 正交,于是结论为真.

二、(1) 试化二次型
$$f(x_1, x_2, x_3) = x_1^2 - 2x_2^2 + 2x_1 x_2 - 4x_1 x_3 + 6x_2 x_3$$
为标准型,并求所用的非退化的线性变换.

(2) 如何用初等变换化二次型为标准型,试说明理由.

解 (1) 二次型 $f(x_1, x_2, x_3)$ 的系数矩阵为
$$A = \begin{pmatrix} 1 & 1 & -2 \\ 1 & -2 & 3 \\ -2 & 3 & 0 \end{pmatrix}$$

把单位矩阵 E 放在 A 下面,构成新矩阵,对此矩阵的行列施行同一类型的初等变换,将 A 化为对角阵

$$\begin{pmatrix} 1 & 1 & -2 \\ 1 & -2 & 3 \\ -2 & 3 & 0 \\ 1 & 0 & 0 \\ 0 & 1 & 0 \\ 0 & 0 & 1 \end{pmatrix} \to \begin{pmatrix} 1 & 0 & 0 \\ 1 & -3 & 5 \\ -2 & 5 & -4 \\ 1 & -1 & 2 \\ 0 & 1 & 0 \\ 0 & 0 & 1 \end{pmatrix} \to \begin{pmatrix} 1 & 0 & 0 \\ 0 & -3 & 5 \\ 0 & 5 & -4 \\ 1 & -1 & 2 \\ 0 & 1 & 0 \\ 0 & 0 & 1 \end{pmatrix}$$

$$\to \begin{pmatrix} 1 & 0 & 0 \\ 0 & -3 & 0 \\ 0 & 5 & \frac{13}{3} \\ 1 & -1 & \frac{1}{3} \\ 0 & 1 & \frac{5}{3} \\ 0 & 0 & 1 \end{pmatrix} \to \begin{pmatrix} 1 & 0 & 0 \\ 0 & -3 & 0 \\ 0 & 0 & \frac{13}{3} \\ 1 & -1 & \frac{1}{3} \\ 0 & 1 & \frac{5}{3} \\ 0 & 0 & 1 \end{pmatrix}$$

因此用满秩线性变换

$$x_1 = y_1 - \frac{1}{\sqrt{3}} y_2 + \frac{1}{\sqrt{39}} y_3$$

$$x_2 = \quad\quad\ \frac{1}{\sqrt{3}} y_2 + \frac{5}{\sqrt{39}} y_3$$

$$x_3 = \quad\quad\quad\quad\quad\quad \frac{3}{\sqrt{39}} y_3$$

可以把二次型 $f(x_1, x_2, x_3)$ 化为标准型

$$f = y_1^2 - y_2^2 + y_3^2$$

(2) 二次型的系数矩阵是一对称矩阵,将二次型化为标准型,等价于将该系数矩阵化为对角阵. 题(1)中已用实例说明了这一具体过程,理由如下.

众所周知,假如 A 是秩为 r 的对称矩阵,那就有满秩矩阵 P,使

$$P'AP = \begin{pmatrix} a_1 & & & & & \\ & \ddots & & & & \\ & & a_r & & & \\ & & & 0 & & \\ & & & & \ddots & \\ & & & & & 0 \end{pmatrix}$$

其中 $a_i \neq 0 (i=1,\cdots,r)$,而且任意满秩矩阵可以写成若干个初等矩阵的乘积. 假如命

$$P = E_1 \cdots E_m$$

$E_i(i=1,\cdots,m)$ 为初等矩阵,那么

$$P' = E'_m \cdots E'_1$$

则由前述知

$$E'_m \cdots E'_1 A E_1 \cdots E_m = \begin{pmatrix} a_1 & & & & & \\ & \ddots & & & & \\ & & a_r & & & \\ & & & 0 & & \\ & & & & \ddots & \\ & & & & & 0 \end{pmatrix} \quad \text{①}$$

因为 $E'_i(\alpha) = E_i(\alpha)$, $E'_{ij}(\alpha) = E_{ji}(\alpha)(j=1,\cdots,m)$, 又因为用 $E_i(\alpha)$ 或 $E_{ij}(\alpha)$ 右乘 A 引起的 A 的初等列变换与用 $E_i(\alpha)$ 或 $E_{ji}(\alpha)$ 左乘 A 引起的 A 的初等行变换是同一类型的, 所以由式 ① 可知, 采用某些初等行变换, 同时又采用同样类型的初等列变换, 也能够把对称矩阵化为对角形.

上面化对角形的方法, 同时也是求 P 的方法. 由
$$P = E_1 \cdots E_m = E E_1 \cdots E_m$$
与式 ① 比较, 我们即知用同样的初等行、列变换把 A 化为对角阵时, 只用其中的初等列变换就把单位矩阵 E 化为 P, 这样求 P 就非常简便了.

在具体计算时, 做法类似于题(1). 把 E 放在 A 下面构成一个新的矩阵, 在按前述法则把 A 化为对角形时, E 也就被化为 P 了.

三、在 $\boldsymbol{P}^{2\times 2}$ 中, 已知三组基:

Ⅰ: $\boldsymbol{\alpha}_1 = \begin{pmatrix} 1 & 0 \\ 1 & 0 \end{pmatrix}, \boldsymbol{\alpha}_2 = \begin{pmatrix} 1 & 1 \\ 1 & 0 \end{pmatrix}, \boldsymbol{\alpha}_3 = \begin{pmatrix} -2 & 0 \\ -1 & 0 \end{pmatrix}, \boldsymbol{\alpha}_4 = \begin{pmatrix} 1 & 1 \\ 1 & 1 \end{pmatrix}$;

Ⅱ: $\boldsymbol{\beta}_1 = \begin{pmatrix} 1 & 2 \\ 0 & 1 \end{pmatrix}, \boldsymbol{\beta}_2 = \begin{pmatrix} 0 & 1 \\ 0 & 1 \end{pmatrix}, \boldsymbol{\beta}_3 = \begin{pmatrix} 1 & 2 \\ 1 & 1 \end{pmatrix}, \boldsymbol{\beta}_4 = \begin{pmatrix} 0 & 0 \\ 0 & 1 \end{pmatrix}$;

Ⅲ: $\boldsymbol{\gamma}_1 = \begin{pmatrix} 1 & 0 \\ 0 & 0 \end{pmatrix}, \boldsymbol{\gamma}_2 = \begin{pmatrix} 0 & 1 \\ 0 & 0 \end{pmatrix}, \boldsymbol{\gamma}_3 = \begin{pmatrix} 0 & 0 \\ 1 & 0 \end{pmatrix}, \boldsymbol{\gamma}_4 = \begin{pmatrix} 0 & 0 \\ 0 & 1 \end{pmatrix}$.

若线性变换 T 定义如下
$$T\boldsymbol{\alpha}_i = \boldsymbol{\beta}_i \quad (i=1,2,3,4)$$

(1) 试求 T 在基 Ⅰ 下的矩阵 $\boldsymbol{A}$.

(2) 求 T 在基 Ⅲ 下的矩阵 $\boldsymbol{B}$.

(3) 若 $\boldsymbol{\xi} = \begin{pmatrix} 1 & 1 \\ 0 & 0 \end{pmatrix}$, 试求 $T\boldsymbol{\xi}$.

解 (1) 由于
$$-\boldsymbol{\alpha}_1 - \boldsymbol{\alpha}_3 = \boldsymbol{\gamma}_1$$
$$2\boldsymbol{\alpha}_1 + \boldsymbol{\alpha}_3 = \boldsymbol{\gamma}_3$$
$$\boldsymbol{\alpha}_2 - \boldsymbol{\alpha}_1 = \boldsymbol{\gamma}_2$$
$$\boldsymbol{\alpha}_4 - \boldsymbol{\alpha}_2 = \boldsymbol{\gamma}_4$$

因此
$$T\boldsymbol{\alpha}_1 = \begin{pmatrix} 1 & 2 \\ 0 & 1 \end{pmatrix} = \boldsymbol{\gamma}_1 + 2\boldsymbol{\gamma}_2 + \boldsymbol{\gamma}_4$$
$$= -3\boldsymbol{\alpha}_1 + \boldsymbol{\alpha}_2 - \boldsymbol{\alpha}_3 + \boldsymbol{\alpha}_4$$

同样有
$$T\boldsymbol{\alpha}_2 = -\boldsymbol{\alpha}_1 + \boldsymbol{\alpha}_4$$
$$T\boldsymbol{\alpha}_3 = -\boldsymbol{\alpha}_1 + \boldsymbol{\alpha}_2 + \boldsymbol{\alpha}_4$$
$$T\boldsymbol{\alpha}_4 = -\boldsymbol{\alpha}_2 + \boldsymbol{\alpha}_4$$

故 T 在基 Ⅰ 下的矩阵为

$$\boldsymbol{A} = \begin{pmatrix} -3 & -1 & -1 & 0 \\ 1 & 0 & 1 & -1 \\ -1 & 0 & 0 & 0 \\ 1 & 1 & 1 & 1 \end{pmatrix}$$

（2）由
$$T\boldsymbol{\gamma}_1 = T(-\boldsymbol{\alpha}_1 - \boldsymbol{\alpha}_3)$$
$$= -\boldsymbol{\beta}_1 - \boldsymbol{\beta}_3$$
$$= \begin{pmatrix} -2 & -4 \\ -1 & -2 \end{pmatrix}$$
$$= -2\boldsymbol{\gamma}_1 - 4\boldsymbol{\gamma}_2 - \boldsymbol{\gamma}_3 - 2\boldsymbol{\gamma}_4$$

类似可得
$$T\boldsymbol{\gamma}_2 = -\boldsymbol{\gamma}_1 - \boldsymbol{\gamma}_2$$
$$T\boldsymbol{\gamma}_3 = 3\boldsymbol{\gamma}_1 + 6\boldsymbol{\gamma}_2 + \boldsymbol{\gamma}_3 + 3\boldsymbol{\gamma}_4$$
$$T\boldsymbol{\gamma}_4 = -\boldsymbol{\gamma}_2$$

故 T 在基 Ⅲ 下的矩阵为

$$\boldsymbol{B} = \begin{pmatrix} -2 & -1 & 3 & 0 \\ -4 & -1 & 6 & -1 \\ -1 & 0 & 1 & 0 \\ -2 & 0 & 3 & 0 \end{pmatrix}$$

也可以用下法求矩阵 $\boldsymbol{B}$. 因为

$$(\boldsymbol{\gamma}_1, \boldsymbol{\gamma}_2, \boldsymbol{\gamma}_3, \boldsymbol{\gamma}_4) = (\boldsymbol{\alpha}_1, \boldsymbol{\alpha}_2, \boldsymbol{\alpha}_3, \boldsymbol{\alpha}_4) \begin{pmatrix} -1 & -1 & 2 & 0 \\ 0 & 1 & 0 & -1 \\ -1 & 0 & 1 & 0 \\ 0 & 0 & 0 & 1 \end{pmatrix}$$

而

$$\begin{pmatrix} -1 & -1 & 2 & 0 \\ 0 & 1 & 0 & -1 \\ -1 & 0 & 1 & 0 \\ 0 & 0 & 0 & 1 \end{pmatrix}^{-1} = \begin{pmatrix} 1 & 1 & -2 & -1 \\ 0 & 1 & 0 & 1 \\ 1 & 1 & -1 & 1 \\ 0 & 0 & 0 & 1 \end{pmatrix}$$

所以

$$\boldsymbol{B} = \begin{pmatrix} 1 & 1 & -2 & -1 \\ 0 & 1 & 0 & 1 \\ 1 & 1 & -1 & 1 \\ 0 & 0 & 0 & 1 \end{pmatrix} \boldsymbol{A} \begin{pmatrix} -1 & -1 & 2 & 0 \\ 0 & 1 & 0 & -1 \\ -1 & 0 & 1 & 0 \\ 0 & 0 & 0 & 1 \end{pmatrix}$$

$$= \begin{pmatrix} -2 & -1 & 3 & 0 \\ -4 & -1 & 6 & -1 \\ -1 & 0 & 1 & 0 \\ -2 & 0 & 3 & 0 \end{pmatrix}$$

（3）因为
$$\boldsymbol{\xi} = \begin{pmatrix} 1 & 1 \\ 0 & 0 \end{pmatrix}$$
$$= \boldsymbol{\gamma}_1 + \boldsymbol{\gamma}_2$$
$$= -\boldsymbol{\alpha}_1 - \boldsymbol{\alpha}_3 + \boldsymbol{\alpha}_2 - \boldsymbol{\alpha}_1$$
$$= -2\boldsymbol{\alpha}_1 + \boldsymbol{\alpha}_2 - \boldsymbol{\alpha}_3$$

所以
$$T\boldsymbol{\xi} = T(-2\boldsymbol{\alpha}_1 + \boldsymbol{\alpha}_2 - \boldsymbol{\alpha}_3)$$
$$= -2\boldsymbol{\beta}_1 + \boldsymbol{\beta}_2 - \boldsymbol{\beta}_3$$
$$= \begin{pmatrix} -3 & -5 \\ -1 & -2 \end{pmatrix}$$

四、 若 T 是 n 维线性空间 V 的线性变换，试证明
$$\dim TV + \dim T^{-1}(\boldsymbol{0}) = n$$
其中
$$TV \triangleq \{\boldsymbol{\beta} \mid \boldsymbol{\beta} = T\boldsymbol{\alpha}, \boldsymbol{\alpha} \in V\}$$
$$T^{-1}(\boldsymbol{0}) \triangleq \{\boldsymbol{\alpha} \mid T\boldsymbol{\alpha} = \boldsymbol{0}, \boldsymbol{\alpha} \in V\}$$

证 此即要证明 T 的秩 r 与它的亏 s 的和
$$r + s = n$$

假定 K 是 V 的零元对于 T 的所有象源构成的子空间，$\boldsymbol{\alpha}_1, \boldsymbol{\alpha}_2, \cdots, \boldsymbol{\alpha}_s$ 是 K 的基底. 我们选择适当的 $\boldsymbol{\beta}_1, \cdots, \boldsymbol{\beta}_t$ 使
$$\boldsymbol{\alpha}_1, \boldsymbol{\alpha}_2, \cdots, \boldsymbol{\alpha}_s, \boldsymbol{\beta}_1, \cdots, \boldsymbol{\beta}_t$$
成为 V 的基底，则 $s+t=n$. 如果能证明 $t=r$，也就是 V 中各元对于 T 的所有象构成的子空间 L 的维数是 r，那么结论即告成立.

设 $\boldsymbol{\alpha}$ 为 V 中任意元，则
$$\boldsymbol{\alpha} = a_1\boldsymbol{\alpha}_1 + \cdots + a_s\boldsymbol{\alpha}_s + b_1\boldsymbol{\beta}_1 + \cdots + b_t\boldsymbol{\beta}_t$$
由 $T\boldsymbol{\alpha}_i = \boldsymbol{0}$，有
$$T\boldsymbol{\alpha} = \sum_{i=1}^{t} b_i T\boldsymbol{\beta}_i$$
即 L 中任意元是 $T\boldsymbol{\beta}_1, \cdots, T\boldsymbol{\beta}_t$ 的线性组合.

再假如
$$k_1 T\boldsymbol{\beta}_1 + \cdots + k_t T\boldsymbol{\beta}_t = \boldsymbol{0}$$
那么
$$T(k_1\boldsymbol{\beta}_1 + \cdots + k_t\boldsymbol{\beta}_t) = \boldsymbol{0}$$
因此 $k_1\boldsymbol{\beta}_1 + \cdots + k_t\boldsymbol{\beta}_t \in K$，有

$$k_1\boldsymbol{\beta}_1 + \cdots + k_t\boldsymbol{\beta}_t = c_1\boldsymbol{\alpha}_1 + \cdots + c_s\boldsymbol{\alpha}_s$$

即

$$k_1\boldsymbol{\beta}_1 + \cdots + k_t\boldsymbol{\beta}_t - c_1\boldsymbol{\alpha}_1 - \cdots - c_s\boldsymbol{\alpha}_s = \boldsymbol{0}$$

但 $\boldsymbol{\alpha}_1,\cdots,\boldsymbol{\alpha}_s,\boldsymbol{\beta}_1,\cdots,\boldsymbol{\beta}_t$ 是线性无关的,故

$$k_i = 0 \quad (i=1,\cdots,t)$$

即 $T\boldsymbol{\beta}_1,\cdots,T\boldsymbol{\beta}_t$ 线性无关. 因此 $T\boldsymbol{\beta}_1,\cdots,T\boldsymbol{\beta}_t$ 是 L 的一组基, 于是 r 是 T 的维数, 即 $t=r$. 结论成立.

五、若 A 为 n 阶矩阵, 当有一常数项不为 0 的多项式 $f(x)$, 使得 $f(A)=0$ 时, 则 A 的特征值一定全不为 0.

证 设

$$f(x) = a_0 x^m + a_1 x^{m-1} + \cdots + a_{m-1} x + a_m \quad (m \geqslant 1)$$

且 $a_m \neq 0$. 由题设得

$$f(\boldsymbol{A}) = a_0 \boldsymbol{A}^m + a_1 \boldsymbol{A}^{m-1} + \cdots + a_{m-1}\boldsymbol{A} + a_m \boldsymbol{E} = \boldsymbol{0}$$

故有

$$\boldsymbol{E} = -\frac{a_0}{a_m}\boldsymbol{A}^m - \frac{a_1}{a_m}\boldsymbol{A}^{m-1} - \cdots - \frac{a_{m-1}}{a_m}\boldsymbol{A}$$

$$= \boldsymbol{A}\left(-\frac{a_0}{a_m}\boldsymbol{A}^{m-1} - \frac{a_1}{a_m}\boldsymbol{A}^{m-2} - \cdots - \frac{a_{m-1}}{a_m}\boldsymbol{E}\right)$$

这说明矩阵 A 是满秩的,因此它的特征值一定全不为 0.

六、若 V 是数域 P 上的 n 维线性空间, $\boldsymbol{A}_{n\times n} \in P^{n\times n}$, 且已知 A 有 n 个不同的特征值, 试问与此方阵 A 对应的线性空间 V 中的线性变换 T 有多少个不变子空间?

解 由题设条件, V 可以分解为 n 个一维不变子空间的直和, 其中每个一维不变子空间是由 T 的某个特征值对应的特征向量所张成的. 因此 T 有

$$1 + C_n^1 + C_n^2 + \cdots + C_n^{n-1} + 1 = 2^n$$

个不变子空间,其中包括了零子空间和 V 本身.

南京邮电学院(1982)

一、已知
$$f(x)=\frac{x}{\sqrt{1+x^2}}$$

设 $f_n(x)=\underbrace{f\{f[\cdots f(x)]\}}_{n个f}$,求 $f_n(x)$.

解 可得
$$f_2(x)=f[f(x)]=\frac{f(x)}{\sqrt{1+f^2(x)}}$$

$$=\frac{\frac{x}{\sqrt{1+x^2}}}{\sqrt{1+\frac{x^2}{1+x^2}}}=\frac{x}{\sqrt{1+2x^2}}$$

下面用数学归纳法证明
$$f_n(x)=\frac{x}{\sqrt{1+nx^2}}$$

$n=2$ 时,前面已证明.

设 $n=k$ 时成立,有
$$f_{k+1}(x)=f[f_k(x)]=\frac{\frac{x}{\sqrt{1+kx^2}}}{\sqrt{1+\frac{x^2}{1+kx^2}}}$$

$$=\frac{x}{\sqrt{1+(k+1)x^2}}$$

二、已知
$$f(x)=\begin{cases}x^2\sin\frac{1}{x},x\neq 0\\ 0,x=0\end{cases}$$

(1) 求 $f'(x)$.

(2) 问 $f'(x)$ 在 $x=0$ 处是否连续?

解 (1) 依定义
$$f'(0)=\lim_{x\to 0}\frac{f(x)-f(0)}{x}=\lim_{x\to 0}x\sin\frac{1}{x}=0$$

---

① 现为南京邮电大学.

有
$$f'(x) = \begin{cases} 2x\sin\dfrac{1}{x} - \cos\dfrac{1}{x}, & x \neq 0 \\ 0, & x = 0 \end{cases}$$

（2）因为
$$\lim_{x\to 0} 2x\sin\dfrac{1}{x} = 0$$

$\lim\limits_{x\to 0}\cos\dfrac{1}{x}$ 不存在，所以 $\lim\limits_{x\to 0}\left(2x\sin\dfrac{1}{x} - \cos\dfrac{1}{x}\right)$ 也不存在. 因此，$f'(x)$ 在 $x=0$ 处不连续.

三、计算积分
$$\int_0^\infty e^{-ax^2 - \frac{b}{x^2}} dx \quad (a > 0, b > 0)$$

解 令 $y = \sqrt{a}\, x$，得
$$I = \int_0^\infty e^{-ax^2 - \frac{b}{x^2}} dx = \dfrac{1}{\sqrt{a}} \int_0^\infty e^{-y^2 - \frac{c^2}{y^2}} dy$$

其中 $c^2 = ab$. 在积分号下对参数 c 求导，得
$$\dfrac{dI}{dc} = \dfrac{-2c}{\sqrt{a}} \int_0^\infty e^{-y^2 - \frac{c^2}{y^2}} \cdot \dfrac{dy}{y^2}$$

令 $y = \dfrac{c}{z}$，得
$$\dfrac{dI}{dc} = \dfrac{-2}{\sqrt{a}} \int_0^\infty e^{-z^2 - \frac{c^2}{z^2}} dz = -2I$$

有
$$I = A e^{-2c}$$

又当 $c = 0$ 时
$$I = \dfrac{1}{\sqrt{a}} \int_0^\infty e^{-x^2} dx = \dfrac{1}{\sqrt{a}} \dfrac{\sqrt{\pi}}{2}$$

故
$$A = \dfrac{1}{2}\sqrt{\dfrac{\pi}{a}}$$

因此
$$I = \dfrac{1}{2}\sqrt{\dfrac{\pi}{a}}\, e^{-2\sqrt{ab}}$$

四、证明：当 $0 < x < \pi$ 时
$$\sum_{k=1}^\infty \dfrac{1}{(2k-1)(2k+1)} \cos 2kx = \dfrac{1}{2} - \dfrac{\pi}{4}\sin x$$

证 先把 $\sin x$ 在 $(0, \pi)$ 上展开成余弦级数

$$a_0 = \frac{2}{\pi}\int_0^\pi \sin x\,\mathrm{d}x = \frac{4}{\pi}$$

$$a_n = \frac{2}{\pi}\int_0^\pi \sin x\cos nx\,\mathrm{d}x$$

$$= \frac{2}{\pi}\int_0^\pi \frac{1}{2}[\sin(n+1)x - \sin(n-1)x]\mathrm{d}x$$

有

$$a_1 = \frac{1}{\pi}\int_0^\pi \sin 2x\,\mathrm{d}x = -\frac{1}{2\pi}\cos 2x\Big|_0^\pi = 0$$

$$n \ne 1, a_n = \frac{1}{\pi}\left(-\frac{1}{n+1}\cos(n+1)x + \frac{1}{n-1}\cos(n-1)x\right)\Big|_0^\pi$$

故

$$n = 2k+1, a_{2k+1} = 0$$

$$n = 2k, a_{2k} = \frac{1}{\pi}\left(\frac{2}{2k+1} - \frac{2}{2k-1}\right) = \frac{4}{\pi}\frac{1}{(2k+1)(2k-1)}$$

因为 $\sin x$ 在 $(0,\pi)$ 内满足收敛定理的条件,所以

$$\sin x = \frac{2}{\pi} - \frac{4}{\pi}\sum_{k=1}^\infty \frac{1}{(2k+1)(2k-1)}\cos 2kx \quad (0 < x < \pi)$$

有

$$\frac{1}{2} - \frac{\pi}{4}\sin x = \sum_{k=1}^\infty \frac{1}{(2k+1)(2k-1)}\cos 2kx \quad (0 < x < \pi)$$

在区间的端点 $x=0,\pi$ 处,右端级数收敛于

$$\frac{1}{2}\left(\frac{1}{2} - \frac{\pi}{4}\sin 0 + \frac{1}{2} - \frac{\pi}{4}\sin \pi\right) = \frac{1}{2}$$

$$\frac{1}{2} - \frac{\pi}{4}\sin 0 = \frac{1}{2} - \frac{\pi}{4}\sin \pi$$

故所得展开式在端点处也成立.

五、已知 $z = z(\sqrt{x^2+y^2})$ 对 x,y 有二阶连续偏导数,且满足等式

$$\frac{\partial^2 z}{\partial x^2} + \frac{\partial^2 z}{\partial y^2} = x^2 + y^2$$

求未知函数 z.

解 设 $r = \sqrt{x^2+y^2}$,$z = z(r)$,经复合函数求导后,原方程化成

$$\frac{\mathrm{d}^2 z}{\mathrm{d}r^2} + \frac{1}{r}\frac{\mathrm{d}z}{\mathrm{d}r} = r^2$$

令 $u = \frac{\mathrm{d}z}{\mathrm{d}r}$,得

$$\frac{\mathrm{d}u}{\mathrm{d}r} + \frac{1}{r}u = r^2$$

这是一个一阶线性方程,故

$$u = \mathrm{e}^{-\int \frac{1}{r}\mathrm{d}r}\left(\int r^2 \mathrm{e}^{\int \frac{1}{r}\mathrm{d}r}\mathrm{d}r + c_1\right)$$

$$= \frac{1}{r}\left(\int r^3 \,\mathrm{d}r + c_1\right)$$

$$= \frac{c_1}{r} + \frac{1}{4}r^3$$

有

$$z = \int u\,\mathrm{d}r = c_1 \ln r + c_2 + \frac{1}{16}r^4$$

其中,c_1,c_2 为任意常数.

六、由方程组 $u=F(x,y,z,t)$,$\varphi(y,z,t)=0$,$\psi(z,t)=0$ 确定 $u=(x,y)$. 此处 F,φ,ψ 分别对各自的变元具有连续偏导数.

求 $\dfrac{\partial u}{\partial x},\dfrac{\partial u}{\partial y}$.

解 由 $\varphi(y,z,t)=0$,$\psi(z,t)=0$ 可以确定隐函数 $z=z(y),t=t(y)$. 于是由复合函数求导的链式法则,得

$$\begin{cases} \dfrac{\partial \varphi}{\partial z}\dfrac{\partial z}{\partial y} + \dfrac{\partial \varphi}{\partial t}\dfrac{\partial t}{\partial y} = -\dfrac{\partial \varphi}{\partial y} \\ \dfrac{\partial \psi}{\partial z}\dfrac{\partial z}{\partial y} + \dfrac{\partial \psi}{\partial t}\dfrac{\partial t}{\partial y} = 0 \end{cases}$$

解之得

$$\frac{\partial z}{\partial y} = -\frac{1}{\Delta}\frac{\partial \varphi}{\partial y}\frac{\partial \psi}{\partial t}$$

$$\frac{\partial t}{\partial y} = \frac{1}{\Delta}\frac{\partial \varphi}{\partial y}\frac{\partial \psi}{\partial z}$$

这里

$$\Delta = \frac{\partial \varphi}{\partial z}\frac{\partial \psi}{\partial t} - \frac{\partial \varphi}{\partial t}\frac{\partial \psi}{\partial z}$$

有

$$\frac{\partial u}{\partial x} = \frac{\partial F}{\partial x} + \frac{\partial F}{\partial z}\frac{\partial z}{\partial x} + \frac{\partial F}{\partial t}\frac{\partial t}{\partial x} = \frac{\partial F}{\partial x}$$

$$\frac{\partial u}{\partial y} = \frac{\partial F}{\partial y} + \frac{\partial F}{\partial z}\frac{\partial z}{\partial y} + \frac{\partial F}{\partial t}\frac{\partial t}{\partial y}$$

$$= \frac{\partial F}{\partial y} + \frac{1}{\Delta}\left(-\frac{\partial F}{\partial z}\frac{\partial \varphi}{\partial y}\frac{\partial \psi}{\partial t} + \frac{\partial F}{\partial t}\frac{\partial \varphi}{\partial y}\frac{\partial \psi}{\partial z}\right)$$

七、计算 $\displaystyle\iint_{[0,\pi;0,\pi]} |\cos(x+y)|\,\mathrm{d}x\mathrm{d}y$.

解 可得

$$\iint_{[0,\pi;0,\pi]} |\cos(x+y)|\,\mathrm{d}x\mathrm{d}y$$

$$= \int_0^\pi \mathrm{d}x \int_0^\pi |\cos(x+y)|\,\mathrm{d}y$$

$$= \int_0^{\frac{\pi}{2}} \mathrm{d}x \int_0^\pi |\cos(x+y)|\,\mathrm{d}y +$$

$$\int_{\frac{\pi}{2}}^{\pi} \mathrm{d}x \int_0^{\pi} |\cos(x+y)|\,\mathrm{d}y$$

$$= \int_0^{\frac{\pi}{2}} \Big[\int_0^{\frac{\pi}{2}-x} \cos(x+y)\,\mathrm{d}y -$$

$$\int_{\frac{\pi}{2}-x}^{\pi} \cos(x+y)\,\mathrm{d}y\Big]\mathrm{d}x +$$

$$\int_{\frac{\pi}{2}}^{\pi} \Big[\int_0^{\frac{3}{2}\pi-x} -\cos(x+y)\,\mathrm{d}y +$$

$$\int_{\frac{3\pi}{2}-x}^{\pi} \cos(x+y)\,\mathrm{d}y\Big]$$

$$= \int_0^{\frac{\pi}{2}} \Big\{\Big(\sin\frac{\pi}{2} - \sin x\Big) -$$

$$\Big[\sin(x+\pi) - \sin\frac{\pi}{2}\Big]\Big\}\mathrm{d}x +$$

$$\int_{\frac{\pi}{2}}^{\pi} \Big\{-\Big(\sin\frac{3}{2}\pi - \sin x\Big) +$$

$$\Big[\sin(x+\pi) - \sin\frac{3}{2}\pi\Big]\Big\}\mathrm{d}x$$

$$= \int_0^{\frac{\pi}{2}} 2\,\mathrm{d}x + \int_{\frac{\pi}{2}}^{\pi} 2\,\mathrm{d}x$$

$$= 2\pi$$

八、已知

$$\boldsymbol{P} = \begin{pmatrix} 2 & 0 & 0 \\ 0 & 1 & 2 \\ 0 & 0 & 1 \end{pmatrix}$$

$$\boldsymbol{A} = \begin{pmatrix} -2 & 0 & 0 \\ 0 & 1 & 0 \\ 0 & 0 & 1 \end{pmatrix}$$

求 $(\boldsymbol{P}^{-1}\boldsymbol{A}\boldsymbol{P})^{10}$.

解 记 $\boldsymbol{P} = \begin{pmatrix} 2 & \\ & \boldsymbol{P}_1 \end{pmatrix}$（其中未写出的元素为 0），$\boldsymbol{P}_1 = \begin{pmatrix} 1 & 2 \\ 0 & 1 \end{pmatrix}$，则

$$\boldsymbol{P}^{-1} = \begin{pmatrix} \frac{1}{2} & \\ & \boldsymbol{P}_1^{-1} \end{pmatrix}$$

记 $\boldsymbol{A} = \begin{pmatrix} -2 & \\ & \boldsymbol{I}_2 \end{pmatrix}$，其中 $\boldsymbol{I}_2$ 是二阶单位矩阵，则

$$\boldsymbol{A}^{10} = \begin{pmatrix} 2^{10} & \\ & \boldsymbol{I}_2 \end{pmatrix}$$

有

$$(P^{-1}AP)^{10} = P^{-1}A^{10}P$$
$$= \begin{pmatrix} \frac{1}{2} & \\ & P_1^{-1} \end{pmatrix} \begin{pmatrix} 2^{10} & \\ & I_2 \end{pmatrix} \begin{pmatrix} 2 & \\ & P_1 \end{pmatrix}$$
$$= \begin{pmatrix} 2^9 & \\ & P_1^{-1} \end{pmatrix} \begin{pmatrix} 2 & \\ & P_1 \end{pmatrix}$$
$$= \begin{pmatrix} 2^{10} & \\ & I_2 \end{pmatrix}$$

九、(1) 验证矩阵等式(假设下式中出现的各量都有意义)
$$(A+B)^{-1} = A^{-1} - A^{-1}(A^{-1}+B^{-1})^{-1}A^{-1}$$

(2) 设 $\boldsymbol{\alpha}$ 是非零的 n 维列向量，E 为 n 阶单位矩阵，证明
$$E - \frac{2}{\boldsymbol{\alpha}^T\boldsymbol{\alpha}}\boldsymbol{\alpha}\boldsymbol{\alpha}^T$$
是正交矩阵，其中 $\boldsymbol{\alpha}^T$ 是 $\boldsymbol{\alpha}$ 的转置.

证 (1) 记 E 为单位矩阵，有
$$(A+B)[A^{-1} - A^{-1}(A^{-1}+B^{-1})^{-1}A^{-1}]$$
$$= E + BA^{-1} - (E + BA^{-1})(A^{-1}+B^{-1})^{-1}A^{-1}$$
$$= E + BA^{-1} - B(B^{-1} + A^{-1})(A^{-1}+B^{-1})^{-1}A^{-1}$$
$$= E + BA^{-1} - B(A^{-1} + B^{-1})(A^{-1}+B^{-1})^{-1}A^{-1}$$
$$= E + BA^{-1} - BA^{-1} = E$$

因此
$$(A+B)^{-1} = A^{-1} - A^{-1}(A^{-1}+B^{-1})^{-1}A^{-1}$$

(2) 由
$$(A+B)^T = A^T + B^T, (AB)^T = B^T A^T$$
有
$$\left(E - \frac{2}{\boldsymbol{\alpha}^T\boldsymbol{\alpha}}\boldsymbol{\alpha}\boldsymbol{\alpha}^T\right)^T = E - \frac{2}{\boldsymbol{\alpha}^T\boldsymbol{\alpha}}\boldsymbol{\alpha}\boldsymbol{\alpha}^T$$
故
$$\left(E - \frac{2}{\boldsymbol{\alpha}^T\boldsymbol{\alpha}}\boldsymbol{\alpha}\boldsymbol{\alpha}^T\right)\left(E - \frac{2}{\boldsymbol{\alpha}^T\boldsymbol{\alpha}}\boldsymbol{\alpha}\boldsymbol{\alpha}^T\right)^T$$
$$= \left(E - \frac{2}{\boldsymbol{\alpha}^T\boldsymbol{\alpha}}\boldsymbol{\alpha}\boldsymbol{\alpha}^T\right)\left(E - \frac{2}{\boldsymbol{\alpha}^T\boldsymbol{\alpha}}\boldsymbol{\alpha}\boldsymbol{\alpha}^T\right)$$
$$= E - \frac{4}{\boldsymbol{\alpha}^T\boldsymbol{\alpha}}\boldsymbol{\alpha}\boldsymbol{\alpha}^T - \frac{4}{(\boldsymbol{\alpha}^T\boldsymbol{\alpha})^2}\boldsymbol{\alpha}(\boldsymbol{\alpha}^T\boldsymbol{\alpha})\boldsymbol{\alpha}^T$$
$$= E - \frac{4}{\boldsymbol{\alpha}^T\boldsymbol{\alpha}}\boldsymbol{\alpha}\boldsymbol{\alpha}^T - \frac{4}{(\boldsymbol{\alpha}^T\boldsymbol{\alpha})^2}(\boldsymbol{\alpha}^T\boldsymbol{\alpha})\boldsymbol{\alpha}\boldsymbol{\alpha}^T$$
$$= E$$

这就证明了 $E - \frac{2}{\boldsymbol{\alpha}^T\boldsymbol{\alpha}}\boldsymbol{\alpha}\boldsymbol{\alpha}^T$ 为正交矩阵.

十、设 $a_0, a_1, \cdots, a_{n-1}$ 是 n 个实数，$C = [c_{ij}]$ 是 n 阶方阵

$$C = \begin{pmatrix} 0 & +1 & 0 & 0 & \cdots & 0 & 0 \\ 0 & 0 & +1 & 0 & \cdots & 0 & 0 \\ \vdots & \vdots & \vdots & \vdots & & \vdots & \vdots \\ 0 & 0 & 0 & 0 & \cdots & 0 & +1 \\ -a_0 & -a_1 & -a_2 & -a_3 & \cdots & -a_{n-2} & -a_{n-1} \end{pmatrix}$$

$$c_{ij} = \begin{cases} -a_{j-1}, & i = n, j = 1, 2, \cdots, n \\ 1, & i = j - 1, j = 2, 3, \cdots, n \\ 0, & \text{其他} \end{cases}$$

(1) 若 λ 是 C 的特征根，验证 $\begin{pmatrix} 1 \\ \lambda \\ \lambda^2 \\ \vdots \\ \lambda^{n-1} \end{pmatrix}$ 是对应于 λ 的特征向量．

(2) 若 C 的特征根 $\lambda_1, \lambda_2, \cdots, \lambda_n$ 两两相异，且为已知，求满秩矩阵 P 使

$$P^{-1}CP = \begin{pmatrix} \lambda_1 & & & \\ & \lambda_2 & & \\ & & \ddots & \\ & & & \lambda_n \end{pmatrix} \left(\begin{pmatrix} \lambda_1 & & & \\ & \lambda_2 & & \\ & & \ddots & \\ & & & \lambda_n \end{pmatrix} \text{是对角阵} \right)$$

证 (1) 矩阵 C 的特征多项式为

$$|C - \lambda E| = \begin{vmatrix} -\lambda & 1 & & & \\ & -\lambda & 1 & & \\ & & \ddots & \ddots & \\ & & & -\lambda & 1 \\ -a_0 & -a_1 & \cdots & -a_{n-2} & -a_{n-1} - \lambda \end{vmatrix}$$

将此行列式按最后一列展开，有

$$|C - \lambda E| = (-a_{n-1} - \lambda) \begin{vmatrix} -\lambda & & \\ & \ddots & \\ & & -\lambda \end{vmatrix} + \begin{vmatrix} -\lambda & 1 & & & \\ & -\lambda & & & \\ & & \ddots & \ddots & \\ & & & -\lambda & 1 \\ -a_0 & -a_1 & \cdots & -a_{n-3} & -a_{n-2} \end{vmatrix}$$

再将上式右端第二个行列式对最后一列展开，仿此算下去，可得

$$|C - \lambda E| = (-1)^n (\lambda^n + a_{n-1}\lambda^{n-1} + a_{n-2}\lambda^{n-2} + \cdots + a_1\lambda + a_0)$$

由此可见，若 λ 是 C 的特征值，则必有

$$\lambda^n = -(a_{n-1}\lambda^{n-1} + \cdots + a_1\lambda + a_0)$$

因此
$$C\begin{pmatrix}1\\\lambda\\\lambda^2\\\vdots\\\lambda^{n-1}\end{pmatrix}=\begin{pmatrix}\lambda\\\lambda^2\\\lambda^3\\\vdots\\-a_0+a_1\lambda+\cdots+a_{n-1}\lambda^{n-1}\end{pmatrix}$$

$$=\begin{pmatrix}\lambda\\\lambda^2\\\lambda^3\\\vdots\\\lambda^{n-1}\end{pmatrix}=\lambda\begin{pmatrix}1\\\lambda\\\lambda^2\\\vdots\\\lambda^{n-1}\end{pmatrix}$$

这就证得 $\begin{pmatrix}1\\\lambda\\\vdots\\\lambda^{n-1}\end{pmatrix}$ 是与 λ 相应的特征向量.

（2）因 $\lambda_i(i=1,2,\cdots,n)$ 是 n 个两两相异特征值，故相应特征向量

$$X_i=\begin{pmatrix}1\\\lambda_i\\\vdots\\\lambda_i^{n-1}\end{pmatrix}\quad(i=1,2,\cdots,n)$$

是一个线性无关组．由(1)知

$$AX_i=\lambda_iX_i$$

可得
$$A(X_1,X_2,\cdots,X_n)=(AX_1,AX_2,\cdots,AX_n)$$
$$=(\lambda_1X_1,\lambda_2X_2,\cdots,\lambda_nX_n)$$
$$=\begin{pmatrix}\lambda_1&\lambda_2&\cdots&\lambda_n\\\lambda_1^2&\lambda_2^2&\cdots&\lambda_n^2\\\vdots&\vdots&&\vdots\\\lambda_1^n&\lambda_2^n&\cdots&\lambda_n^n\end{pmatrix}$$
$$=\begin{pmatrix}1&1&\cdots&1\\\lambda_1&\lambda_2&\cdots&\lambda_n\\\vdots&\vdots&&\vdots\\\lambda_1^{n-1}&\lambda_2^{n-1}&\cdots&\lambda_n^{n-1}\end{pmatrix}\begin{pmatrix}\lambda_1&&&\\&\lambda_2&&\\&&\ddots&\\&&&\lambda_n\end{pmatrix}$$
$$=(X_1,X_2,\cdots,X_n)\begin{pmatrix}\lambda_1&&&\\&\lambda_2&&\\&&\ddots&\\&&&\lambda_n\end{pmatrix}$$

于是记
$$P=(X_1,X_2,\cdots,X_n)$$
$$=\begin{pmatrix} 1 & \cdots & 1 \\ \lambda_1 & \cdots & \lambda_n \\ \vdots & & \vdots \\ \lambda_1^{n-1} & \cdots & \lambda_n^{n-1} \end{pmatrix}$$

则
$$P^{-1}CP=\begin{pmatrix} \lambda_1 & & & \\ & \lambda_2 & & \\ & & \ddots & \\ & & & \lambda_n \end{pmatrix}$$

昆明工学院[①](1982)

高等数学

一、求下列极限：

(1) $\lim\limits_{x\to 0^+}\left(\dfrac{2^x+3^x}{5}\right)^{\frac{1}{x}}$.

(2) $\lim\limits_{n\to\infty}\dfrac{2^n\cdot n!}{n^n}$.

解 (1) 对于 $x>0$，我们有

$$0\leqslant \left(\dfrac{2^x+3^x}{5}\right)^{\frac{1}{x}}<3\cdot\left(\dfrac{2}{5}\right)^{\frac{1}{x}}$$

而

$$\lim\limits_{x\to 0^+}\left(\dfrac{2}{5}\right)^{\frac{1}{x}}=0$$

故

$$\lim\limits_{x\to 0^+}\left(\dfrac{2^x+3^x}{5}\right)^{\frac{1}{x}}=0$$

(2) 考虑级数 $\sum\dfrac{2^n n!}{n^n}$. 由比值判别法

$$\lim\limits_{n\to\infty}\dfrac{u_{n+1}}{u_n}=\lim\limits_{n\to\infty}\dfrac{2^{n+1}\cdot(n+1)!}{(n+1)^{n+1}}\cdot\dfrac{n^n}{2^n\cdot n!}$$

$$=\lim\limits_{n\to\infty}2\cdot\left(1-\dfrac{1}{n+1}\right)^n$$

$$=2\cdot\dfrac{1}{\mathrm{e}}<1$$

知级数收敛. 再根据收敛级数的必要条件知

$$\lim\limits_{n\to\infty}\dfrac{2^n\cdot n!}{n^n}=0$$

二、设 $f(x)$ 在 $[a,b]$ 上连续，且 $f(x)>0$，又

$$F(x)=\int_a^x f(t)\mathrm{d}t+\int_b^x\dfrac{1}{f(t)}\mathrm{d}t$$

证明：(1) $F'(x)\geqslant 2$.

---

① 现为昆明理工大学.

(2) $F(x) = 0$ 在 $[a,b]$ 内有一个且仅有一个实根.

证 (1) $f(t), \dfrac{1}{f(t)}$ 连续,由变上限定积分求导数定理得

$$F'(x) = f(x) + \frac{1}{f(x)} = \left(\sqrt{f} - \frac{1}{\sqrt{f}}\right)^2 + 2 \geqslant 2$$

(2) 因 $F(a) < 0, F(b) > 0$,又 $F(x)$ 连续,故在 $[a,b]$ 中至少有一点 c,使 $F(c) = 0$,即 $F(x) = 0$ 在 $[a,b]$ 中至少有一个根.再因 $F'(x) \geqslant 2 > 0$,故知 $F(x)$ 是严格增函数. $F(x) = 0$ 在 $[a,b]$ 中至多只有一个根.因此,$F(x) = 0$ 在 $[a,b]$ 中有且仅有一个实根.

三、计算下列积分：

(1) $\displaystyle\int \frac{e^{-\frac{1}{x}+1}}{x^2} dx$.

(2) $\displaystyle\int_0^\pi \sqrt{\sin x - \sin^3 x}\, dx$.

(3) $\displaystyle\iint_D \sin\sqrt{x^2+y^2}\, dx dy, D: \pi^2 \leqslant x^2+y^2 \leqslant 4\pi^2$.

解 (1) 可得

$$\int \frac{e^{-\frac{1}{x}+1}}{x^2} dx = \int e^{-\frac{1}{x}} \cdot e \cdot d\left(\frac{-1}{x}\right)$$
$$= e \cdot e^{-\frac{1}{x}} + c$$
$$= e^{-\frac{1}{x}+1} + c$$

(2) 可得

$$\text{原式} = \int_0^\pi \sqrt{\sin x \cdot \cos^2 x}\, dx = \int_0^\pi \sqrt{\sin x} \cdot |\cos x|\, dx$$
$$= \int_0^{\frac{\pi}{2}} \sqrt{\sin x} \cdot d\sin x - \int_{\frac{\pi}{2}}^\pi \sqrt{\sin x}\, d\sin x$$
$$= \frac{2}{3}(\sin x)^{\frac{3}{2}} \Big|_0^{\frac{\pi}{2}} - \frac{2}{3}(\sin x)^{\frac{3}{2}} \Big|_{\frac{\pi}{2}}^\pi = \frac{4}{3}$$

(3) 采用极坐标,有

$$\iint_D \sin\sqrt{x^2+y^2}\, dx dy = \iint_D \sin r \cdot r dr d\theta$$
$$= \int_0^{2\pi} d\theta \int_\pi^{2\pi} r \sin r\, dr$$
$$= -6\pi^2$$

四、设 $z = \dfrac{y}{F(x^2-y^2)}$,其中 F 为任意可微函数,试求 $\dfrac{\partial z}{\partial x}, \dfrac{\partial z}{\partial y}$.

解 可得

$$\frac{\partial z}{\partial x} = y \frac{\partial}{\partial x} \frac{1}{F(x^2-y^2)}$$

$$= \frac{-y}{(F(x^2-y^2))^2} \frac{\partial}{\partial x} F(x^2-y^2)$$

$$= \frac{-y \cdot F'(x^2-y^2)}{(F(x^2-y^2))^2} \cdot 2x$$

$$= \frac{-2xyF'(x^2-y^2)}{(F(x^2-y^2))^2}$$

$$\frac{\partial z}{\partial y} = \frac{F(x^2-y^2) - y\frac{\partial}{\partial y}F(x^2-y^2)}{(F(x^2-y^2))^2}$$

$$= \frac{1}{F(x^2-y^2)} + 2y^2 \cdot \frac{F'(x^2-y^2)}{(F(x^2-y^2))^2}$$

五、试确定函数 $\varphi(x)$,使曲线积分

$$\int_P^Q [\varphi'(x) + 6\varphi(x) + 40\operatorname{ch} 2x] y \mathrm{d}x + \varphi'(x) \mathrm{d}y$$

与积分的路径无关.

解 根据线积分与路径无关充要条件得方程

$$\varphi'(x) + 6\varphi(x) + 40\operatorname{ch} 2x = \varphi''(x)$$

设点 P,Q 的坐标为 $P(x_1,y_1), Q(x_2,y_2)$,于是所要确定的函数 $\varphi(x)$ 就是

$$\begin{cases} \varphi'' - \varphi' - 6\varphi = 40\operatorname{ch} 2x \\ \varphi(x_1) = y_1, \varphi(x_2) = y_2 \end{cases}$$

的解. 注意: $40\operatorname{ch} 2x = 20\mathrm{e}^{2x} + 20\mathrm{e}^{-2x}$. 方程变成

$$\varphi'' - \varphi' - 6\varphi = 20\mathrm{e}^{2x} + 20\mathrm{e}^{-2x}$$

对应的齐次方程 $\varphi'' - \varphi' - 6\varphi = 0$ 的特征方程为

$$r^2 - r - 6 = 0$$

或

$$(r-3)(r+2) = 0$$

它的两个特征根为 $r_1 = -2, r_2 = 3$. 因而对应的齐次方程的通解为

$$\phi = c_1 \mathrm{e}^{2-x} + c_2 \mathrm{e}^{3x}$$

其中,c_1, c_2 为任意常数.

现在求非齐次方程的特解 φ^*. 因为方程右端并不属于待定系数类型,所以考虑两个方程

$$\varphi'' + \varphi' - 6\varphi = 20\mathrm{e}^{2x}$$
$$\varphi'' - \varphi' - 6\varphi = 20\mathrm{e}^{-2x}$$

它们的特解分别记为 φ_1^*, φ_2^*. 由于特征根 $r_1 = -2$,故 φ_1^*, φ_2^* 的形式为

$$\varphi_1^* = A\mathrm{e}^{2x}$$
$$\varphi_2^* = Bx\mathrm{e}^{-2x}$$

代入微分方程,比较系数,可以得出

$$A = -10, B = -4$$

于是

$$\varphi_1^* = -10\mathrm{e}^{2x}$$

$$\varphi_2^* = -4x\mathrm{e}^{-2x}$$

原方程的特解
$$\varphi^* = \varphi_1^* + \varphi_2^* = -10\mathrm{e}^{2x} - 4x\mathrm{e}^{-2x}$$

而原方程的通解为
$$\varphi = \phi + \varphi^* = c_1\mathrm{e}^{-2x} + c_2\mathrm{e}^{3x} - 10\mathrm{e}^{2x} - 4x\mathrm{e}^{-2x}$$

其中,c_1, c_2 为任意常数.

c_1, c_2 应满足且只须满足线性方程组
$$\begin{cases} y_1 = c_1\mathrm{e}^{-2x_1} + c_2\mathrm{e}^{3x_1} - 10\mathrm{e}^{2x_1} - 4x_1\mathrm{e}^{-2x_1} \\ y_2 = c_1\mathrm{e}^{-2x_2} + c_2\mathrm{e}^{3x_2} - 10\mathrm{e}^{2x_2} - 4x_2\mathrm{e}^{-2x_2} \end{cases}$$

记
$$\Delta = \begin{vmatrix} \mathrm{e}^{-2x_1} & \mathrm{e}^{3x_1} \\ \mathrm{e}^{-2x_2} & \mathrm{e}^{3x_2} \end{vmatrix} \neq 0 \quad (x_1 \neq x_2)$$

$$\Delta_1 = \begin{vmatrix} (y_1 + 10\mathrm{e}^{2x_1} + 4x_1\mathrm{e}^{-2x_1}) & \mathrm{e}^{3x_1} \\ (y_2 + 10\mathrm{e}^{2x_2} + 4x_2\mathrm{e}^{-2x_2}) & \mathrm{e}^{3x_2} \end{vmatrix}$$

$$\Delta_2 = \begin{vmatrix} \mathrm{e}^{-2x_1} & (y_1 + 10\mathrm{e}^{2x_1} + 4x_1\mathrm{e}^{-2x_1}) \\ \mathrm{e}^{-2x_2} & (y_2 + 10\mathrm{e}^{2x_2} + 4x_2\mathrm{e}^{-2x_2}) \end{vmatrix}$$

因此,使曲线积分与路径无关的函数为
$$\varphi(x) = c_1\mathrm{e}^{-2x} + c_2\mathrm{e}^{3x} - 10\mathrm{e}^{2x} - 4x\mathrm{e}^{-2x}$$

其中,$c_1 = \dfrac{\Delta_1}{\Delta}, c_2 = \dfrac{\Delta_2}{\Delta}$.

六、 求 $\sum\limits_{n=1}^{\infty} \dfrac{x^n}{n^p}$($p \geqslant 0$ 常数)的收敛区间,并根据 p 的值讨论端点处的收敛性.

解 因为
$$a_n = \frac{1}{n^p}$$
$$a_{n+1} = \frac{1}{(n+1)^p}$$
$$\lim_{n\to\infty}\left|\frac{a_{n+1}}{a_n}\right| = \lim_{n\to\infty}\left|\left(\frac{n+1}{n}\right)^p\right| = 1$$

所以,收敛半径为 1.

在 $x=1$ 处,级数成为 p 级数
$$\sum_{n=1}^{\infty}\frac{1}{n^p}$$

于是在 $p \leqslant 1$ 时发散,$p > 1$ 时收敛.

在 $x=-1$ 处,级数成为交错级数
$$\sum_{n=1}^{\infty}\frac{(-1)^n}{n^p}$$

在 $p > 0$ 时,$\dfrac{1}{n^p} > \dfrac{1}{(n+1)^p}, n=1,2,\cdots$,且 $\dfrac{1}{n^p} \to 0$,由莱布尼茨(Leibniz)判别法知级数收

敛.当 $p=0$ 时,级数发散.

综上所述,有:

当 $p>1$ 时,收敛区间为 $[-1,1]$;

当 $0<p\leqslant 1$ 时,收敛区间为 $(-1,1)$;

当 $p=0$ 时,收敛区间为 $(-1,1)$.

七、设系统 I 由元件 A,B 并联而成(图1),A,B 的寿命为 $(\zeta,\eta),\zeta,\eta$ 均服从指数分布

$$\varphi(x)=\begin{cases}0,x\leqslant 0\\ \lambda\mathrm{e}^{-\lambda x},x<0\end{cases}$$

若 A,B 互不影响,求 I 的寿命 ζ 的分布函数与分布密度.

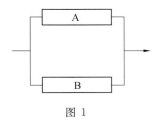

图 1

解 因为 A,B 并联,所以系统寿命为

$$\zeta=\max\{\zeta,\eta\}$$

由于 A,B 互不影响,有

$$F_{\max}(z)=F_\zeta(z)F_\eta(z)$$

但 ζ,η 的分布函数分别为

$$F_\zeta(x)=\begin{cases}0,x\leqslant 0\\ 1-\mathrm{e}^{-\lambda x},x>0\end{cases}$$

$$F_\eta(y)=\begin{cases}0,y\leqslant 0\\ 1-\mathrm{e}^{-\lambda y},y>0\end{cases}$$

故得 ζ 的分布函数

$$F_{\max}(z)=\begin{cases}0,z\leqslant 0\\ (1-\mathrm{e}^{-\lambda z})^2,z>0\end{cases}$$

于是 ζ 的分布密度为 $F'_{\max}(z)$,即

$$\phi_{\max}(z)=\begin{cases}0,z\leqslant 0\\ 2\lambda(\mathrm{e}^{-\lambda z}-\mathrm{e}^{-2\lambda z}),z>0\end{cases}$$

八、设齐次线性方程组

$$\begin{cases}a_{11}x_1+a_{12}x_2+\cdots+a_{1n}x_n=0\\ \vdots\\ a_{m1}x_1+a_{m2}x_2+\cdots+a_{mn}x_n=0\end{cases} \quad ①$$

的系数矩阵的秩为 r,证明方程组的任 $n-r$ 个线性无关解都是它的一个基础解系.

证 设原方程系数矩阵为

$$A = \begin{pmatrix} a_{11} & \cdots & a_{1r} & a_{1,r+1} & \cdots & a_{1n} \\ \vdots & & \vdots & \vdots & & \vdots \\ a_{r1} & \cdots & a_{rr} & a_{r,r+1} & \cdots & a_{rn} \\ a_{r+1,1} & \cdots & a_{r+1,r} & a_{r+1,r+1} & \cdots & a_{r+1,n} \\ \vdots & & \vdots & \vdots & & \vdots \\ a_{m1} & \cdots & a_{mr} & a_{m,r+1} & \cdots & a_{mn} \end{pmatrix} = \begin{pmatrix} \boldsymbol{a}_1 \\ \vdots \\ \boldsymbol{a}_r \\ \boldsymbol{a}_{r+1} \\ \vdots \\ \boldsymbol{a}_m \end{pmatrix}$$

因为 $\boldsymbol{A}$ 的秩为 r，不妨假设左上角的 r 阶子式 $\Delta \neq 0$，所以行向量 $\boldsymbol{a}_i = (a_{i1}, a_{i2}, \cdots, a_{in})$ ($i = 1, 2, \cdots, m$) 中的前 r 个行向量 $\boldsymbol{a}_1, \boldsymbol{a}_2, \cdots, \boldsymbol{a}_r$ 线性无关，且 $\boldsymbol{a}_{r+1}, \cdots, \boldsymbol{a}_m$ 可用它们来线性表示，故原方程组与方程组

$$\begin{cases} a_{11}x_1 + a_{12}x_2 + \cdots + a_{1r}x_r + a_{1,r+1}x_{r+1} + \cdots + a_{1n}x_n = 0 \\ a_{21}x_1 + a_{22}x_2 + \cdots + a_{2r}x_r + a_{2,r+1}x_{r+1} + \cdots + a_{2n}x_n = 0 \\ \vdots \\ a_{r1}x_1 + a_{r2}x_2 + \cdots + a_{rr}x_r + a_{r,r+1}x_{r+1} + \cdots + a_{rn}x_n = 0 \end{cases} \quad ②$$

同解，对于任意 $(x_{r+1}, x_{r+2}, \cdots, x_n)$ 一组给定值，$\Delta \neq 0$，由克莱姆 (Cramer) 法则知，方程组 ② 有唯一一个解 $\boldsymbol{X} = (x_1, x_2, \cdots, x_r, x_{r+1}, \cdots, x_n)$. 由此说明对方程组 ① 的解

$$\boldsymbol{x} = (x_1, x_2, \cdots, x_r, x_{r+1}, \cdots, x_n)$$

若 $x_{r+1} = x_{r+2} = \cdots = x_n = 0$，则必为零解. 因此，若方程组 ① 有两个解

$$\boldsymbol{x} = (x_1, x_2, \cdots, x_n)$$
$$\boldsymbol{y} = (y_1, y_2, \cdots, y_n)$$

且 $x_{r+1} = y_{r+1}, x_{r+2} = y_{r+2}, \cdots, x_n = y_n$，则 $\boldsymbol{x} = \boldsymbol{y}$，并且还可知：若 $\boldsymbol{z}^{(1)}, \boldsymbol{z}^{(2)}, \cdots, \boldsymbol{z}^{(n-r)}$ 是方程组 ① 的 $n-r$ 个线性无关解，则 $\overline{\boldsymbol{Z}}^{(1)}, \overline{\boldsymbol{Z}}^{(2)}, \cdots, \overline{\boldsymbol{Z}}^{(n-r)}$ 是 $n-r$ 维向量空间中 $n-r$ 个线性无关向量，其中 $\boldsymbol{Z}^{(i)} = (Z_1^{(i)}, Z_2^{(i)}, \cdots, Z_n^{(i)})$，$\overline{\boldsymbol{Z}}^{(i)} = (Z_{r+1}^{(i)}, Z_{r+2}^{(i)}, \cdots, Z_n^{(i)})$，$i = 1, 2, \cdots, n-r$. 事实上，若 $\overline{\boldsymbol{Z}}^{(1)}, \cdots, \overline{\boldsymbol{Z}}^{(n-r)}$ 是线性相关的，则存在不全为零的常数 c_i，使

$$0 = \sum_{i=1}^{n-r} c_i \overline{\boldsymbol{Z}}^{(i)}$$

而此式说明，解向量 $\sum_{i=1}^{n-r} c_i \boldsymbol{z}^{(i)}$ 的后 $n-r$ 个坐标为零，因此 $\sum_{i=1}^{n-r} c_i \boldsymbol{z}^{(i)} = 0$，而这与 $\boldsymbol{z}^{(1)}, \boldsymbol{z}^{(2)}, \cdots, \boldsymbol{z}^{(n-r)}$ 是线性无关的假设矛盾，这就说明了 $\overline{\boldsymbol{Z}}^{(1)}, \cdots, \overline{\boldsymbol{Z}}^{(n-r)}$ 是线性无关的. 下面来证明 $\boldsymbol{z}^{(1)}, \boldsymbol{z}^{(2)}, \cdots, \boldsymbol{z}^{(n-r)}$ 是方程组 ① 的基础解系. 设方程组 ① 的任一个解 $\boldsymbol{U} = (u_1, u_2, \cdots, u_n)$，$\overline{\boldsymbol{U}} = (u_{r+1}, u_{r+2}, \cdots, u_n) \in \boldsymbol{R}^{n-r}$. 因为 $n-r$ 维向量空间中任何 $(n-r)+1$ 个向量必是线性相关的，又 $\boldsymbol{Z}^{(1)}, \cdots, \boldsymbol{Z}^{(n-r)}$ 是线性无关的，所以存在 c_i，使

$$\overline{\boldsymbol{u}} = \sum_{i=1}^{n-r} c_i \overline{\boldsymbol{z}}^{(i)} \quad ③$$

对如此确定的 c_i，考虑解向量

$$\boldsymbol{z} = \sum_{i=1}^{n-r} c_i \boldsymbol{Z}^{(i)}$$

式 ③ 可得 $\boldsymbol{u} = \boldsymbol{z}$，即

$$\boldsymbol{u} = \sum_{i=1}^{n-r} c_i \boldsymbol{z}^{(i)}$$

这样就说明了 $z^{(1)}, z^{(2)}, \cdots, z^{(n-r)}$ 是方程组 ① 的基础解系.

九、一曲线通过 A, B 两点,使其界于 A, B 之间的曲线围绕 Ox 轴旋转,所得旋转体的表面积最小,试证明此曲线方程适合方程
$$1 + \left(\frac{dy}{dx}\right)^2 - y\frac{d^2y}{dx^2} = 0$$
并解此方程.

证 设通过 $A(a, y_1), B(b, y_2)$ 两点的曲线方程为
$$y = y(x)$$
它在 A, B 间的曲线段绕 Ox 轴旋转的曲面面积为
$$J(y) = 2\pi \int_a^b y\sqrt{1+y'^2}\, dx$$

若 $y(x)$ 使 $J(y)$ 最小,则 $y(x)$ 必适合欧拉(Euler)方程
$$F_y - F_{y'x} - F_{y'y}y' - F_{y'y'}y'' = 0 \qquad ①$$

其中
$$F(x, y, y') = y\sqrt{1+y'^2}$$
$$F_y = \sqrt{1+y'^2}$$
$$F_{y'} = \frac{yy'}{\sqrt{1+y'^2}}$$
$$F_{y'x} = 0$$
$$F_{y'y} = \frac{y'}{\sqrt{1+y'^2}}$$
$$F_{y'y'} = y\left[\frac{1}{\sqrt{1+y'^2}} - y'^2(1+y'^2)^{\frac{3}{2}}\right] = \frac{y}{(1+y'^2)^{\frac{3}{2}}}$$

代入方程 ①,有
$$\sqrt{1+y'^2} - \left[\frac{y'^2}{\sqrt{1+y'^2}} + \frac{yy''}{(1+y'^2)^{\frac{3}{2}}}\right] = 0$$

或
$$(1+y'^2)^2 - [y'^2(1+y'^2) + yy''] = 0$$

或
$$1 + \left(\frac{dy}{dx}\right)^2 - y\frac{d^2y}{dx^2} = 0 \qquad ②$$

现在求微分方程 ② 的解,令 $p = y'$,则
$$\frac{d^2y}{dx^2} = \frac{d}{dx}y' = \frac{dp}{dy}\cdot\frac{dy}{dx} = p\frac{dp}{dy}$$

代入方程 ②,得
$$1 + p^2 = yp\frac{dp}{dy}$$
$$\frac{p\,dp}{1+p^2} = \frac{dy}{y}$$

积分得
$$\frac{1}{2}\ln(p^2+1) = \ln y - \ln c$$

或
$$p^2 + 1 = \left(\frac{y}{c}\right)^2$$

即
$$\frac{\mathrm{d}y}{\mathrm{d}x} = \sqrt{\left(\frac{y}{c}\right)^2 - 1}$$

或
$$\frac{\mathrm{d}\left(\frac{y}{c}\right)}{\sqrt{\left(\frac{y}{c}\right)^2 - 1}} = \mathrm{d}\left(\frac{x}{c}\right)$$

从而得
$$\ln\left(\frac{y}{c} + \sqrt{\left(\frac{y}{c}\right)^2 - 1}\right) = \frac{x-d}{c}$$

即
$$y = \frac{c}{2}(\mathrm{e}^{\frac{x-d}{c}} + \mathrm{e}^{-\frac{x-d}{c}})$$

其中,c,d 由方程
$$\begin{cases} y_1 = \dfrac{c}{2}(\mathrm{e}^{\frac{a-d}{c}} + \mathrm{e}^{-\frac{a-d}{c}}) \\ y_2 = \dfrac{c}{2}(\mathrm{e}^{\frac{b-d}{c}} + \mathrm{e}^{-\frac{b-d}{c}}) \end{cases}$$

来确定,y_1,y_2 是给定点 A,B 的纵坐标.

山东工学院(1982)

一、求解下列各题：

(1) $\lim\limits_{x\to 1}(2-x)^{\tan\frac{\pi x}{2}}$.

(2) 设 $y^2+2\ln y=x^4$，求 y' 及 y''.

(3) $\int x^{\frac{1}{2}}e^{x^{\frac{1}{2}}}dx$.

(4) 证明 $\int_0^\infty e^{-x^2}dx$ 是收敛积分.

(5) 求解微分方程 $xy'+2y=e^{-x}$.

解 (1) 令 $y=(2-x)^{\tan\frac{\pi x}{2}}$，有

$$\ln y=\tan\frac{\pi x}{2}\ln(2-x)$$

于是

$$\lim_{x\to 1}\ln y=\lim_{x\to 1}\frac{\sin\frac{\pi}{2}x\cdot\ln(2-x)}{\cos\frac{\pi}{2}x}$$

$$=\lim_{x\to 1}\frac{\frac{\pi}{2}\cos\frac{\pi}{2}x\cdot\ln(2-x)-\sin\frac{\pi x}{2}\cdot\frac{1}{2-x}}{-\frac{\pi}{2}\sin\frac{\pi}{2}x}$$

$$=\frac{2}{\pi}$$

故

$$\lim_{x\to 1}(2-x)^{\tan\frac{\pi x}{2}}=e^{\frac{2}{\pi}}$$

(2) 将所给方程两边对 x 求导，得

$$2yy'+2\frac{y'}{y}=4x^3$$

解得

$$y'=\frac{2x^3 y}{y^2+1}$$

---

① 现为山东工业大学.

再求导,得
$$y'' = \frac{2x^3 y'(y^2+1) - 2x^3 y(2yy')}{(y^2+1)^2}$$
$$= \frac{-2x^3 y^2 y' + 2x^3 y'}{(y^2+1)^2}$$
$$= \frac{1}{(y^2+1)^3}(-4x^6 y^3 + 4x^6 y)$$
$$= \frac{4x^6 y}{(y^2+1)^3}(1-y^2)$$

(3) 令 $x^{\frac{1}{2}} = u$,有 $x = u^2$, $dx = 2udu$,于是
$$\int x^{\frac{1}{2}} e^{x^{\frac{1}{2}}} dx = 2\int u^2 e^u du = 2\left(u^2 e^u - 2\int u e^u du\right)$$
$$= 2(u^2 e^u - 2u e^u + 2e^u) + c$$
$$= 2(x e^{\sqrt{x}} - 2\sqrt{x} e^{\sqrt{x}} + 2e^{\sqrt{x}}) + c$$

(4) 因
$$\lim_{x \to \infty} x^2 e^{-x^2} = \lim_{x \to \infty} \frac{x^2}{e^{x^2}} = \lim_{x \to \infty} \frac{2x}{2x e^{x^2}} = \lim_{x \to \infty} e^{-x^2} = 0$$

故存在 N,当 $x \geqslant N$ 时,$0 < e^{-x^2} < \frac{1}{x^2}$. 于是,由 $\int_N^\infty \frac{1}{x^2} dx$ 收敛,知 $\int_N^\infty e^{-x^2} dx$ 收敛. 又 e^{-x^2} 在 $[0, N]$ 内连续,故 $\int_0^N e^{-x^2}$ 存在. 因此, $\int_0^\infty e^{-x^2} dx$ 收敛.

(5) 把所给微分方程改写为
$$y' + \frac{2}{x} y = \frac{1}{x} e^{-x}$$
有
$$y = e^{-\int \frac{2}{x} dx} \left(\int \frac{1}{x} e^{-x} e^{\int \frac{2}{x} dx} dx + c \right)$$
$$= \frac{1}{x^2} \left(\int x e^{-x} dx + c \right)$$
$$= \frac{1}{x^2} \left(-x e^{-x} + \int e^{-x} dx + c \right)$$
$$= \frac{1}{x^2} (-x e^{-x} - e^{-x} + c)$$

二、试证函数
$$u(x, t) = \frac{\varphi(x+at) + \varphi(x-at)}{2} + \frac{1}{2a} \int_{x-at}^{x+at} \psi(\alpha) d\alpha$$
(其中 φ 二阶连续可微,ψ 一阶连续可微) 满足方程
$$\frac{\partial^2 u}{\partial t^2} = a^2 \frac{\partial^2 u}{\partial x^2}$$

并满足 $u|_{t=0} = \varphi(x), \dfrac{\partial u}{\partial t}\Big|_{t=0} = \psi(x).$

证 令 $\xi = x + at, \eta = x - at$，由复合函数求导法，有

$$\frac{\partial u}{\partial x} = \frac{1}{2}[\varphi'(\xi) + \varphi'(\eta)] + \frac{1}{2a}[\psi(\xi) - \psi(\eta)]$$

$$\frac{\partial^2 u}{\partial x^2} = \frac{1}{2}[\varphi''(\xi) + \varphi''(\eta)] + \frac{1}{2a}[\psi'(\xi) - \psi'(\eta)]$$

$$\frac{\partial u}{\partial t} = \frac{1}{2}[a\varphi'(\xi) - a\varphi'(\eta)] + \frac{1}{2a}[a\psi(\xi) + a\psi(\eta)]$$

$$\frac{\partial^2 u}{\partial t^2} = \frac{1}{2}a^2[\varphi''(\xi) - \varphi''(\eta)] + \frac{a}{2}[\psi'(\xi) - \psi'(\eta)]$$

因此

$$\frac{\partial^2 u}{\partial t^2} = a^2 \frac{\partial^2 u}{\partial x^2}$$

又

$$u(x,0) = \frac{\varphi(x) + \varphi(x)}{2} + \frac{1}{2a}\int_x^x \psi(\alpha)\,d\alpha = \varphi(x)$$

$$\frac{\partial u}{\partial t}\Big|_{t=0} = \frac{1}{2}[a\varphi'(x) - a\varphi'(x)] + \frac{1}{2a}[a\psi(x) + a\psi(x)]$$
$$= \psi(x)$$

三、 设一物体的质量为 m，以初速度 v_0 从一斜面上推下，若斜面的倾角为 α，摩擦系数为 μ，试求物体在斜面上移动的距离和时间的关系.

解 如图1所示，重力 mg 分解为沿斜面方向的分力 $mg\sin\alpha$ 及垂直于该斜面的正压力 $mg\cos\alpha$，摩擦力为 $\mu mg\cos\alpha$，位移为 $S = S(t)$，得运动的微分方程

$$m\frac{d^2 S}{dt^2} + \mu mg\cos\alpha = mg\sin\alpha \qquad ①$$

初始条件为 $S(0) = 0, S'(0) = v_0$. 将方程 ① 积分，得

$$S = \frac{1}{2}mg(\sin\alpha - \mu\cos\alpha)t^2 + c_1 t + c_2$$

由初始条件，得 $c_2 = 0, c_1 = v_0$，有

$$S(t) = \frac{1}{2}mg(\sin\alpha - \mu\cos\alpha)t^2 + v_0 t$$

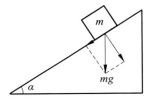

图 1

四、证明：若
$$\Delta u \equiv \frac{\partial^2 u}{\partial x^2} + \frac{\partial^2 u}{\partial y^2} + \frac{\partial^2 u}{\partial z^2}$$
S 是 V 的边界曲面，则成立下面的公式
$$\iint_S u\,\frac{\partial u}{\partial \boldsymbol{n}}\mathrm{d}S = \iiint_V \left[\left(\frac{\partial u}{\partial x}\right)^2 + \left(\frac{\partial u}{\partial y}\right)^2 + \left(\frac{\partial u}{\partial z}\right)^2\right]\mathrm{d}x\mathrm{d}y\mathrm{d}z + \iiint_V u\Delta u\,\mathrm{d}x\mathrm{d}y\mathrm{d}z$$
（其中 $\boldsymbol{n}$ 是曲面 S 的外法线方向）.

证 由高斯（Gauss）公式，有
$$\iint_S u\,\frac{\partial u}{\partial \boldsymbol{n}}\mathrm{d}S = \iint_S u\Delta u \cdot \boldsymbol{n}\,\mathrm{d}S = \iiint_V \Delta \cdot (u\Delta u)\,\mathrm{d}x\mathrm{d}y\mathrm{d}z$$
$$= \iiint_V (\Delta u)\cdot(\Delta u)\,\mathrm{d}x\mathrm{d}y\mathrm{d}z + \iiint_V u\Delta u\,\mathrm{d}x\mathrm{d}y\mathrm{d}z$$
$$= \iiint_V \left[\left(\frac{\partial u}{\partial x}\right)^2 + \left(\frac{\partial u}{\partial y}\right)^2 + \left(\frac{\partial u}{\partial z}\right)^2\right]\mathrm{d}x\mathrm{d}y\mathrm{d}z + \iiint_V u\Delta u\,\mathrm{d}x\mathrm{d}y\mathrm{d}z$$

五、若函数 $f(x), g(x)$ 满足下列条件
$$f'(x) = g(x)$$
$$g'(x) = f(x)$$
$$f(0) = 0$$
$$g(x) \neq 0$$
设 $F(x) = \dfrac{f(x)}{g(x)}$，试做出 $F(x)$ 所满足的微分方程，并求出 $F(x)$.

解 由 $F(x) = \dfrac{f(x)}{g(x)}$，有
$$F'(x) = \frac{f'(x)g(x) - f(x)g'(x)}{g^2(x)}$$
$$= \frac{g^2(x) - f^2(x)}{g^2(x)}$$
$$= 1 - F^2(x) \qquad ①$$
这就是 $F(x)$ 应满足的微分方程，改写为
$$\frac{\mathrm{d}F(x)}{1 - F^2(x)} = \mathrm{d}x$$
因此
$$x + c = \int \frac{\mathrm{d}F(x)}{1 - F^2(x)} = \frac{1}{2}\int\left(\frac{1}{1-F(x)} + \frac{1}{1+F(x)}\right)\mathrm{d}x$$
$$= \frac{1}{2}(\ln(1+F(x)) - \ln(1-F(x)))$$
又由 $f(0) = 0, g(x) \neq 0$，得 $F(0) = 0$，故 $c = 0$，因而

$$2x = \ln\frac{1-F(x)}{1+F(x)}$$

即

$$e^{2x} = \frac{1-F(x)}{1+F(x)}$$

$$(1+F(x))e^{2x} = 1 - F(x)$$

解得

$$F(x) = \frac{1-e^{2x}}{1+e^{2x}} = \frac{e^{-x}-e^{x}}{e^{-x}+e^{x}} = -\operatorname{th} x$$

六、试先证明

$$\frac{1-r^2}{1-2r\cos x + r^2} = 1 + 2\sum_{n=1}^{\infty} r^n \cos nx$$

当 $|r|<1$ 时成立,从而证明

$$\int_{-\pi}^{\pi} \frac{1-r^2}{1-2r\cos x + r^2} dx = 2\pi \quad (|r|<1)$$

证 由欧拉公式 $\cos x = \frac{1}{2}(e^{ix} + e^{-ix})$,并记要证等式的左边为 $f(x)$,有

$$f(x) = \frac{1-r^2}{1-r(e^{ix}+e^{-ix})+r^2}$$

$$= (1-r^2)\frac{1}{(1-re^{ix})(1-re^{-ix})}$$

$$= -1 + \frac{1}{1-re^{ix}} + \frac{1}{1-re^{-ix}}$$

因

$$|re^{ix}| = |re^{-ix}| = r < 1$$

故

$$f(x) = -1 + \sum_{r=0}^{\infty} r^n (e^{inx} + e^{-inx})$$

$$= 1 + 2\sum_{n=1}^{\infty} r^n \cos nx \qquad ①$$

又由 $|r^n \cos nx| \leqslant r^n$,故由魏尔斯特拉斯(Weierstrass)判别法,式 ① 右端级数在 $(-\infty, +\infty)$ 内一致收敛. 于是,由逐项积分,得

$$\int_{-\pi}^{\pi} f(x)dx = \int_{-\pi}^{\pi} 1 dx + 2\sum_{n=1}^{\infty} r^n \int_{-\pi}^{\pi} \cos nx \, dx$$

$$= 2\pi \quad (|r|<1)$$

七、今有点列 $P_1, P_2, P_3, \cdots, P_n, \cdots$,各点的位置向量 $\overrightarrow{OP} = \{x_n, y_n\}$ 满足条件

$$(x_{n+1}, y_{n+1}) = (x_n, y_n) \begin{pmatrix} \frac{1}{3} & \frac{2}{3} \\ \frac{3}{4} & \frac{1}{4} \end{pmatrix} \quad (n=1,2,\cdots)$$

(1) 当点 P_1 在直线 $x+y=1$ 上时,试证所有的点 P_n 皆在此直线上.

(2) 证明点列 $P_1, P_2, P_3, \cdots, P_n, \cdots$ 无限地趋近于某一定点.

证 (1) 因

$$x_{n+1} = \frac{1}{3}x_n + \frac{3}{4}y_n, \quad y_{n+1} = \frac{2}{3}x_n + \frac{1}{4}y_n$$

两式相加得

$$x_{n+1} + y_{n+1} = x_n + y_n$$

今已知

$$x_1 + y_1 = 1$$

故对任何 n,有

$$x_n + y_n = 1$$

即点 P_n 在直线 $x+y=1$ 上.

(2) 设 $x_{n+1} + y_{n+1} = x_n + y_n = \cdots = x_1 + y_1 = a$. 因

$$\begin{aligned}
x_{n+1} &= \frac{1}{3}x_n + \frac{3}{4}y_n \\
&= \frac{1}{3}x_n + \frac{3}{4}(a - x_n) \\
&= \frac{3}{4}a - \frac{5}{12}x_n \\
&= -\frac{5}{12}\left(-\frac{5}{12}x_{n-1} + \frac{3}{4}a\right) + \frac{3}{4}a \\
&\quad \vdots \\
&= \left(-\frac{5}{12}\right)^n x_1 + \frac{3}{4}a \sum_{k=0}^{n-1}\left(-\frac{5}{12}\right)^k \\
&= \left(-\frac{5}{12}\right)^n x_1 + \frac{3}{4}a \cdot \frac{1-\left(-\frac{5}{12}\right)^n}{\frac{17}{12}}
\end{aligned}$$

故 $\lim\limits_{n\to\infty} x_{n+1}$ 存在,且

$$\lim_{n\to\infty} x_n = \frac{3}{4}a \cdot \frac{12}{17} = \frac{9}{17}a$$

因而

$$\lim_{n\to\infty} y_n = \frac{8}{17}a$$

即点列 $\{P_n\}$ 无限趋近于点 $\left(\frac{9}{17}a, \frac{8}{17}a\right)$.

八、试用正交变换化二次型

$$f = x_1^2 + 3x_2^2 - x_3^2 + 2\sqrt{3}\,x_1 x_3$$

为标准型.（求出正交矩阵）

解 二次型 f 相应的矩阵是

$$\boldsymbol{A} = \begin{bmatrix} 1 & 0 & \sqrt{3} \\ 0 & 3 & 0 \\ \sqrt{3} & 0 & -1 \end{bmatrix}$$

$\boldsymbol{A}$ 的特征多项式为

$$|\boldsymbol{A} - \lambda \boldsymbol{E}| = \begin{vmatrix} 1-\lambda & 0 & \sqrt{3} \\ 0 & 3-\lambda & 0 \\ \sqrt{3} & 0 & -1-\lambda \end{vmatrix}$$

$$= -(3-\lambda)(1-\lambda^2) - 3(3-\lambda)$$

$$= (3-\lambda)(\lambda^2 - 4)$$

故 $\boldsymbol{A}$ 的特征值为 $\lambda_1 = 3, \lambda_2 = 2, \lambda_3 = -2$. 下面求出相应的特征向量.

(1) $\lambda_1 = 3$, 解方程组

$$\begin{cases} -2x_1 + \sqrt{3}\,x_3 = 0 \\ \sqrt{3}\,x_1 - 4x_3 = 0 \end{cases}$$

得 $x_1 = x_3 = 0, x_2 = c_1$（任意常数），归一化特征向量为 $(0, 1, 0)$.

(2) $\lambda_2 = 2$, 解方程组

$$\begin{cases} -x_1 + \sqrt{3}\,x_3 = 0 \\ x_2 = 0 \\ \sqrt{3}\,x_1 - 3x_3 = 0 \end{cases}$$

得特征向量 $(\sqrt{3}, 0, 1)$, 归一化向量为 $\left(\dfrac{\sqrt{3}}{2}, 0, \dfrac{1}{2}\right)$.

(3) $\lambda = -2$, 解方程组

$$\begin{cases} 3x_1 + \sqrt{3}\,x_3 = 0 \\ 5x_2 = 0 \\ \sqrt{3}\,x_1 + x_3 = 0 \end{cases}$$

得特征向量 $(1, 0, -\sqrt{3})$, 归一化向量为 $\left(\dfrac{1}{2}, 0, -\dfrac{\sqrt{3}}{2}\right)$.

因而作正交变换

$$\begin{pmatrix} x_1 \\ x_2 \\ x_3 \end{pmatrix} = \begin{pmatrix} 0 & \dfrac{\sqrt{3}}{2} & \dfrac{1}{2} \\ 1 & 0 & 0 \\ 0 & \dfrac{1}{2} & -\dfrac{\sqrt{3}}{2} \end{pmatrix} \begin{pmatrix} y_1 \\ y_2 \\ y_3 \end{pmatrix}$$

即把二次型 f 化成标准型

$$f = 3y_1^2 + 2y_2^2 - 2y_3^2$$

九、用初等变换求矩阵

$$A = \begin{pmatrix} 1 & -1 & 2 & 1 & 0 \\ 2 & -2 & 4 & -2 & 0 \\ 3 & 0 & 6 & -1 & 1 \\ 2 & 1 & 4 & 2 & 1 \end{pmatrix}$$

的秩,并求解方程

$$AX = 0$$

其中

$$X = \begin{pmatrix} x_1 \\ x_2 \\ x_3 \\ x_4 \\ x_5 \end{pmatrix}$$

解 对矩阵 A 作行的初等变换,并以 (i) 表示第 i 行,有

$$A = \begin{pmatrix} 1 & -1 & 2 & 1 & 0 \\ 2 & -2 & 4 & -2 & 0 \\ 3 & 0 & 6 & -1 & 1 \\ 2 & 1 & 4 & 2 & 1 \end{pmatrix}$$

$$\xrightarrow[\substack{(2)-(1)\times 2 \\ (3)-(1)\times 3 \\ (4)-(1)\times 2}]{} \begin{pmatrix} 1 & -1 & 2 & 1 & 0 \\ 0 & 0 & 0 & -4 & 0 \\ 0 & 3 & 0 & -4 & 1 \\ 0 & 3 & 0 & 0 & 1 \end{pmatrix}$$

$$\xrightarrow{(3)-(4)} \begin{pmatrix} 1 & -1 & 2 & 1 & 0 \\ 0 & 0 & 0 & -4 & 0 \\ 0 & 0 & 0 & -4 & 0 \\ 0 & 3 & 0 & 0 & 1 \end{pmatrix}$$

$$\xrightarrow{(2)-(3)} \begin{pmatrix} 1 & -1 & 2 & 1 & 0 \\ 0 & 0 & 0 & 0 & 0 \\ 0 & 0 & 0 & -4 & 0 \\ 0 & 3 & 0 & 0 & 1 \end{pmatrix}$$
$$= B$$

现 B 的第二行全为 0,故 B 的秩(即 A 的秩)小于 4. 又因为 B 中有三阶子式

$$\begin{vmatrix} -1 & 2 & 1 \\ 0 & 0 & -4 \\ 3 & 0 & 0 \end{vmatrix} = 24 \neq 0$$

所以 A 的秩为 3. 因而齐次方程 $AX = 0$ 中有 $5 - 3 = 2$ 个独立常数. 前述关于行的初等变换已将方程变为

$$BX = 0$$

即

$$\begin{cases} x_1 - x_2 + 2x_3 + x_4 = 0 \\ -4x_4 = 0 \\ 3x_2 + x_5 = 0 \end{cases}$$

故 $x_4 = 0$. 令 $x_2 = c_1$,有 $x_5 = -3c_1$. 再令 $x_3 = c_2$,代入第一个方程,得 $x_1 = c_1 - 2c_2$. 因此解向量

$$X = c_1 \begin{pmatrix} 1 \\ 1 \\ 0 \\ 0 \\ -3 \end{pmatrix} + c_2 \begin{pmatrix} -2 \\ 0 \\ 1 \\ 0 \\ 0 \end{pmatrix}$$

十、 已知调和函数 $u = \dfrac{x}{x^2 + y^2}$,求以 z 为自变量的解析函数

$$f(z) = u + iv$$

解 由柯西－黎曼(Cauchy-Riemann)方程,有

$$\frac{\partial v}{\partial x} = -\frac{\partial u}{\partial y} = \frac{2xy}{(x^2 + y^2)^2} \qquad \text{①}$$

$$\frac{\partial v}{\partial y} = \frac{\partial u}{\partial x} = \frac{y^2 - x^2}{(x^2 + y^2)^2} \qquad \text{②}$$

把式 ① 对 x 积分,得

$$v = \int \frac{2xy}{(x^2+y^2)^2} dx = \int \frac{y}{(x^2+y^2)^2} d(x^2+y^2)$$

$$= -\frac{y}{x^2+y^2} + \varphi(x) \qquad \text{③}$$

式③对 y 求导,并由式②,有
$$\frac{y^2-x^2}{(x^2+y^2)^2}=\frac{\partial v}{\partial y}=\frac{y^2-x^2}{(x^2+y^2)^2}+\varphi'(x)$$

故
$$\varphi'(x)=0$$

因此
$$\varphi=c \quad (任意实常数)$$

于是
$$f(z)=u+\mathrm{i}v=\frac{x-\mathrm{i}y}{x^2+y^2}+c\mathrm{i}=\frac{1}{z}+c\mathrm{i}$$

南京化工学院(1982)

高等数学　线性代数　概率论

一、求下列极限：

(1) $\lim\limits_{n\to\infty}(e+4^n+7^n)^{\frac{2}{n}}$.

(2) $\lim\limits_{x\to 0}\dfrac{e^x-e^{\tan x}}{x-\tan x}$.

解　(1) 可得

$$\text{原式}=\lim_{n\to\infty}\left[7^n\left(\frac{e}{7^n}+\left(\frac{4}{7}\right)^n+1\right)\right]^{\frac{2}{n}}$$

$$=\lim_{n\to\infty}(7^n)^{\frac{2}{n}}\lim_{n\to\infty}\left(\frac{e}{7^n}+\left(\frac{4}{7}\right)^n+1\right)^{\frac{2}{n}}$$

$$=\lim_{n\to\infty}(7^n)^{\frac{2}{n}}$$

$$=49$$

(2) 可得

$$\text{原式}=\lim_{x\to 0}e^{\tan x}\frac{e^{x-\tan x}-1}{x-\tan x}$$

$$=1$$

二、(1) 求

$$\begin{cases} x=\arctan t^2 \\ y=\ln t \end{cases}$$

的二阶导数 $\dfrac{d^2 y}{dx^2}$.

(2) 设 $u=x^n\varphi\left(\dfrac{y}{x^\alpha},\dfrac{z}{y^\beta}\right)$，其中 φ 为可微函数，化简下式

$$x\frac{\partial u}{\partial x}+\alpha y\frac{\partial u}{\partial y}+\alpha\beta z\frac{\partial u}{\partial z}$$

解　(1) 可得

---

① 现为南京工业大学.

$$\frac{\mathrm{d}y}{\mathrm{d}x} = \frac{\dfrac{\mathrm{d}y}{\mathrm{d}t}}{\dfrac{\mathrm{d}x}{\mathrm{d}t}} = \frac{1+t^4}{2t^2}$$

$$\frac{\mathrm{d}^2 y}{\mathrm{d}x^2} = \frac{\dfrac{\mathrm{d}}{\mathrm{d}t}\left(\dfrac{\mathrm{d}y}{\mathrm{d}x}\right)}{\dfrac{\mathrm{d}x}{\mathrm{d}t}} = \frac{t^3-1}{2t^4}$$

(2) 由

$$\frac{\partial u}{\partial x} = nx^{n-1}\varphi - \alpha x^{n-\alpha-1} y \varphi'_1$$

$$\frac{\partial u}{\partial y} = x^{n-\alpha}\varphi'_1 - \beta x^n y^{-\beta-1} z \varphi'_2$$

$$\frac{\partial u}{\partial z} = x^n y^{-\beta} \varphi'_2$$

因此

$$x\frac{\partial u}{\partial x} + \alpha y \frac{\partial u}{\partial y} + \alpha\beta z \frac{\partial u}{\partial z}$$
$$= nx^n \varphi - \alpha x^{n-\alpha} y \varphi'_1 + \alpha x^{n-\alpha} y \varphi'_1 - \alpha\beta x^n y^{-\beta} z \varphi'_2 + \alpha\beta x^n y^{-\beta} z \varphi'_2$$
$$= nu$$

三、(1) 计算 $\int_1^4 \arctan\sqrt{\sqrt{x}-1}\,\mathrm{d}x$.

(2) 求 $\oint_L \dfrac{2xy\,\mathrm{d}x + x^2\,\mathrm{d}y}{|x|+|y|}$ 之值,其中 L 为闭合回路 $ABCDA$,A,B,C,D 的坐标分别为 $A(1,0),B(0,1),C(-1,0),D(0,-1)$.

(3) 若函数 $f(x)$ 满足

$$\frac{\mathrm{d}}{\mathrm{d}x}f(x) = \int_0^1 \mathrm{e}^{x-t} f(t)\,\mathrm{d}t + 1$$

且 $f(0)=0$,求 $f(x)$.

解 (1) 可得

$$\text{原式} = x\arctan\sqrt{\sqrt{x}-1}\,\Big|_1^4 - \int_1^4 \frac{x}{\sqrt{x}} \cdot \frac{1}{4\sqrt{x}\sqrt{\sqrt{x}-1}}\,\mathrm{d}x$$

$$= 4 \cdot \frac{\pi}{4} - \int_1^4 \frac{\sqrt{x}\,\mathrm{d}\sqrt{x}}{2\sqrt{\sqrt{x}-1}}$$

$$= \pi - \frac{1}{2}\left[\int_1^4 \sqrt{\sqrt{x}-1}\,\mathrm{d}(\sqrt{x}-1) + \int_1^4 \frac{\mathrm{d}(\sqrt{x}-1)}{\sqrt{\sqrt{x}-1}}\right]$$

$$= \pi - \frac{1}{2}\left[\frac{2}{3}(\sqrt{x}-1)^{\frac{3}{2}} + 2(\sqrt{x}-1)^{\frac{1}{2}}\right]\Big|_1^4$$

$$= \pi - \frac{1}{2}\left(\frac{2}{3}+2\right)$$

$$= \pi - \frac{4}{3}$$

(2) L 由 C_1,C_2,C_3,C_4 组成

$$C_1: x+y=1$$
$$C_2: -x+y=1$$
$$C_3: -x-y=1$$
$$C_4: x-y=1$$

故正方形的方程为 $|x|+|y|=1$,因此

$$\oint_L \frac{2xy\,dx+x^2\,dy}{|x|+|y|}=\oint_L 2xy\,dx+x^2\,dy$$

令 $M=2xy,N=x^2$,则

$$\frac{\partial M}{\partial y}=\frac{\partial N}{\partial x}=2x$$

故

$$\oint_L \frac{2xy\,dx+x^2\,dy}{|x|+|y|}=0$$

(3) 对等式两边关于 x 由 0 到 x 积分,得

$$f(x)=(e^x-1)\int_0^1 e^{-t}f(t)\,dt+x$$

将

$$f(t)=(e^t-1)\int_0^1 e^{-u}f(u)\,du+t$$

代入,整理得

$$(e^x-1)\int_0^1 e^{-t}f(t)\,dt+x=(e^x-1)\int_0^1 e^{-u}f(u)\,du+$$
$$(e^x-1)(e^{-1}-1)\int_0^1 e^{-u}f(u)\,du+$$
$$(e^x-1)(1-2e^{-1})+x$$

因此

$$\int_0^1 e^{-t}f(t)\,dt=\frac{1-2e^{-1}}{1-e^{-1}}=\frac{e-2}{e-1}$$

最后

$$f(x)=\frac{e-2}{e-1}(e^x-1)+x$$

四、(1) 求级数 $\sum_{n=1}^{\infty}\frac{n}{3}\left(\frac{x}{3}\right)^{n-1}$ 的和函数,并求 $\sum_{n=1}^{\infty}\frac{n}{3^n}$.

(2) 将函数 $y=\sin\left(\arcsin\frac{x}{\pi}\right)$ 在其定义域内展开成傅里叶级数.

解 (1) 易知原级数 $\sum_{n=1}^{\infty}\frac{n}{3}\left(\frac{x}{3}\right)^{n-1}$ 的收敛区间为 $(-3,3)$. 因此,当 $x\in(-3,3)$ 时

$$\sum_{n=1}^{\infty}\frac{n}{3}\left(\frac{x}{3}\right)^{n-1}=\sum_{n=1}^{\infty}\left[\left(\frac{x}{3}\right)^n\right]'$$

$$= \left[\sum_{n=1}^{\infty}\left(\frac{x}{3}\right)^n\right]'$$
$$= \left(\frac{x}{3-x}\right)'$$
$$= \frac{3}{(3-x)^2}$$

而
$$\sum_{n=1}^{\infty} \frac{n}{3^n} = \sum_{n=1}^{\infty} \frac{n}{3}\left(\frac{1}{3}\right)^{n-1}$$
$$= \frac{3}{(3-1)^2} = \frac{3}{4}$$

(2) 因为 $y(x)$ 在其定义域 $[-\pi,\pi]$ 内是奇函数,所以傅里叶系数
$$a_n = 0 \quad (n=0,1,\cdots)$$
而
$$b_n = \int_{-\pi}^{\pi} \sin\left(\arcsin \frac{x}{\pi}\right) \sin nx\, dx \quad (n=1,\cdots)$$
$$= \int_{-\pi}^{\pi} \frac{x}{\pi} \sin nx\, dx$$
$$= \frac{2}{n}(-1)^{n+1}$$

因此 $y(x)$ 的傅里叶展开式为
$$y(x) = \frac{2}{\pi} \sum_{n=1}^{\infty} \frac{(-1)^{n+1}}{n} \sin nx$$

五、一质量为 2 g 的质点 M,在大小为 $8x$ 的引力的作用下,从离原点为 12 cm 的静止状态沿 x 轴向原点 O 运动,阻力为瞬时速度的 8 倍,求其运动规律.

解 依题意,可列出下面的方程
$$\begin{cases} 2\ddot{x} = 8x - 8\dot{x} \\ x(0) = 12, \dot{x}(0) = 0 \end{cases}$$

方程的通解为
$$x = e^{-2t}(A\cos 2\sqrt{2}\,t + B\sin 2\sqrt{2}\,t)$$

代入初始条件得
$$A = 12$$
$$B = 6\sqrt{2}$$

因此
$$x(t) = 6e^{-2t}(2\cos 2\sqrt{2}\,t + \sqrt{2}\sin 2\sqrt{2}\,t)$$

六、(1) 单位向量 $\boldsymbol{e}_1=(1,0,0), \boldsymbol{e}_2=(0,1,0), \boldsymbol{e}_3=(0,0,1)$,是否可以分别表示成 $\boldsymbol{\alpha}_1=(1,2,3), \boldsymbol{\alpha}_2=(2,3,1), \boldsymbol{\alpha}_3=(-1,1,12)$ 的线性组合?

(2) 若
$$\begin{pmatrix} 2 & 1 \\ 3 & 2 \end{pmatrix} \boldsymbol{X} = \boldsymbol{X} \begin{pmatrix} 2 & 1 \\ 3 & 2 \end{pmatrix}$$

求 X.

解 (1) 因为

$$\begin{vmatrix} 1 & 2 & 3 \\ 2 & 3 & 1 \\ -1 & 1 & 12 \end{vmatrix} = 0$$

所以 $\boldsymbol{\alpha}_1, \boldsymbol{\alpha}_2, \boldsymbol{\alpha}_3$ 线性相关. 因此 e_1, e_2, e_3 不可以表示成 $\boldsymbol{\alpha}_1, \boldsymbol{\alpha}_2, \boldsymbol{\alpha}_3$ 的线性组合.

(2) 令 $\boldsymbol{X} = \begin{pmatrix} a_{11} & a_{12} \\ a_{21} & a_{22} \end{pmatrix}$,依题意有

$$\begin{cases} 2a_{11} + a_{21} = 2a_{11} + 3a_{12} \\ 2a_{12} + a_{22} = a_{11} + 2a_{12} \\ 3a_{11} + 2a_{21} = 2a_{21} + 3a_{22} \\ 3a_{12} + 2a_{22} = a_{21} + 2a_{22} \end{cases}$$

解出 $a_{22} = a_{11}, a_{21} = 3a_{12}, a_{11}, a_{12}$ 为任何数,因此

$$\boldsymbol{X} = \begin{pmatrix} a_{11} & a_{12} \\ 3a_{12} & a_{11} \end{pmatrix}$$

七、(1) 验证函数

$$f(x) = \begin{cases} \dfrac{1}{\sigma\sqrt{2\pi}\,x} e^{-\dfrac{(\ln x - \sigma)^2}{2\sigma^2}}, & x > 0 \\ 0, & x \leqslant 0 \end{cases}$$

为随机变量 ζ 的分布密度,并求 $P\{|\zeta| > e^\sigma\}$.

(2) 如果随机变量 ζ 的分布密度关于 $x = a$ 对称,即

$$f(a+x) = f(a-x)$$

证明 ζ 的数学期望 $E(\zeta) = a$.

解 (1) 因为 $f(x) \geqslant 0$,又易知

$$\int_{-\infty}^{+\infty} f(x)\,\mathrm{d}x = \int_0^{+\infty} \frac{1}{\sigma\sqrt{2\pi}\,x} e^{-\frac{(\ln x - \sigma)^2}{2\sigma^2}}\,\mathrm{d}x$$

$$= \frac{1}{\sigma\sqrt{2\pi}} \int_{-\infty}^{+\infty} e^{-\frac{(t-\sigma)^2}{2\sigma^2}}\,\mathrm{d}t$$

$$= 1$$

所以 $f(x)$ 是随机变量 ζ 的分布密度

$$P\{|\zeta| > e^\sigma\} = \int_{e^\sigma}^{+\infty} \frac{1}{\sigma\sqrt{2\pi}\,x} e^{-\frac{(\ln x - \sigma)^2}{2\sigma^2}}\,\mathrm{d}x$$

$$= \frac{1}{\sqrt{\pi}} \int_{-\infty}^{+\infty} e^{-t^2}\,\mathrm{d}t$$

$$= \frac{1}{2}$$

(2) 可得

$$E(\zeta) = \int_{-\infty}^{+\infty} x f(x)\,\mathrm{d}x = \int_{-\infty}^{a} x f(x)\,\mathrm{d}x + \int_a^{+\infty} x f(x)\,\mathrm{d}x$$

$$= -\int_{+\infty}^{0}(a-x)f(a-x)\mathrm{d}x + \int_{0}^{+\infty}(a+x)f(a+x)\mathrm{d}x$$

$$= a\int_{0}^{+\infty}f(a-x)\mathrm{d}x + a\int_{0}^{+\infty}f(a+x)\mathrm{d}x$$

$$= a\left[\int_{-\infty}^{a}f(x)\mathrm{d}x + \int_{0}^{+\infty}f(x)\mathrm{d}x\right]$$

$$= a$$

八、设 $f(x)$ 在 $[a,b]$ 上二次可微,且 $f'(x)>0, f''(x)>0$,试证

$$(b-a)f(a) < \int_a^b f(x)\mathrm{d}x < (b-a)\frac{f(b)+f(a)}{2}$$

证 首先,设 $F(x)$ 在 (a,b) 内处处大于 0,仅在两端点处可能为零,则

$$\int_a^b F(x)\mathrm{d}x > 0$$

事实上,任取 a', b',满足 $a < a' < b' < b$,则

$$\int_a^b F(x)\mathrm{d}x \geq \int_{a'}^{b'} F(x)\mathrm{d}x = F(\zeta)(b'-a')$$

其中 $\zeta \in [a', b']$,故 $F(\zeta) > 0$,因此

$$\int_a^b F(x)\mathrm{d}x > 0$$

由题设 $f'(x)>0, f''(x)>0$,故 $f(x)$ 是严格递增及严格凹的. 因此当 $x \in (a,b)$ 时

$$f(a) < f(x) < \frac{x-a}{b-a}f(b) + \frac{x-b}{a-b}f(a)$$

或

$$f(x) - f(a) > 0$$

$$\frac{x-a}{b-a}f(b) + \frac{x-b}{a-b}f(a) - f(x) > 0$$

因此

$$\int_a^b [f(x) - f(a)]\mathrm{d}x > 0$$

$$\int_a^b \left[\frac{x-a}{b-a}f(b) + \frac{x-b}{a-b}f(a) - f(x)\right]\mathrm{d}x > 0$$

即

$$\int_a^b f(x)\mathrm{d}x > \int_a^b f(a)\mathrm{d}x = f(a)(b-a)$$

$$\int_a^b f(x)\mathrm{d}x < \int_a^b \left[\frac{x-a}{b-a}f(b) + \frac{x-b}{a-b}f(a)\right]\mathrm{d}x$$

$$= (b-a)\frac{f(b)+f(a)}{2}$$

结论成立.

上海机械学院(1982)

高等数学

一、(共 15 分)计算下列各题：

(1) $\lim\limits_{x\to 0}(1+x^2\mathrm{e}^x)^{\frac{1}{1-\cos x}}$.

(2) $\lim\limits_{n\to\infty}\dfrac{1}{n}\left[\left(\alpha+\dfrac{\beta}{n}\right)+\left(\alpha+\dfrac{2\beta}{n}\right)+\cdots+\left(\alpha+\dfrac{n-1}{n}\beta\right)\right]$.

(3) $\displaystyle\int_0^\pi\sqrt{\sin\theta-\sin^3\theta}\,\mathrm{d}\theta$.

解 (1) 令 $y=(1+x^2\mathrm{e}^x)^{\frac{1}{1-\cos x}}$，有

$$\ln y=\frac{\ln(1+x^2\mathrm{e}^x)}{1-\cos x}$$

由洛必达(L'Hopital)法则

$$\lim_{x\to 0}\frac{\ln(1+x^2\mathrm{e}^x)}{1-\cos x}=\lim_{x\to 0}\frac{2x\mathrm{e}^x+x^2\mathrm{e}^x}{(1+x^2\mathrm{e}^x)\sin x}$$
$$=\lim_{x\to 0}\frac{2\mathrm{e}^x+x\mathrm{e}^x}{1+x^2\mathrm{e}^x}\cdot\frac{x}{\sin x}$$
$$=2$$

即

$$\lim_{x\to 0}\ln y=2$$

因此

$$\lim_{x\to 0}y=\lim_{x\to 0}(1+x^2\mathrm{e}^x)^{\frac{1}{1-\cos x}}=\mathrm{e}^2$$

(2) 由等差数列的求和公式，得

$$\text{所求极限}=\lim_{n\to\infty}\frac{1}{n}\cdot\frac{(n-1)(2\alpha+\beta)}{2}$$
$$=\lim_{n\to\infty}\frac{n-1}{n}\left(\alpha+\frac{\beta}{2}\right)$$
$$=\alpha+\frac{\beta}{2}$$

(3) 可得

$$\int_0^\pi\sqrt{\sin\theta-\sin^3\theta}\,\mathrm{d}\theta=\int_0^\pi\sqrt{\sin\theta\cos^2\theta}\,\mathrm{d}\theta$$

---

① 现为上海理工大学.

$$= \int_0^\pi \sqrt{\sin\theta}\,|\cos\theta|\,\mathrm{d}\theta$$
$$= \int_0^{\frac{\pi}{2}} \sqrt{\sin\theta}\cos\theta\,\mathrm{d}\theta + \int_{\frac{\pi}{2}}^\pi \sqrt{\sin\theta}(-\cos\theta)\,\mathrm{d}\theta$$
$$= \int_0^{\frac{\pi}{2}} \sqrt{\sin\theta}\,\mathrm{d}\sin\theta - \int_{\frac{\pi}{2}}^\pi \sqrt{\sin\theta}\,\mathrm{d}\sin\theta$$
$$= \frac{2}{3}(\sin\theta)^{\frac{3}{2}}\Big|_0^{\frac{\pi}{2}} - \frac{2}{3}(\sin\theta)^{\frac{3}{2}}\Big|_{\frac{\pi}{2}}^\pi$$
$$= \frac{4}{3}$$

二、在区间 $[0,1]$ 上给定函数 $y=x^2$，问当 t 为何值时，图 1 中的阴影部分 S_1 与 S_2 的面积之和最小？何时最大？

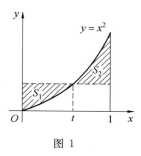

图 1

解 如图 2 所示，点 A 的坐标为 (t, t^2)，故

$$S_1 = t \cdot t^2 - \int_0^t x^2\,\mathrm{d}x = \frac{2}{3}t^3$$

$$S_2 = \int_t^1 x^2\,\mathrm{d}x - (1-t)t^2 = \frac{1}{3} - \frac{t^3}{3} - t^2 + t^3$$
$$= \frac{1}{3} + \frac{2}{3}t^3 - t^2$$

因此

$$S_1 + S_2 = f(t) = \frac{4}{3}t^3 - t^2 + \frac{1}{3}$$

于是，问题变成求 $f(x)$ 在 $[0,1]$ 内的最小值和最大值。

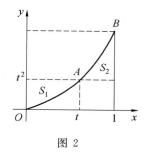

图 2

由 $f'(t) = 4t^2 - 2t = 2t(2t-1) = 0$，求得驻点 $t=0, t=\dfrac{1}{2}$。再考虑到另一个边界点

$t=1$,将以下三个值进行比较

$$f(0) = \frac{1}{3}$$

$$f\left(\frac{1}{2}\right) = \frac{1}{4}$$

$$f(1) = \frac{2}{3}$$

得 $f\left(\frac{1}{2}\right) < f(0) < f(1)$. 由此可知,当 $t = \frac{1}{2}$ 时, $S_1 + S_2$ 取最小值;当 $t=1$ 时, S_1+S_2 取最大值.

三、(1) 将函数 $f(x) = \pi^2 - x^2$ 在区间 $[-\pi, \pi]$ 内展开成傅里叶级数.

(2) 求 $\sum\limits_{n=0}^{\infty} \frac{(2n+1)}{n!} x^{2n}$ 的和函数.

解 (1) $f(x) = \pi^2 - x^2$,因 π^2 为常数,为简单起见,可先求 $g(x) = x^2$ 在区间 $(-\pi, \pi)$ 内的傅里叶级数. $g(x)$ 是一偶函数,故其傅里叶系数

$$b_n = \frac{1}{\pi} \int_{-\pi}^{\pi} f(x) \sin nx \, dx = 0$$

$$\begin{aligned} a_0 &= \frac{2}{\pi} \int_0^{\pi} g(x) \, dx \\ &= \frac{2}{\pi} \int_0^{\pi} x^2 \, dx \\ &= \frac{2}{\pi} \cdot \frac{x^3}{3} \Big|_0^{\pi} \\ &= \frac{2}{3} \pi^2 \end{aligned}$$

$$\begin{aligned} a_n &= \frac{2}{\pi} \int_0^{\pi} g(x) \cos nx \, dx \\ &= \frac{2}{\pi} \int_0^{\pi} x^2 \cos nx \, dx \\ &= \frac{2}{\pi} \cdot \frac{1}{n^3} \int_0^{\pi} (nx)^2 \cos nx \, d(nx) \\ &= \frac{2}{n^3 \pi} \int_0^{n\pi} u^2 \cos u \, du \\ &= \frac{2}{n^3 \pi} \int_0^{n\pi} u^2 \, d\sin u \\ &= \frac{2}{n^3 \pi} \left(u^2 \sin u \Big|_0^{n\pi} - \int_0^{n\pi} 2u \sin u \, du \right) \\ &= \frac{4}{n^3 \pi} \int_0^{n\pi} u \, d\cos u \\ &= \frac{4}{n^3 \pi} \left(u \cos u \Big|_0^{n\pi} - \int_0^{n\pi} \cos u \, du \right) \\ &= \frac{4}{n^3 \pi} \left(n\pi (-1)^n - \sin u \Big|_0^{n\pi} \right) \end{aligned}$$

$$= \frac{(-1)^n 4}{n^2}$$

这样,根据收敛定理,有

$$g(x) = \frac{a_0}{2} + \sum_{n=1}^{\infty} a_n \cos nx$$

$$= \frac{\pi^2}{3} + 4 \sum_{n=1}^{\infty} \frac{(-1)^n}{n^2} \cos nx$$

$$(-\pi < x < \pi)$$

又由

$$\frac{g(\pi+0) + g(-\pi+0)}{2} = \pi^2 = g(\pi) = g(-\pi)$$

得知上面展开式在$[-\pi, \pi]$上成立,因此

$$f(x) = \pi^2 - g(x) = \frac{2\pi^2}{3} + 4 \sum_{n=0}^{\infty} \frac{(-1)^{n+1}}{n^2} \cos nx$$

$$(-\pi \leqslant x \leqslant \pi)$$

(2) 因

$$\lim_{n \to \infty} \left| \frac{a_n}{a_{n+1}} \right| = \lim_{n \to \infty} \frac{2n+1}{n!} \bigg/ \frac{2n+3}{(n+1)!}$$

$$= \lim_{n \to \infty} \frac{(2n+1)(n+1)}{2n+3}$$

$$= +\infty$$

故级数的收敛域为$(-\infty, +\infty)$. 令

$$f(x) = \sum_{n=0}^{\infty} \frac{(2n+1)}{n!} x^{2n}$$

两边积分,得

$$\int_0^x f(x) \, dx = \sum_{n=0}^{\infty} \int_0^x \frac{2n+1}{n!} x^{2n} \, dx = \sum_{n=0}^{\infty} \frac{x^{2n+1}}{n!}$$

$$= x \sum_{n=0}^{\infty} \frac{(x^2)^n}{n!}$$

$$= x e^{x^2}$$

两边微分,得

$$f(x) = e^{x^2}(1 + 2x^2)$$

四、试证:若$P(A) > 0, P(B) > 0$,则随机事件A, B相互独立与A, B互不相容不能同时成立.

证 用反证法. 设事件A, B相互独立与A, B互不相容同时成立,则有

$$\begin{cases} P(AB) = P(A)P(B) \\ P(AB) = 0 \end{cases}$$

于是

$$P(A)P(B) = 0$$

这样 $P(A), P(B)$ 中至少有一个为零,这与所设的条件 $P(A)>0, P(B)>0$ 矛盾.

五、设有长度为 l 的弹簧,其上端固定,用 5 个质量都为 m 的重物同时挂于弹簧的下端,使弹簧伸长了 $5a$. 今突然取出其中一个重物,使弹簧由静止状态开始振动,若不计弹簧本身的重量,求所挂重物的运动规律.

解 取 x 轴铅直向下,原点设在与弹簧固定端相距 $l+4a$ 处. 设重物的位移为 $x=x(t)$,即时刻 t 时弹簧伸长量为 $x+4a$. 这时重物受重力 $G=4mg$ 和弹簧的作用力 $F=-k(x+4a)$ 的作用,故得方程

$$4m\frac{\mathrm{d}^2 x}{\mathrm{d}t^2}=4mg-k(x+4a)$$

因弹簧受 $5mg$ 的力作用时,伸长了 $5a$,由胡克(Hooke)定律知 $mg=ka$. 因此上述方程可化简为

$$\frac{\mathrm{d}^2 x}{\mathrm{d}t^2}=-\frac{g}{4a}x$$

初始条件 $x\big|_{t=0}=4a, \dfrac{\mathrm{d}x}{\mathrm{d}t}\bigg|_{t=0}=0$.

由方程 $x''+\dfrac{g}{4a}x=0$,特征方程

$$r^2+\frac{g}{4a}=0$$

$$r=\pm\frac{1}{2}\sqrt{\frac{g}{a}}\mathrm{i}$$

其通解为

$$x=c_1\cos\frac{1}{2}\sqrt{\frac{g}{a}}t+c_2\sin\frac{1}{2}\sqrt{\frac{g}{a}}t$$

由初始条件可得出

$$c_1=4a, c_2=0$$

故

$$x=4a\cos\frac{1}{2}\sqrt{\frac{g}{a}}t$$

即为所求重物的运动规律.

六、设 Ω 是空间区域,S 是 Ω 的边界面,函数 $u(x,y,z), v(x,y,z)$ 在闭区域 Ω 上有连续的二阶偏导数,试证

$$\iiint_{\Omega}u\Delta v\mathrm{d}\omega=\oiint_{S}u\frac{\partial v}{\partial \boldsymbol{n}}\mathrm{d}S-\iiint_{\Omega}\left(\frac{\partial u}{\partial x}\frac{\partial v}{\partial x}+\frac{\partial u}{\partial y}\frac{\partial v}{\partial y}+\frac{\partial u}{\partial z}\frac{\partial v}{\partial z}\right)\mathrm{d}\Omega$$

其中 $\Delta v=\dfrac{\partial^2 v}{\partial x^2}+\dfrac{\partial^2 v}{\partial y^2}+\dfrac{\partial^2 v}{\partial z^2}, \dfrac{\partial v}{\partial \boldsymbol{n}}$ 代表 v 沿 S 的外法线方向的方向导数.

证 设 α, β, γ 表示外法线方向 $\boldsymbol{n}$ 的方向角,有

$$\frac{\partial v}{\partial \boldsymbol{n}}=\frac{\partial v}{\partial x}\cos\alpha+\frac{\partial v}{\partial y}\cos\beta+\frac{\partial v}{\partial z}\cos\gamma$$

于是,由高斯公式,有

$$\oiint_S u\,\frac{\partial v}{\partial \boldsymbol{n}}\mathrm{d}S = \oiint_S u\left(\frac{\partial v}{\partial x}\cos\alpha + \frac{\partial v}{\partial y}\cos\beta + \frac{\partial v}{\partial z}\cos\gamma\right)\mathrm{d}S$$

$$= \oiint_S u\,\frac{\partial v}{\partial x}\mathrm{d}y\mathrm{d}z + u\,\frac{\partial v}{\partial y}\mathrm{d}z\mathrm{d}x + u\,\frac{\partial v}{\partial z}\mathrm{d}x\mathrm{d}y$$

$$= \iiint_\Omega \left[\frac{\partial}{\partial x}\left(u\,\frac{\partial v}{\partial x}\right) + \frac{\partial}{\partial y}\left(u\,\frac{\partial v}{\partial y}\right) + \frac{\partial}{\partial z}\left(u\,\frac{\partial v}{\partial z}\right)\right]\mathrm{d}\Omega$$

$$= \iiint_\Omega \left[u\left(\frac{\partial^2 v}{\partial x^2} + \frac{\partial^2 v}{\partial y^2} + \frac{\partial^2 v}{\partial z^2}\right) + \frac{\partial u}{\partial x}\frac{\partial v}{\partial x} + \frac{\partial u}{\partial y}\frac{\partial v}{\partial y} + \frac{\partial u}{\partial z}\frac{\partial v}{\partial z}\right]\mathrm{d}\Omega$$

即

$$\iiint_\Omega u\Delta v\mathrm{d}\Omega = \oiint_S u\,\frac{\partial v}{\partial \boldsymbol{n}}\mathrm{d}S - \iiint_\Omega \left(\frac{\partial u}{\partial x}\frac{\partial v}{\partial x} + \frac{\partial u}{\partial y}\frac{\partial v}{\partial y} + \frac{\partial u}{\partial z}\frac{\partial v}{\partial z}\right)\mathrm{d}\Omega$$

七、 设随机变量 ζ 的分布密度为

$$\varphi(x) = A\mathrm{e}^{-|x|} \quad (-\infty < x < +\infty)$$

求:系数 A，ζ 的数学期望，ζ 的方差.

解 因为

$$1 = \int_{-\infty}^{+\infty} \varphi(x)\mathrm{d}x$$
$$= A\int_{-\infty}^{+\infty} \mathrm{e}^{-|x|}\mathrm{d}x$$
$$= 2A\int_0^{+\infty} \mathrm{e}^{-x}\mathrm{d}x$$
$$= 2A(-\mathrm{e}^{-x})\Big|_0^{+\infty}$$
$$= 2A$$

所以

$$A = \frac{1}{2}$$

ζ 的数学期望

$$M\zeta = \int_{-\infty}^{+\infty} x\varphi(x)\mathrm{d}x = \frac{1}{2}\int_{-\infty}^{+\infty} x\mathrm{e}^{-|x|}\mathrm{d}x = 0$$

设 ζ 的方差为 σ，有

$$\sigma^2 = M\zeta^2 - (M\zeta)^2$$
$$= \int_{-\infty}^{+\infty} x^2\varphi(x)\mathrm{d}x$$
$$= \frac{1}{2}\int_{-\infty}^{+\infty} x^2\mathrm{e}^{-|x|}\mathrm{d}x$$
$$= \int_0^{+\infty} x^2\mathrm{e}^{-x}\mathrm{d}x$$
$$= -\int_0^{+\infty} x^2\mathrm{d}\mathrm{e}^{-x}$$
$$= -x^2\mathrm{e}^{-x}\Big|_0^{+\infty} + 2\int_0^{+\infty} x\mathrm{e}^{-x}\mathrm{d}x$$

$$=-2\int_0^{+\infty} x\,\mathrm{d}e^{-x}$$
$$=-2x e^{-x}\Big|_0^{+\infty} + 2\Big|_0^{+\infty} e^{-x}\,\mathrm{d}x$$
$$=-2e^{-x}\Big|_0^{+\infty}$$
$$=2$$

八、 设 A, B 均为 $n\times n$ 方阵,且 $|A|\neq 0$,$|B|\neq 0$,试问下列结论中哪些正确？哪些不正确？其中 A^{T} 是 A 的转置,A^{-1} 是 A 的逆：

(1) 若 $AB=0$,则 $A=0$ 或 $B=0$.
(2) $(A+B)^2 = A^2 + 2AB + B^2$.
(3) $(AB)^{\mathrm{T}} = A^{\mathrm{T}}B^{\mathrm{T}}$.
(4) $(AB)^{-1} = B^{-1}A^{-1}$.
(5) $|kA| = k|A|$,k 为常数.

解 (1) 不正确.
(2) 不正确.
(3) 不正确.
(4) 正确.
(5) 不正确.

九、 设有方程组
$$\begin{cases}(k+3)x_1 + x_2 + 2x_3 = k \\ kx_1 + (k-1)x_2 + x_3 = k \\ 3(k+1)x_1 + kx_2 + (k+3)x_3 = 3\end{cases}$$

试讨论其中 k 的取值范围与其解之间的关系.

解 所给方程组的系数行列式

$$\Delta = \begin{vmatrix} k+3 & 1 & 2 \\ k & k-1 & 1 \\ 3k+3 & k & k+3 \end{vmatrix} = \begin{vmatrix} k & 1 & 2 \\ k & k-1 & 1 \\ 3k & k & k+3 \end{vmatrix} + \begin{vmatrix} 3 & 1 & 2 \\ 0 & k-1 & 1 \\ 3 & k & k+3 \end{vmatrix}$$

$$= k\begin{vmatrix} 1 & 1 & 2 \\ 1 & k-1 & 1 \\ 3 & k & k+3 \end{vmatrix} + 3\begin{vmatrix} 1 & 1 & 2 \\ 0 & k-1 & 1 \\ 1 & k & k+3 \end{vmatrix}$$

$$= k\begin{vmatrix} 1 & 1 & 2 \\ 0 & k-2 & -1 \\ 0 & k-3 & k-3 \end{vmatrix} + 3\begin{vmatrix} 1 & 1 & 2 \\ 0 & k-1 & 1 \\ 0 & k-1 & k+1 \end{vmatrix}$$

$$= k(k-3)(k-2+1) + 3(k-1)(k+1-1)$$
$$= k(k-1)(k-3+3)$$
$$= k^2(k-1)$$

下面就 k 的取值进行讨论：

(1) 当 $k\neq 0,1$ 时,$\Delta\neq 0$,所给方程组有唯一解.

(2) 当 $k=1$ 时,方程组的增广矩阵(虚线左边为系数矩阵 A)

$$\bar{A} = \begin{pmatrix} 4 & 1 & 2 & \vdots & 1 \\ 1 & 0 & 1 & \vdots & 1 \\ 6 & 1 & 4 & \vdots & 3 \end{pmatrix} \xrightarrow{\text{第三行}-(\text{第一行}+\text{第二行乘}2)} \begin{pmatrix} 4 & 1 & 2 & \vdots & 1 \\ 1 & 0 & 1 & \vdots & 1 \\ 0 & 0 & 0 & \vdots & 0 \end{pmatrix}$$

其左上角二阶子式

$$\begin{vmatrix} 4 & 1 \\ 1 & 0 \end{vmatrix} = -1 \neq 0$$

故 $\bar{A}$ 与 A 的秩都是 2,因而方程组有无穷多解,解中含有一个任意常数.

(3) 当 $k=0$ 时,方程组的增广矩阵

$$\bar{A} = \begin{pmatrix} 3 & 1 & 2 & \vdots & 0 \\ 0 & -1 & 1 & \vdots & 0 \\ 3 & 0 & 3 & \vdots & 3 \end{pmatrix}$$

因 $\bar{A}$ 的三阶子式

$$\begin{vmatrix} 3 & 1 & 0 \\ 0 & -1 & 0 \\ 3 & 0 & 3 \end{vmatrix} = 3 \begin{vmatrix} 3 & 1 \\ 0 & -1 \end{vmatrix} = -9 \neq 0$$

故 $\bar{A}$ 的秩 $r_{\bar{A}}=3$,而 $r_A=2$. 故此时方程组无解.

十、(1) 已知多项式

$$P_n(x) = a_0 x^n + a_1 x^{n-1} + \cdots + a_n$$

的一切零点为实数,证明其逐阶导函数

$$P'_n(x), P''_n(x), \cdots, P_n^{(n-1)}(x)$$

也仅有实零点.

(2) 设 $f(x)$ 在 $[a,b]$ 上连续,试证:若对任意选定的连续函数 $\varphi(x)$ 都有

$$\int_a^b f(x)\varphi(x)\mathrm{d}x = 0$$

则在 $[a,b]$ 上 $f(x) \equiv 0$.

证 (1) 设 $n>1$,$P'_n(x)$ 为 $n-1$ 次多项式,它共有 $n-1$ 个零点(k 级零点按 k 个计算). 现设

$$x_1 < x_2 < x_3 < \cdots < x_m$$

分别是 $P_n(x)$ 的 k_1 级,k_2 级,……,k_m 级零点,且

$$k_1 + k_2 + \cdots + k_m = n$$

于是 $x_1, x_2, \cdots, x_m$ 分别是 $P'_n(x)$ 的 $k_1-1, k_2-1, \cdots, k_m-1$ 级零点. 又由罗尔(Rolle)定理,在 (x_i, x_{i+1})($i=1,2,\cdots,m-1$)内至少有 $P'_n(x)$ 的一个零点 ζ_i. 这样的零点共有 $m-1$ 个. 综上讨论,得知 $P'_n(x)$ 至少有 $(k_1-1)+\cdots+(k_m-1)+m-1=n-1$ 个实零点. 这就证明了当 $n>1$ 时,$P'_n(x)$ 的所有零点都是实数.

由 $P''_n(x) = [P'_n(x)]'$,又由上述已知,$P'_n(x)$ 仅有实零点,因而如果 $P''_n(x)$ 不为常数,那么 $P''_n(x)$ 也只有实零点.

一般说来,$P_n^{(k-1)}(x) = [P_n^{(k-2)}(x)]'$ ($k \leqslant n$) 不为常数,因而它只有实零点.

(2)(反证法) 若 $f(x)$ 在 $[a,b]$ 内不恒为零,则 $\exists x_0 \in [a,b]$,使 $f(x_0) \neq 0$. 不妨设 $f(x_0) > 0$. 由此知有 x_0 的一个邻域 $U_\delta(x_0)$,使 $f(x) > 0$.

当 $x_0 \neq a, x \neq b$ 时,取连续函数
$$\varphi(x) = \begin{cases} [x-(x_0-\delta)]^2[x-(x_0+\delta)]^2, & x \in U_\delta(x_0) \\ 0, & \text{其他} \end{cases}$$

当 $x_0 = a$ 或 $x_0 = b$ 时,分别取连续函数
$$\varphi(x) = \begin{cases} [x-(x_0+\delta)]^2, & x \in U_\delta(x_0) \\ 0, & \text{其他} \end{cases}$$

或
$$\varphi(x) = \begin{cases} [x-(x_0-\delta)]^2, & x \in U_\delta(x_0) \\ 0, & \text{其他} \end{cases}$$

于是
$$\int_a^b f(x)\varphi(x)\mathrm{d}x = \int_{U_0(x_0)} f(x)\varphi(x)\mathrm{d}x < 0$$

这与题设矛盾,得证.

武汉建材学院(1982)

高等数学

一、求
$$\lim_{n\to\infty}\frac{\sin a+\sin\left(a+\dfrac{b}{n}\right)+\cdots+\sin\left(a+\dfrac{n-1}{n}b\right)}{n}$$

解 可得
$$\begin{aligned}
\text{原式} &= \lim_{n\to\infty}\frac{1}{b}\sum_{i=0}^{n-1}\frac{b}{n}\sin\left(a+\frac{b}{n}i\right) \\
&= \frac{1}{b}\int_0^b \sin(a+x)\,\mathrm{d}x \\
&= -\frac{1}{b}\cos(a+x)\Big|_0^b \\
&= -\frac{1}{b}[\cos(a+b)-\cos a] \\
&= \frac{2}{b}\sin\frac{b}{2}\sin\left(a+\frac{b}{2}\right)
\end{aligned}$$

二、对函数 $y=x^{\frac{2}{3}}\mathrm{e}^{-x}$ 进行全面讨论,并绘出它的草图.

解 $y'=\dfrac{2}{3}x^{-\frac{1}{3}}\mathrm{e}^{-x}-x^{\frac{2}{3}}\mathrm{e}^{-x}=x^{-\frac{1}{3}}\mathrm{e}^{-x}\left(\dfrac{2}{3}-x\right)$.

$y''=-\dfrac{1}{9}x^{-\frac{4}{3}}\mathrm{e}^{-x}(2+12x-9x^2)$. (表1,表中用"↓"表示单调递减,"↑"表示单调递增.)

$\lim\limits_{x\to-\infty}y=\lim\limits_{x\to-\infty}x^{\frac{2}{3}}\mathrm{e}^{-x}=+\infty$.

$\lim\limits_{x\to+\infty}y=\lim\limits_{x\to+\infty}x^{\frac{2}{3}}\mathrm{e}^{-x}=0$.

绘出 y 的草图如图 1 所示.

三、有一质量为 m 的质点 A,及一质量为 M 长为 l 的均匀细直棒,设质点 A 在过细直棒的一端的垂直线上,且点 A 距细直棒的距离为 a,求细直棒对质点 A 的引力.

解 如图 2 所示,细直棒轴线同 x 轴重合.图 2 中点 x 处的 $\mathrm{d}x$ 微小段对质点 A 的引力为
$$\mathrm{d}F=k\frac{mM}{(a^2+x^2)l}\mathrm{d}x$$

---

① 现为武汉理工大学.

表 1

x	y'	y''	y
$\left(-\infty, \dfrac{2-\sqrt{6}}{3}\right)$	$-$	$+$	$\downarrow$
$\dfrac{2-\sqrt{6}}{3}$	$-$	0	拐点
$\left(\dfrac{2-\sqrt{6}}{3}, 0\right)$	$-$	$-$	$\downarrow$
0	不存在	$-$	极小值点
$\left(0, \dfrac{2}{3}\right)$	$+$	$-$	$\uparrow$
$\dfrac{2}{3}$	0	$-$	极大值点
$\left(\dfrac{2}{3}, \dfrac{2+\sqrt{6}}{3}\right)$	$-$	$-$	$\downarrow$
$\dfrac{2+\sqrt{6}}{3}$	$-$	0	拐点
$\left(\dfrac{2+\sqrt{6}}{3}, +\infty\right)$	$-$	$+$	$\uparrow$

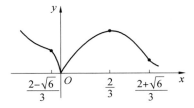

图 1

$\mathrm{d}F$ 在 x 轴和 y 轴上的分量分别为

$$\mathrm{d}F_x = k\frac{mMx}{l(a^2+x^2)^{\frac{3}{2}}}\mathrm{d}x$$

$$\mathrm{d}F_y = -k\frac{mMa}{l(a^2+x^2)^{\frac{3}{2}}}\mathrm{d}x$$

因此细直棒对质点 A 的引力在 x 轴和 y 轴上的分量分别为

$$F_x = \int_0^l k\frac{mMx}{l(a^2+x^2)^{\frac{3}{2}}}\mathrm{d}x = \frac{kmM}{l}\left(\frac{1}{a} - \frac{1}{\sqrt{a^2+l^2}}\right)$$

$$F_y = \int_0^l -k \frac{mMa}{l(a^2+x^2)^{\frac{3}{2}}} dx$$
$$= -k\frac{mM}{al} \frac{x}{\sqrt{a^2+x^2}} \Big|_0^l$$
$$= -\frac{kmM}{a\sqrt{a^2+l^2}}$$

从而所求引力为 $F = \sqrt{F_x^2 + F_y^2}$.

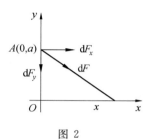

图 2

四、 求曲线 $x^2 - z = 0, 3x + 2y + 1 = 0$ 上点 $(1,-2,+1)$ 处的法平面与直线 $9x - 7y - 21z = 0, x - y - z = 0$ 间的夹角.

解 将曲线 $x^2 - z = 0, 3x + 2y + 1 = 0$ 写成参数式
$$\begin{cases} x = x \\ y = -\dfrac{3x+1}{2} \\ z = x^2 \end{cases}$$

则它在点 $(1,2,-1)$ 处的法平面方程为
$$\pi : x - 1 - \frac{3}{2}(y+2) + 2(z-1) = 0$$

再将直线 $9x - 7y - 21z = 0, x - y - z = 0$ 写成标准式
$$l : \frac{x}{\frac{1}{6}} = \frac{y}{\frac{1}{7}} = \frac{z}{\frac{1}{42}}$$

因为
$$\frac{1}{6} \cdot 1 + \frac{1}{7}\left(-\frac{3}{2}\right) + \frac{1}{42} \cdot 2 = 0$$

所以 l 和 π 平行. 又
$$0 - 1 - \frac{3}{2}(0+2) + 2(0-1) \neq 0$$

因此 l 不在 π 上.

五、 确定函数 $f(x,y) = e^{x^2-y}(5 - 2x + y)$ 的极值点.

解 可得
$$\frac{\partial f}{\partial x} = e^{x^2-y}(10x - 4x^2 + 2xy - 2)$$

$$\frac{\partial f}{\partial y} = e^{x^2-y}(2x-y-4)$$

$$\frac{\partial^2 f}{\partial x^2} = e^{x^2-y}(-8x^3+20x^2+4x^2y-12x+2y+10)$$

$$\frac{\partial^2 f}{\partial x \partial y} = e^{x^2-y}(4x^2-2xy-8x+2)$$

$$\frac{\partial^2 f}{\partial y^2} = e^{x^2-y}(y-2x+3)$$

令

$$\frac{\partial f}{\partial x}=0, \frac{\partial f}{\partial y}=0$$

解出 $x=1, y=-2$. 代入 $\frac{\partial^2 f}{\partial x^2}, \frac{\partial^2 f}{\partial x \partial y}, \frac{\partial^2 f}{\partial y^2}$, 得

$$A = \frac{\partial^2 f}{\partial x^2}\bigg|_{(1,-2)} = -2$$

$$B = \frac{\partial^2 f}{\partial x \partial y}\bigg|_{(1,-2)} = 2$$

$$C = \frac{\partial^2 f}{\partial y^2}\bigg|_{(1,-2)} = -1$$

由于

$$B^2 - AC = 2 > 0$$

因此 $f(x,y)$ 无极值点.

六、已知 $x(t)$ 为可微函数,$x(t) = \cos 2t + \int_0^t x(u) \sin u du$,求 $x(t)$.

解 关于 t 求导下式

$$x(t) = \cos 2t + \int_0^t x(u) \sin u du$$

得

$$x' - \sin t \cdot x = -2\sin 2t$$

这是一阶线性微分方程,解之,得

$$x(t) = e^{\int \sin t dt}\left(\int -2\sin 2t e^{-\int \sin t dt} dt + c\right)$$

$$= c e^{-\cos t} + 4\cos t - 4$$

七、求 $\sum_{n=1}^{\infty} \frac{2n+1}{n!} x^{2n}$ 的收敛区间,并求级数的和.

解 因为原级数的关于 x^2 的通项系数为

$$a_n = \frac{2n+1}{n!}$$

故

$$\lim_{n \to \infty}\left|\frac{a_n}{a_{n+1}}\right| = +\infty$$

所以原级数的收敛区间为 $(-\infty, +\infty)$.

令
$$f(x) = \sum_{n=1}^{\infty} \frac{2n+1}{n!} x^{2n}$$

因此对任何 $x \in (-\infty, +\infty)$，有
$$\int_0^x f(x) = \sum_{n=1}^{\infty} \frac{x^{2n+1}}{n!} = x \sum_{n=1}^{\infty} \frac{(x^2)^n}{n!}$$
$$= x(e^{x^2} - 1)$$

故
$$f(x) = [x(e^{x^2} - 1)]'$$
$$= 2x^2 e^{x^2} + e^{x^2} - 1$$

八、Σ 为曲面 $z = x^2 + y^2 (0 \leqslant z \leqslant 1)$，计算
$$I = \iint_\Sigma |xyz| \, ds$$

解 可得
$$I = \iint_\Sigma |xyz| \, ds = \iint_{x^2+y^2 \leqslant 1} |xy(x^2+y^2)| \sqrt{1+4(x^2+y^2)} \, dxdy$$
$$= \int_0^{2\pi} \int_0^1 |\cos\theta \sin\theta| r^4 \sqrt{1+4r^2} \, rdrd\theta$$
$$= 4 \int_0^{\frac{\pi}{2}} \cos\theta \sin\theta d\theta \int_0^1 r^5 \sqrt{1+4r^2} \, dr$$
$$= \frac{125\sqrt{5} - 1}{420}$$

九、若函数 $z = f(x, y)$ 的偏导数 $\frac{\partial z}{\partial x}, \frac{\partial z}{\partial y}$ 在点 $P(x_0, y_0)$ 连续，求证 $z = f(x, y)$ 在点 P 的全微分存在.

证 由中值定理
$$\Delta z = f(x_0 + \Delta x, y_0 + \Delta y) - f(x_0, y_0)$$
$$= f'_x(x_0 + \theta_1 \Delta x, y_0 + \Delta y) \Delta x +$$
$$f'_y(x_0, y_0 + \theta_2 \Delta y) \Delta y$$
$$= f'_x(x_0, y_0) \Delta x + f'_y(x_0, y_0) \Delta y + \alpha \Delta x + \beta \Delta y$$

这里
$$\alpha = f'_x(x_0 + \theta_1 \Delta x, y_0 + \Delta y) - f'_x(x_0, y_0)$$
$$\beta = f'_y(x_0, y_0 + \theta_2 \Delta y) - f'_y(x_0, y_0)$$

由偏导数连续的假设，当然 $\lim_{\rho \to 0} \alpha = 0, \lim_{\rho \to 0} \beta = 0$，而 $\rho = \sqrt{\Delta x^2 + \Delta y^2}$，且
$$\left| \frac{\alpha \Delta x + \beta \Delta y}{\rho} \right| \leqslant |\alpha| \frac{|\Delta x|}{\rho} + |\beta| \frac{|\Delta y|}{\rho} \leqslant |\alpha| + |\beta|$$

当 $\rho \to 0$ 时，上式右端趋于零. 因此
$$\Delta z = f'_x(x_0, y_0) \Delta x + f'_y(x_0, y_0) + o(\rho)$$

于是 $z = f(x, y)$ 在点 P 的全微分存在，且全微分为

$$\mathrm{d}z_0 = f'_x(x_0, y_0)\mathrm{d}x + f'_y(x_0, y_0)\mathrm{d}y$$

十、若 $a > 0$,$f(u)$ 为偶函数,问 $\int_{-a}^{a}\int_{-a}^{a} f(y-x)\mathrm{d}y\mathrm{d}x$ 等于 $\int_{0}^{2a} f(u)\left(1 - \dfrac{u}{2a}\right)\mathrm{d}u$ 吗? 为什么?

解 不等. 应有

$$\int_{-a}^{a}\int_{-a}^{a} f(y-x)\mathrm{d}y\mathrm{d}x = 4a\int_{0}^{2a} f(u)\left(1 - \dfrac{u}{2a}\right)\mathrm{d}u$$

事实上,对左端的积分作变量替换

$$y - x = u$$
$$y + x = v$$

则积分区域 $-a \leqslant x \leqslant a$, $-a \leqslant y \leqslant a$ 变为 $|u| + |v| \leqslant 2a$. 因此

$$\begin{aligned}
\int_{-a}^{a}\int_{-a}^{a} f(y-x)\mathrm{d}y\mathrm{d}x &= \int_{0}^{2a}\int_{u-2a}^{2a-u} f(u)\dfrac{1}{2}\mathrm{d}v\mathrm{d}u + \int_{-2a}^{0}\int_{-2a-u}^{u+2a} f(u)\dfrac{1}{2}\mathrm{d}v\mathrm{d}u \\
&= \int_{0}^{2a} f(u)(2a-u)\mathrm{d}u + \int_{-2a}^{0} f(u)(2a+u)\mathrm{d}u \\
&= \int_{0}^{2a} f(u)(2a-u)\mathrm{d}u - \int_{2a}^{0} f(u)(2a-u)\mathrm{d}u \\
&= 4a\int_{0}^{2a} f(u)\left(1 - \dfrac{u}{2a}\right)\mathrm{d}u
\end{aligned}$$

中南矿冶学院(1982)

高等数学

一、求下列各题的极限:

(1) $\lim\limits_{x\to\infty}\dfrac{x^4}{a^{\frac{x}{2}}}(a>1)$.

(2) $\lim\limits_{x\to 0}\left(\dfrac{3^x+5^x}{2}\right)^{\frac{1}{x}}$.

解 (1) 这是一个 $\dfrac{\infty}{\infty}$ 的不定式,连续应用洛必达法则,有

$$\lim_{x\to\infty}\frac{x^4}{a^{\frac{x}{2}}}=\lim_{x\to\infty}\frac{4x^3}{\frac{1}{2}(\ln a)a^{\frac{x}{2}}}=\lim_{x\to\infty}\frac{12x^2}{\left(\frac{1}{2}\ln a\right)^2 a^{\frac{x}{2}}}$$

$$=\lim_{x\to\infty}\frac{24x}{\left(\frac{1}{2}\ln a\right)^3 a^{\frac{x}{2}}}$$

$$=\lim_{x\to\infty}\frac{24}{\left(\frac{1}{2}\ln a\right)^4 a^{\frac{x}{2}}}$$

$$=0$$

(2) 这是一个 1^∞ 型的不定式,令

$$y=\left(\frac{3^x+5^x}{2}\right)^{\frac{1}{x}}$$

则

$$\ln y=\frac{1}{x}\ln\frac{3^x+5^x}{2}$$

由洛必达法则

$$\lim_{x\to 0}\ln y=\lim_{x\to 0}\frac{\ln(3^x+5^x)-\ln 2}{x}$$

$$=\lim_{x\to 0}\frac{1}{3^x+5^x}(3^x\ln 3+5^x\ln 5)$$

$$=\frac{1}{2}(\ln 3+\ln 5)$$

---

① 现为中南大学.

$$= \frac{1}{2}\ln 15$$

因此
$$\lim_{x \to 0} y = e^{\frac{1}{2}\ln 15} = \sqrt{15}$$

二、设 $f(x)$ 是 $[a,b]$ 上的连续函数，且
$$F(x) = \int_a^x f(t)\,dt$$

(1) 若 $a < c < b$，证明 $F(x)$ 在 c 处连续.

(2) 用导数的定义证明 $F(x)$ 在 (a,b) 内可导.

证 (1) 因为 $f(x)$ 在 $[a,b]$ 上连续，记 $M = \max\limits_{a \leqslant x \leqslant b} |f(x)|$，于是对任意的 $c(a < c < b)$ 有以下的估计式

$$|F(x) - F(c)| = \left|\int_a^x f(x)\,dx - \int_a^c f(x)\,dx\right|$$
$$= \left|\int_c^x f(x)\,dx\right|$$
$$\leqslant M|x - c|$$

所以
$$\lim_{x \to c}[F(x) - F(c)] = 0$$

即证得 $F(x)$ 在 c 处连续.

(2) 由积分中值公式，对任意 $x \in (a,b)$，有

$$\frac{F(x+h) - F(x)}{h} = \frac{1}{h}\left[\int_a^{x+h} f(x)\,dx - \int_a^x f(x)\,dx\right]$$
$$= \frac{1}{h}\int_x^{x+h} f(x)\,dx$$
$$= \frac{1}{h}f(\zeta)h$$
$$= f(\zeta)$$

其中 ζ 在 x 和 $x+h$ 之间，令 $h \to 0$，则 $\zeta \to x$，于是由 $f(x)$ 的连续性，有
$$\lim_{h \to 0}\frac{F(x+h) - F(x)}{h} = f(x)$$

即证得 $F(x)$ 可导.

三、求下列各题的积分：

(1) $\int_0^3 \arcsin\sqrt{\dfrac{x}{1+x}}\,dx$.

(2) $\int_0^1 x^2\,dx \int_x^1 e^{-y^2}\,dy$.

解 (1) 令 $\arcsin\sqrt{\dfrac{x}{1+x}} = u$，得

$$\frac{x}{1+x} = \sin^2 u$$

故
$$x = \frac{\sin^2 u}{1 - \sin^2 u} = \tan^2 u$$

$$\mathrm{d}x = 2\tan u \sec^2 u \mathrm{d}u = \frac{2\sin u}{\cos^3 u}\mathrm{d}u$$

又当 $x = 0$ 时,$u = 0$;当 $x = 3$ 时,$u = \arcsin\sqrt{\frac{3}{4}} = \frac{\pi}{3}$. 因此

$$\begin{aligned}
\int_0^3 \arcsin\sqrt{\frac{x}{1+x}}\mathrm{d}x &= \int_0^{\frac{\pi}{3}} 2u \frac{\sin u}{\cos^3 u}\mathrm{d}u \\
&= \int_0^{\frac{\pi}{3}} u \mathrm{d}\left(\frac{1}{\cos^2 u}\right) \\
&= \frac{u}{\cos^2 u}\Big|_0^{\frac{\pi}{3}} - \int_0^{\frac{\pi}{3}} \frac{1}{\cos^2 u}\mathrm{d}u \\
&= \frac{4\pi}{3} - \tan u\Big|_0^{\frac{\pi}{3}} \\
&= \frac{4\pi}{3} - \sqrt{3}
\end{aligned}$$

(2) 所给积分即是 $x^2 \mathrm{e}^{-y^2}$ 在如图 1 所示区域 D 上的二重积分,改变累次积分的顺序,得

$$\begin{aligned}
\int_0^1 x^2 \mathrm{d}x \int_x^1 \mathrm{e}^{-y^2}\mathrm{d}y &= \iint_D x^2 \mathrm{e}^{-y^2}\mathrm{d}x\mathrm{d}y \\
&= \int_0^1 \mathrm{e}^{-y^2}\mathrm{d}y \int_0^y x^2 \mathrm{d}x \\
&= \frac{1}{3}\int_0^1 y^3 \mathrm{e}^{-y^2}\mathrm{d}y \\
&= \frac{1}{6}\int_0^1 y^2 \mathrm{e}^{-y^2}\mathrm{d}y^2 \\
&= \frac{1}{6}\int_0^1 u \mathrm{e}^{-u}\mathrm{d}u \\
&= \frac{1}{6}\left[-u\mathrm{e}^{-u} - \mathrm{e}^{-u}\right]_0^1 \\
&= \frac{1}{6}(1 - 2\mathrm{e}^{-1})
\end{aligned}$$

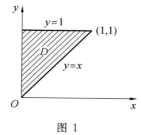

图 1

四、已知 $\int_0^1 f(ax)\mathrm{d}a = \frac{1}{2}f(x)+1$,求 $f(x)$.

解 设 $x \neq 0$,有
$$\int_0^1 f(ax)\mathrm{d}a = \frac{1}{x}\int_0^1 f(ax)\mathrm{d}(ax)$$
$$= \frac{1}{x}\int_0^x f(u)\mathrm{d}u$$
$$= \frac{1}{2}f(x)+1$$

即
$$\int_0^x f(u)\mathrm{d}u = \frac{1}{2}xf(x)+x$$

两边对 x 求导,得
$$f(x) = \frac{1}{2}f(x) + \frac{1}{2}xf'(x) + 1$$

即
$$f'(x) - \frac{1}{x}f(x) = -\frac{2}{x}$$

这是一个关于未知函数 $f(x)$ 的一阶线性微分方程,由求解公式,得
$$f(x) = e^{\int \frac{1}{x}\mathrm{d}x}\left(\int \left(-\frac{2}{x}\right)e^{\int \frac{1}{x}\mathrm{d}x} + c\right)$$
$$= x\left(-\int \frac{2}{x^2}\mathrm{d}x + c\right)$$
$$= x\left(\frac{2}{x}+c\right)$$
$$= (2+cx)$$

其中 c 为任意常数. 这个解是在 $x \neq 0$ 的条件下求得的,当 $x=0$ 时,由原方程,有
$$\int_0^1 f(0)\mathrm{d}x = f(0) = \frac{1}{2}f(0) + 1$$

故
$$f(0) = 2$$

而对任意的 c,所求得的函数 $f(x) = 2+cx$,显然有 $f(0)=2$. 因而,所求得的解对 $x=0$ 仍适用.

五、证明:当 $0 \leqslant x \leqslant \pi$ 时
$$e^{2x} = \frac{1}{2\pi}(e^{2\pi}-1) + \frac{4}{\pi}\sum_{n=1}^{\infty}\frac{1}{4+n^2}[(-1)^n e^{2\pi}-1]\cos nx$$

证 把 e^{2x} 在 $[0,\pi]$ 上作余弦展开,其系数为
$$a_0 = \frac{2}{\pi}\int_0^\pi e^{2x}\mathrm{d}x = \frac{1}{\pi}e^{2x}\Big|_0^\pi$$
$$= \frac{1}{\pi}(e^{2\pi}-1)$$

$$a_n = \frac{2}{\pi}\int_0^\pi e^{2x}\cos nx\, dx$$
$$= \frac{2}{\pi}e^{2x}\frac{n\sin nx + 2\cos nx}{4+n^2}\bigg|_0^\pi$$
$$= \frac{4}{\pi}\frac{1}{4+n^2}[e^{2\pi}(-1)^n - 1]$$

因此,e^{2x} 在 $[0,\pi]$ 上的余弦展开为

$$\frac{a_0}{2} + \sum_{n=1}^\infty a_n\cos nx = \frac{1}{2\pi}(e^{2\pi}-1) + \frac{4}{\pi}\sum_{n=1}^\infty \frac{1}{4+n^2}[(-1)^n e^{2\pi}-1]\cos nx \qquad ①$$

这个级数即 e^{2x} 在 $[-\pi,\pi]$ 的偶开拓

$$F(x) = \begin{cases} e^{2x}, & 0\leqslant x\leqslant \pi \\ e^{-2x}, & -\pi\leqslant x<0 \end{cases}$$

在 $[-\pi,\pi]$ 上的傅里叶级数. 由收敛定理,级数 ① 在 $(-\pi,\pi)$ 内收敛于 $F(x)$,在端点 $x = \pm\pi$,级数 ① 收敛于

$$\frac{F(-\pi+0)+F(\pi-0)}{2} = e^{2\pi}$$

因此

$$e^{2x} = \frac{1}{2\pi}(e^{2\pi}-1) + \frac{4}{\pi}\sum_{n=1}^\infty \frac{1}{4+n^2}[(-1)^n e^{2\pi}-1]\cos nx$$
$$(0\leqslant x\leqslant \pi)$$

六、已知 $S(0)=1$,求级数

$$1 + \frac{x^2}{2} + \frac{x^4}{2\cdot 4} + \frac{x^6}{2\cdot 4\cdot 6} + \frac{x^8}{2\cdot 4\cdot 6\cdot 8} + \cdots$$

的和函数.

解 所给级数的和函数为

$$\sum_{n=0}^\infty \frac{x^{2n}}{(2n)!!} = \sum_{n=0}^\infty \frac{x^{2n}}{2^n\cdot n!} = \sum_{n=0}^\infty \frac{\left(\frac{x^2}{2}\right)^n}{n!}$$
$$= e^{\frac{x^2}{2}} \quad (-\infty < x < +\infty)$$

七、设 $\overset{\frown}{AB}$ 为联结点 $A(1,2)$ 和 $B(2,3)$ 的某曲线,又设 $\overset{\frown}{AB}$ 与直线段 $\overline{AB}$ 所包围的面积等于 K,试计算曲线积分

$$\int_{\overset{\frown}{AB}} \frac{y}{x^2}dx + \left(x - \frac{1}{x}\right)dy$$

解 如果不考虑 $\overset{\frown}{AB}$ 与 $\overline{AB}$ 除端点 A,B 外,还有其他交点的情形,本题可分两种情况:

(1) 设 $\overset{\frown}{AB}$ 与 $\overline{AB}$ 所围区域为 D(如图 2,$\overset{\frown}{AB}$ 为图中实曲线),由格林公式,有

$$\oint_{\widehat{AB}+\overline{AB}} \frac{y}{x^2}dx + \left(x - \frac{1}{x}\right)dy = \iint_D \left[\frac{\partial}{\partial x}\left(x - \frac{1}{x}\right) - \frac{\partial}{\partial y}\left(\frac{y}{x^2}\right)\right]dxdy$$

$$= \iint_D \left(1 + \frac{1}{x^2} - \frac{1}{x^2}\right)dxdy$$

$$= \iint_D dxdy$$

$$= K$$

$$\int_{\widehat{AB}} \frac{y}{x^2}dx + \left(x - \frac{1}{x}\right)dy = \int_{\overline{AB}} \frac{y}{x^2}dx + \left(x - \frac{1}{x}\right)dy - K$$

因直线段 $\overline{AB}$ 的方程为

$$y = x + 1 \quad (1 \leqslant x \leqslant 2)$$

故

$$\int_{\overline{AB}} \frac{y}{x^2}dx + \left(x - \frac{1}{x}\right)dy = \int_1^2 \left(\frac{x+1}{x^2} + x - \frac{1}{x}\right)dx$$

$$= \int_1^2 \left(x + \frac{1}{x^2}\right)dx$$

$$= \frac{x^2}{2}\bigg|_1^2 - \frac{1}{x}\bigg|_1^2$$

$$= 2 - \frac{1}{2} - \left(\frac{1}{2} - 1\right)$$

$$= 2$$

因此

$$\int_{\widehat{AB}} \frac{y}{x^2}dx + \left(x - \frac{1}{x}\right)dy = 2 - K$$

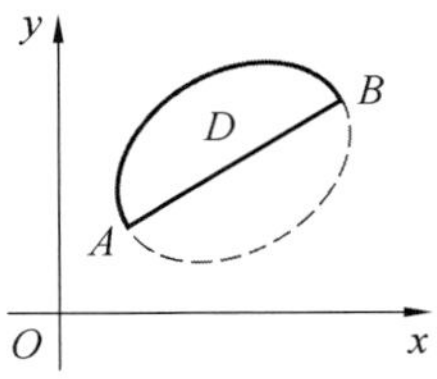

图 2

(2) 若 $\widehat{AB}$ 为图 2 中的虚线所表示的曲线，由格林公式，有

$$\oint_{\widehat{AB}+\overline{AB}} \frac{y}{x^2}dx + \left(x - \frac{1}{x}\right)dy = K$$

因此

$$\int_{\widehat{AB}} \frac{y}{x^2}dx + \left(x - \frac{1}{x}\right)dy$$

$$= K - \int_{\underline{AB}} \frac{y}{x^2} dx + \left(x - \frac{1}{x}\right) dy$$
$$= K - 2$$

八、 把二次型
$$Q = x_1^2 + 4x_1x_2 + 6x_1x_3 + x_2^2 + 6x_2x_3 + 6x_3^2$$

(1) 写成 $x^{\mathrm{T}}Ax$ 形式；(2) 化成标准型，求 A 的特征值（x^{T} 表示 x 的转置）.

解 (1) 二次型 Q 的矩阵为
$$A = \begin{pmatrix} 1 & 2 & 3 \\ 2 & 1 & 3 \\ 3 & 3 & 6 \end{pmatrix}$$

记
$$x = \begin{pmatrix} x_1 \\ x_2 \\ x_3 \end{pmatrix}$$

则
$$x^{\mathrm{T}} = (x_1, x_2, x_3)$$

于是
$$Q = x^{\mathrm{T}} A x$$

(2) 用配方法，得
$$Q = x_1^2 + 4x_1x_2 + 6x_1x_3 + x_2^2 + 6x_2x_3 + 6x_3^2$$
$$= (x_1 + 2x_2 + 3x_3)^2 - 3x_2^2 - 6x_2x_3 - 3x_3^2$$
$$= (x_1 + 2x_2 + 3x_3)^2 - 3(x_2 + x_3)^2$$

因此，令
$$y_1 = x_1 + 2x_2 + 3x_3$$
$$y_2 = x_2 + x_3$$
$$y_3 = ax_1 + bx_2 + cx_2$$

其中，a, b, c 为常数. 为使上面线性变换是非退化的，要求 a, b, c 使矩阵
$$C = \begin{pmatrix} 1 & 2 & 3 \\ 0 & 1 & 1 \\ a & b & c \end{pmatrix}$$

的行列式不为零（例如，取 $a=1, b=0, c=0$，有 $\det C = -1$）. 这就是说，非退化线性变换
$$Y = Cx$$

把二次型 Q 化成标准型
$$Q = y_1^2 - 3y_2^2$$

矩阵 A 的特征多项式为
$$\det(\lambda E - A) = \begin{vmatrix} \lambda-1 & -2 & -3 \\ -2 & \lambda-1 & -3 \\ -3 & -3 & \lambda-6 \end{vmatrix}$$

$$= \begin{vmatrix} \lambda-1 & -2 & -3 \\ -\lambda-1 & \lambda+1 & 0 \\ -3 & -3 & \lambda-6 \end{vmatrix}$$

$$= (\lambda+1) \begin{vmatrix} \lambda-1 & -2 & -3 \\ -1 & 1 & 0 \\ -3 & -3 & \lambda-6 \end{vmatrix}$$

$$= (\lambda+1)[(\lambda-1)(\lambda-6)-9-9-2(\lambda-6)]$$

$$= (\lambda+1)(\lambda^2-9\lambda)$$

$$= \lambda(\lambda+1)(\lambda-9)$$

因此,矩阵 A 的特征值是

$$\lambda_1 = -1, \lambda_2 = 0, \lambda_3 = 9$$

九、(甲) 已知 $u = \sqrt{x^2+y^2}$ 有连续的二阶偏导数,且满足

$$\frac{\partial^2 u}{\partial x^2} + \frac{\partial^2 u}{\partial y^2} = \ln\sqrt{x^2+y^2}$$

求 u.

解 令 $r = \sqrt{x^2+y^2}$,则 $r^2 = x^2+y^2$. 两边对 x 求导,得

$$2r\frac{\partial r}{\partial x} = 2x$$

故

$$\frac{\partial r}{\partial x} = \frac{x}{r}$$

又由复合函数求导法及 $u = u(r)$,有

$$\frac{\partial u}{\partial x} = \frac{\mathrm{d}u}{\mathrm{d}r}\frac{\partial r}{\partial x} = \frac{\mathrm{d}u}{\mathrm{d}r}\cdot\frac{x}{r}$$

$$\frac{\partial^2 u}{\partial x^2} = \frac{\mathrm{d}^2 u}{\mathrm{d}r^2}\frac{x^2}{r^2} + \frac{\mathrm{d}u}{\mathrm{d}r}\left(\frac{1}{r} - \frac{x}{r^2}\cdot\frac{x}{r}\right)$$

$$= \frac{x^2}{r^2}\frac{\mathrm{d}^2 u}{\mathrm{d}r^2} + \frac{1}{r}\frac{\mathrm{d}u}{\mathrm{d}r} - \frac{x^2}{r^3}\frac{\mathrm{d}u}{\mathrm{d}r}$$

同理

$$\frac{\partial^2 u}{\partial y^2} = \frac{y^2}{r^2}\frac{\mathrm{d}^2 u}{\mathrm{d}r^2} + \frac{1}{r}\frac{\mathrm{d}u}{\mathrm{d}r} - \frac{y^2}{r^3}\frac{\mathrm{d}u}{\mathrm{d}r}$$

有

$$\frac{\partial^2 u}{\partial x^2} + \frac{\partial^2 u}{\partial y^2} = \frac{x^2+y^2}{r^2}\frac{\mathrm{d}^2 u}{\mathrm{d}r^2} + \frac{2}{r}\frac{\mathrm{d}u}{\mathrm{d}r} - \frac{x^2+y^2}{r^3}\frac{\mathrm{d}u}{\mathrm{d}r}$$

$$= \frac{\partial^2 u}{\partial r^2} + \frac{1}{r}\frac{\mathrm{d}u}{\mathrm{d}r}$$

$$= \frac{1}{r}\frac{\mathrm{d}}{\mathrm{d}r}\left(r\frac{\mathrm{d}u}{\mathrm{d}r}\right)$$

因而,方程变为

$$\frac{1}{r}\frac{\mathrm{d}}{\mathrm{d}r}\left(r\frac{\mathrm{d}u}{\mathrm{d}r}\right)=\ln r$$

有

$$\mathrm{d}\left(r\frac{\mathrm{d}u}{\mathrm{d}r}\right)=r\ln r\mathrm{d}r$$

两边积分,得

$$\begin{aligned} r\frac{\mathrm{d}u}{\mathrm{d}r}&=\int r\ln r\mathrm{d}r=\frac{1}{2}\int \ln r\mathrm{d}r^2\\ &=\frac{1}{2}r^2\ln r-\frac{1}{2}\int r\mathrm{d}r\\ &=\frac{1}{2}r^2\ln r-\frac{1}{4}r^2+c_1 \end{aligned}$$

(c_1 为任意常数)

有

$$\frac{\mathrm{d}u}{\mathrm{d}r}=\frac{1}{2}r\ln r-\frac{1}{4}r+\frac{c_1}{r}$$

再两边积分,得

$$\begin{aligned} u&=\frac{1}{2}\int r\ln r\mathrm{d}r-\frac{1}{4}\int r\mathrm{d}r+c_1\int\frac{\mathrm{d}r}{r}\\ &=\frac{1}{2}\left(\frac{1}{2}r^2\ln r-\frac{1}{4}r^2\right)-\frac{1}{8}r^2+c_1\ln r+c_2\\ &=\frac{1}{4}r^2\ln r-\frac{1}{4}r^2+c_1\ln r+c_2 \end{aligned}$$

其中 c_2 是任意常数.

注:(1) 对于熟悉二维拉普拉斯(Laplace)算子在极坐标形式下的读者,从

$$\Delta_x u=\frac{1}{r}\frac{\partial}{\partial r}\left(r\frac{\partial u}{\partial r}\right)+\frac{1}{\rho^2}\frac{\partial^2 u}{\partial \theta^2}$$

及 $u=u(r)$,因而 $\frac{\partial^2 u}{\partial \theta^2}=0$,立即得

$$\frac{1}{r}\frac{\mathrm{d}}{\mathrm{d}r}\left(r\frac{\mathrm{d}u}{\mathrm{d}r}\right)=\ln r$$

(2) 上述方程,即

$$\frac{\mathrm{d}^2 u}{\mathrm{d}r^2}+\frac{1}{r}\frac{\mathrm{d}u}{\mathrm{d}r}=\ln r$$

亦即

$$r^2\frac{\mathrm{d}^2 u}{\mathrm{d}r^2}+r\frac{\mathrm{d}u}{\mathrm{d}r}=r^2\ln r$$

这是一个欧拉方程,令 $r=\mathrm{e}^t$,得

$$\frac{\mathrm{d}^2 u}{\mathrm{d}t^2}+(1-1)\frac{\mathrm{d}u}{\mathrm{d}t}=t\mathrm{e}^{2t}$$

即

$$\frac{d^2 u}{dt^2} = te^t$$

两边积分,得
$$\frac{du}{dt} = \int te^{2t} dt = \frac{1}{2} te^{2t} - \frac{1}{4} e^{2t} + c_1$$

再积分,得
$$u = \frac{1}{2} \int te^{2t} dt - \frac{1}{4} \int e^{2t} dt + c_1 t$$
$$= \frac{1}{4} te^{2t} - \frac{1}{4} e^{2t} + c_1 t + c_2$$

由 $t = \ln r$,得
$$u = \frac{1}{4} r^2 \ln r - \frac{1}{4} r^2 + c_1 \ln r + c_2$$

九、(乙) 已知 $u = u(\sqrt{x^2 + y^2})$ 有连续的二阶偏导数,且满足
$$\frac{\partial^2 u}{\partial x^2} + \frac{\partial^2 u}{\partial y^2} - \frac{1}{x} \frac{\partial u}{\partial x} + u = x^2 + y^2$$

求 u.

解 令 $r = \sqrt{x^2 + y^2}$,按第九题(甲)的计算,有
$$\frac{\partial u}{\partial x} = \frac{x}{r} \frac{\partial u}{\partial x}$$
$$\frac{\partial^2 u}{\partial x^2} + \frac{\partial^2 u}{\partial y^2} = \frac{d^2 u}{dr^2} + \frac{1}{r} \frac{du}{dr}$$

代入原方程,得
$$\frac{d^2 u}{dr^2} + u = r^2 \qquad \qquad ①$$

这是一个二阶常系数非齐次线性方程.特征方程为 $k^2 + 1 = 0$,故特征值为 $k = \pm i$,因而相应齐次方程的通解为
$$\bar{u} = c_1 \cos r + c_2 \sin r$$

c_1, c_2 为任意常数.因方程右端 $r^2 = r^2 e^{0r}$,0 不是特征值,故可设非齐次方程 ① 有如下特解
$$u_1 = Ar^2 + Br + c$$

代入方程 ①,得
$$2A + Ar^2 + Br + c = Ar^2 + Br + (2A + c) = r^2$$

比较系数,得
$$A = 1, B = 0, c = -2$$

故 $u_1 = r^2 - 2$,因而方程 ① 的通解为
$$u = \bar{u} + u_1 = c_1 \cos r + c_2 \sin r + r^2 - 2$$

十、(甲) 设随机变量 X 的密度为
$$p(x) = \frac{x^n}{n!} e^{-x} \quad (x \geq 0)$$

试证

$$P\{0 < X < 2(n+1)\} \geqslant \frac{n}{n+1}$$

证 先计算 X 的均值及方差

$$\begin{aligned} MX &= \int_0^{+\infty} xp(x)\mathrm{d}x \\ &= \int_0^{+\infty} \frac{x^{n+1}}{n!}\mathrm{e}^{-x}\mathrm{d}x \\ &= \frac{1}{n!}\int_0^{+\infty} x^{(n+2)-1}\mathrm{e}^{-x}\mathrm{d}x \\ &= \frac{\Gamma(n+2)}{n!} \\ &= \frac{(n+1)!}{n!} \\ &= n+1 \end{aligned}$$

$$\begin{aligned} DX &= MX^2 - (MX)^2 \\ &= \int_0^{+\infty} x^2 \frac{x^n}{n!}\mathrm{e}^{-x}\mathrm{d}x - (n+1)^2 \\ &= \frac{\Gamma(n+3)}{n!} - (n+1)^2 \\ &= (n+2)(n+1) - (n+1)^2 \\ &= n+1 \end{aligned}$$

再由切比雪夫(Chebyshev)不等式

$$P\{|X-MX| > \varepsilon\} \leqslant \frac{DX}{\varepsilon^2}$$

取 $\varepsilon = n+1$,并注意到 X 只取正值

$$P\{|X-(n+1)| > n+1\} = P\{X > 2(n+1)\} \leqslant \frac{n+1}{(n+1)^2} = \frac{1}{n+1}$$

因此

$$\begin{aligned} P\{0 < x < 2(n+1)\} &= P\{0 < X \leqslant 2(n+1)\} \\ &= 1 - P\{X > 2(n+1)\} \\ &\geqslant 1 - \frac{1}{n+1} \\ &= \frac{n}{n+1} \end{aligned}$$

十、(乙) 设随机变量 X 的密度为

$$p(x) = A\mathrm{e}^{-2k|x|}$$

其中 k 为已知常数.(1)确定系数 A.(2)求 X 落在区间 $(0,1)$ 内的概率.(3)求它的均值(数学期望)和方差.

解 (1)由

$$1 = \int_{-\infty}^{+\infty} A\mathrm{e}^{-2k|x|}\mathrm{d}x$$

$$= 2A \int_0^{+\infty} \mathrm{e}^{-kx} \mathrm{d}x$$

$$= 2A \left(-\frac{1}{k}\mathrm{e}^{-kx}\right) \Big|_0^{+\infty}$$

$$= \frac{2A}{k}$$

即得,$A = \frac{k}{2}$.

(2) 可得

$$P\{0 < X < 1\} = \int_0^1 p(x)\mathrm{d}x = \frac{k}{2}\int_0^1 \mathrm{e}^{-kx}\mathrm{d}x$$

$$= \frac{k}{2}\left(-\frac{1}{k}\mathrm{e}^{-kx}\right)\Big|_0^1$$

$$= \frac{1}{2}(1 - \mathrm{e}^{-k})$$

(3) X 的均值及方差分别是

$$MX = \int_{-\infty}^{+\infty} xp(x)\mathrm{d}x$$

$$= \frac{k}{2}\int_{-\infty}^{+\infty} x\mathrm{e}^{-k|x|}\mathrm{d}x$$

$$= 0$$

$$DX = MX^2 - (MX)^2$$

$$= \int_{-\infty}^{+\infty} x^2 p(x)\mathrm{d}x$$

$$= \frac{k}{2}\int_{-\infty}^{+\infty} x^2 \mathrm{e}^{-k|x|}\mathrm{d}x$$

$$= k\int_0^{+\infty} x^2 \mathrm{e}^{-kx}\mathrm{d}x$$

$$= \int_0^{+\infty} x^2 \mathrm{d}(-\mathrm{e}^{-kx})$$

$$= -x^2 \mathrm{e}^{-kx}\Big|_0^{+\infty} + \int_0^{+\infty} 2x\mathrm{e}^{-kx}\mathrm{d}x$$

$$= 2\int_0^{+\infty} x\mathrm{e}^{-kx}\mathrm{d}x$$

$$= \frac{2}{k}\int_0^{+\infty} x\mathrm{d}(-\mathrm{e}^{-kx})$$

$$= -\frac{2}{k}x\mathrm{e}^{-kx}\Big|_0^{+\infty} + \frac{2}{k}\int_0^{+\infty} \mathrm{e}^{-kx}\mathrm{d}x$$

$$= -\frac{2}{k^2}\mathrm{e}^{-kx}\Big|_0^{+\infty}$$

$$= \frac{2}{k^2}$$

成都地质学院(1982)

高等数学

一、若

$$f(x)=\begin{cases} e^{\frac{1}{x}}+1, & x<0 \\ 1, & x=0 \\ 1+x\sin\dfrac{1}{x}, & x>0 \end{cases}$$

(1) 求 $\lim\limits_{x\to 0} f(x)$.

(2) $f(x)$ 在 $x=0$ 处是否连续，为什么？

解 (1) 可得

$$\lim_{x\to 0^+} f(x) = \lim_{x\to 0^+}\left(1+x\sin\frac{1}{x}\right)$$
$$= 1 + \lim_{x\to 0^+} x\sin\frac{1}{x}$$
$$= 1$$

$$\lim_{x\to 0^-} f(x) = \lim_{x\to 0^-}(e^{\frac{1}{x}}+1)$$
$$= \lim_{x\to 0^-} e^{\frac{1}{x}} + 1$$
$$= 1$$

故有

$$\lim_{x\to 0} f(x) = 1$$

(2) 因为 $f(0)=1$，有

$$\lim_{x\to 0} f(x) = 1 = f(0)$$

所以 $f(x)$ 在 $x=0$ 处连续.

二、设 $f(x) = e^{ax^2} + \int_0^x e^{a(x^2-t^2)} f(t)\,dt$ 可导且 $f(x)>0$，试求：

(1) $f(x)$ 与 $f'(x)$ 的关系式.

(2) $f(x)$.

解 (1) 可得

---

① 现为成都理工大学.

$$f'(x) = \frac{\mathrm{d}}{\mathrm{d}x}\left[\mathrm{e}^{ax^2} + \int_0^x \mathrm{e}^{a(x^2-t^2)} f(t)\,\mathrm{d}t\right]$$
$$= 2ax\mathrm{e}^{ax^2} + \mathrm{e}^{a(x^2-x^2)} f(x) + \int_0^x 2ax\mathrm{e}^{a(x^2-t^2)} f(t)\,\mathrm{d}t$$
$$= 2ax\mathrm{e}^{ax^2} + f(x) + 2ax[f(x) - \mathrm{e}^{ax^2}]$$
$$= (2ax+1)f(x)$$

上式即为 $f(x)$ 与 $f'(x)$ 的关系式.

(2) 解上面的微分方程,得
$$\ln f(x) = \int(2ax+1)\,\mathrm{d}x = ax^2 + x + c$$

故
$$f(x) = c\mathrm{e}^{ax^2+x}$$

三、(1) 试确定 $z = \arcsin\dfrac{y}{x}$ 的定义域.

(2) 求 $\lim\limits_{\substack{x\to\infty \\ y\to\infty}} \dfrac{x+y}{x^2-xy+y^2}$.

解 (1) 按反正弦函数的定义域,有
$$\left|\frac{y}{x}\right| \leqslant 1$$

即
$$|y| \leqslant |x|$$

且
$$x \neq 0$$

因此定义域为 xOy 面上的界于直线 $x-y=0$ 和 $x+y=0$ 之间的包含 x 轴的那部分,且包括 $x-y=0$ 与 $x+y=0$ 两条直线,但不包括原点 $(0,0)$.

(2) 由不等式 $x^2 + y^2 \geqslant 2|xy|$,得
$$\left|\frac{x+y}{x^2-xy+y^2}\right| \leqslant \frac{|x+y|}{x^2+y^2-|xy|}$$
$$\leqslant \frac{|x+y|}{|xy|}$$
$$\leqslant \frac{1}{|x|} + \frac{1}{|y|}$$

因为
$$\lim_{\substack{x\to\infty \\ y\to\infty}}\left(\frac{1}{|x|} + \frac{1}{|y|}\right) = 0$$

所以
$$\lim_{\substack{x\to\infty \\ y\to\infty}} \frac{x+y}{x^2-xy+y^2} = 0$$

四、已知 $F(x)$ 在 $[a,b]$ 上连续,且 $F(a)=F(b)=0$,$F'(a)>0$,$F'(b)>0$,求证在 (a,b) 内至少存在一点 ζ,使 $F(\zeta)=0$.

证 (反证法) 设在 (a,b) 内 $F(x) \neq 0$, 此时由连续函数性质知, 在 (a,b) 内 $F(x)$ 均大于零或均小于零.

当 $F(x) < 0, x \in (a,b)$ 时, 则对于 $x > a$, 有
$$\frac{F(x) - F(a)}{x - a} = \frac{F(x)}{x - a} < 0$$

于是
$$\lim_{x \to a+0} \frac{F(x) - F(a)}{x - a} = F'(a) \leqslant 0$$

这与 $F'(a) > 0$ 相矛盾.

当 $F(x) > 0, x \in (a,b)$ 时, 则对于 $x < b$ 有
$$\frac{F(x) - F(b)}{x - b} = \frac{F(x)}{x - b} < 0$$

于是
$$\lim_{x \to b-0} \frac{F(x) - F(b)}{x - b} = F'(b) \leqslant 0$$

这与 $F'(b) > 0$ 相矛盾.

因此, 在 (a,b) 内至少存在一点 ζ, 使
$$F(\zeta) = 0$$

五、 试把函数 $\dfrac{\mathrm{d}}{\mathrm{d}x}\left(\dfrac{\mathrm{e}^x - 1}{x}\right)$ 展为 x 的幂级数, 并由此推证
$$\sum_{n=1}^{\infty} \frac{n}{(n+1)!} = 1$$

解 可得
$$\frac{\mathrm{d}}{\mathrm{d}x}\left(\frac{\mathrm{e}^x - 1}{x}\right) = \frac{\mathrm{d}}{\mathrm{d}x}\left[\frac{1}{x}\left(x + \frac{x^2}{2!} + \cdots + \frac{x^n}{n!} + \cdots\right)\right]$$
$$= \frac{\mathrm{d}}{\mathrm{d}x}\left(1 + \frac{x}{2!} + \frac{x^2}{3!} + \cdots + \frac{x^{n-1}}{n!} + \cdots\right)$$
$$= \frac{1}{2!} + \frac{2}{3!}x + \frac{3}{4!}x^2 + \cdots + \frac{n-1}{n!}x^{n-2} + \cdots \quad (x \neq 0)$$

由上面展开式知
$$\sum_{n=1}^{\infty} \frac{n}{(n+1)!} = \left[\frac{\mathrm{d}}{\mathrm{d}x}\left(\frac{\mathrm{e}^x - 1}{x}\right)\right]_{x=1}$$
$$= \left[-\frac{1}{x^2}(\mathrm{e}^x - 1) + \frac{1}{x}\mathrm{e}^x\right]_{x=1}$$
$$= 1$$

六、(1) 计算 $\displaystyle\int \frac{1}{x - \sqrt{x^2 - 1}} \mathrm{d}x$.

(2) 计算 $\displaystyle\int_0^1 \mathrm{d}x \int_{\arcsin x}^{\pi - \arcsin x} y \, \mathrm{d}y$.

解 (1) 可得

$$原式 = \int \frac{x + \sqrt{x^2-1}}{x^2 - (\sqrt{x^2-1})^2} dx$$

$$= \int (x + \sqrt{x^2-1}) dx$$

$$= \int x dx + \int \sqrt{x^2-1} dx$$

$$= \frac{x^2}{2} + \int \sqrt{x^2-1} dx$$

令 $x = \sec u$,则

$$dx = \sec u \tan u \, du$$

于是

$$\int \sqrt{x^2-1} \, dx = \int \tan^2 u \sec u \, du$$

$$= \int (\sec^2 u - 1) \sec u \, du$$

$$= \int \sec^3 u \, du - \int \sec u \, du$$

而由分部积分可得

$$\int \sec^3 u \, du = \sec u \tan u - \int \sec u (\sec^2 u - 1) du$$

$$= \sec u \tan u - \int \sec^3 u \, du + \int \sec u \, du$$

即

$$\int \sec^3 u \, du = \frac{1}{2} \sec u \tan u + \frac{1}{2} \int \sec u \, du$$

代入上面结果中,得

$$\int \sqrt{x^2-1} \, dx = \frac{1}{2} \sec u \tan u - \frac{1}{2} \int \sec u \, du$$

$$= \frac{1}{2} \sec u \tan u + \frac{1}{2} \ln(\sec u + \tan u) + c$$

代回原变量

$$\int \sqrt{x^2-1} \, dx = \frac{1}{2} x \sqrt{x^2-1} + \frac{1}{2} \ln(x + \sqrt{x^2-1}) + c$$

于是

$$\int \frac{dx}{x - \sqrt{x^2-1}} = \frac{1}{2} \left[x^2 + x\sqrt{x^2-1} + \ln(x + \sqrt{x^2-1}) \right] + c$$

(2) 由

$$原式 = \int_0^1 \frac{1}{2} \left[(\pi - \arcsin x)^2 - (\arcsin x)^2 \right] dx$$

$$= \frac{1}{2} \int_0^1 (\pi^2 - 2\pi \arcsin x) dx$$

$$= \frac{1}{2} \pi^2 - \pi \int_0^1 \arcsin x \, dx$$

而
$$\int_0^1 \arcsin x\,dx = x\arcsin x\Big|_0^1 - \int_0^1 \frac{x}{\sqrt{1-x^2}}\,dx$$
$$= \frac{\pi}{2} + \sqrt{1-x^2}\Big|_0^1$$
$$= \frac{\pi}{2} - 1$$

故
$$\int_0^1 dx \int_{\arcsin x}^{\pi - \arcsin x} y\,dy = \frac{\pi^2}{2} - \pi\left(\frac{\pi}{2} - 1\right)$$
$$= \pi$$

七、 已知 $z = z(x, y)$ 满足方程
$$x\frac{\partial z}{\partial x} + y\frac{\partial z}{\partial y} = z + \sqrt{x^2 + y^2 + z^2}$$

设 $\zeta = \frac{y}{x}$，$\eta = z + \sqrt{x^2 + y^2 + z^2}$，试证明 $z = z(\zeta, \eta)$ 满足方程 $2\frac{\partial z}{\partial \eta} = 1$.

证 由
$$\frac{\partial z}{\partial x} = \frac{\partial z}{\partial \zeta}\frac{\partial \zeta}{\partial x} + \frac{\partial z}{\partial \eta}\frac{\partial \eta}{\partial x}$$
$$= \frac{\partial z}{\partial \zeta}\left(-\frac{y}{x^2}\right) + \frac{\partial z}{\partial \eta}\left(\frac{\partial z}{\partial x} + \frac{x}{\sqrt{x^2+y^2+z^2}} + \frac{z}{\sqrt{x^2+y^2+z^2}}\frac{\partial z}{\partial x}\right)$$
$$\frac{\partial z}{\partial y} = \frac{\partial z}{\partial \zeta}\frac{\partial \zeta}{\partial y} + \frac{\partial z}{\partial \eta}\frac{\partial \eta}{\partial y}$$
$$= \frac{\partial z}{\partial \zeta}\left(\frac{1}{x}\right) + \frac{\partial z}{\partial \eta}\left(\frac{\partial z}{\partial y} + \frac{y}{\sqrt{x^2+y^2+z^2}} + \frac{z}{\sqrt{x^2+y^2+z^2}}\frac{\partial z}{\partial y}\right)$$

将上述结果代入方程得
$$x\frac{\partial z}{\partial x} + y\frac{\partial z}{\partial y} = \frac{\partial z}{\partial \eta}\Bigg(x\frac{\partial z}{\partial x} + \frac{x^2}{\sqrt{x^2+y^2+z^2}} +$$
$$\frac{xz}{\sqrt{x^2+y^2+z^2}}\frac{\partial z}{\partial x} + y\frac{\partial z}{\partial y} + \frac{y^2}{\sqrt{x^2+y^2+z^2}} +$$
$$\frac{yz}{\sqrt{x^2+y^2+z^2}}\frac{\partial z}{\partial y}\Bigg)$$
$$= \frac{\partial z}{\partial \eta}\left(\eta + \frac{x^2+y^2}{\sqrt{x^2+y^2+z^2}} + \frac{z}{\sqrt{x^2+y^2+z^2}}\eta\right)$$
$$= z + \sqrt{x^2+y^2+z^2} = \eta$$

因为
$$\frac{x^2+y^2}{\sqrt{x^2+y^2+z^2}} + \frac{z\eta}{\sqrt{x^2+y^2+z^2}} = \frac{(\eta-z)^2 - z^2}{\eta - z} + \frac{z\eta}{\eta - z} = \frac{\eta^2 - z\eta}{\eta - z} = \eta$$

所以

$$\frac{\partial z}{\partial \eta}\left(\eta + \frac{x^2+y^2}{\sqrt{x^2+y^2+z^2}} + \frac{z}{\sqrt{x^2+y^2+z^2}}\eta\right) = \frac{\partial z}{\partial \eta}(\eta+\eta) = 2\eta\frac{\partial z}{\partial \eta} = \eta$$

即

$$2\frac{\partial z}{\partial \eta} = 1$$

八、设弹簧的上端固定，3个相同的重物（每个质量都是 m）挂在弹簧的下端，使弹簧伸长 $3a$，今突然取去其中一个重物，使弹簧由静止状态开始振动，求所挂重物的运动规律（不计阻力）.

解　略.

九、求 $(x^2+y^2)\mathrm{d}x + 2xy\mathrm{d}y$ 的原函数.

解　因为

$$\frac{\partial P}{\partial y} = \frac{\partial(x^2+y^2)}{\partial y} = 2y$$

$$\frac{\partial Q}{\partial x} = \frac{\partial(2xy)}{\partial x} = 2y$$

因此 $(x^2+y^2)\mathrm{d}x + 2xy\mathrm{d}y$ 为某函数 $u(x,y)$ 的全微分

$$u(x,y) = \int_0^x x^2 \mathrm{d}x + \int_0^y 2xy \mathrm{d}y$$

$$= \frac{x^3}{3} + xy^2$$

所以 $(x^2+y^2)\mathrm{d}x + 2xy\mathrm{d}y$ 的原函数为 $\frac{x^3}{3} + xy^2 + c$，其中 c 为任意常数.

兰州铁道学院(1982)

高等数学

一、求极限 $\lim\limits_{x\to 0}\left(\dfrac{\cos x}{\sin x}-\dfrac{1}{x}\right)$.

解 可得
$$\lim_{x\to 0}\left(\frac{\cos x}{\sin x}-\frac{1}{x}\right)=\lim_{x\to 0}\frac{x\cos x-\sin x}{x\sin x}$$
$$=\lim_{x\to 0}\frac{-x\sin x}{\sin x+x\cos x}$$
$$=\lim_{x\to 0}\frac{-(x\cos x+\sin x)}{\cos x+\cos x-x\sin x}$$
$$=0$$

二、(1) 已知 $y=\ln(x+\sqrt{x^2+1})+\arctan\dfrac{1+x}{1-x}$,求 y'.

(2) 验证 $z=x^n f\left(\dfrac{y}{x^2}\right)$ 满足方程
$$x\frac{\partial z}{\partial x}+2y\frac{\partial z}{\partial y}=nz$$

(3) 已知 $f(x)=\begin{cases}x^2\sin\dfrac{1}{x},x\neq 0\\ 0,x=0\end{cases}$.

试问:① $f(x)$ 在 $x=0$ 点是否连续?
② $f(x)$ 在 $x=0$ 点是否可导?
③ $f'(x)$ 在 $x=0$ 点是否连续?
④ $x=0$ 点是否为 $f(x)$ 的极值点?

解 (1) $y'=\dfrac{1}{\sqrt{x^2+1}}+\dfrac{1}{1+x^2}$.

(2) 可得
$$\frac{\partial z}{\partial x}=x^n\cdot f'\left(\frac{y}{x^2}\right)\cdot\frac{-2y}{x^3}+nx^{n-1}\cdot f\left(\frac{y}{x^2}\right)$$
$$\frac{\partial z}{\partial y}=x^n f'\left(\frac{y}{x}\right)\cdot\frac{1}{x}$$

---
① 现为兰州交通大学.

$$x\frac{\partial z}{\partial x}+2y\frac{\partial z}{\partial y}=nx^n f\left(\frac{y}{x^2}\right)=nz$$

(3)① $f(x)$ 在 $x=0$ 点连续. 这是因为
$$|f(x)|\leqslant|x|^2$$
所以
$$\lim_{x\to 0}f(x)=0=f(0)$$
② $f(x)$ 在 $x=0$ 点可导,且 $f'(0)=0$. 这是因为
$$f'(0)=\lim_{h\to 0}\frac{f(0+h)-f(0)}{h}$$
$$=\lim_{h\to 0}\frac{h^2\sin\frac{1}{h}}{h}=0$$

③ $f'(x)$ 在 $x=0$ 点不连续. 因为,当 $x\neq 0$ 时, $f'(x)=2x\sin\frac{1}{x}-\cos\frac{1}{x}$;当 $x\to 0$ 时, $f'(x)$ 极限不存在,当然 $f'(x)$ 在 $x=0$ 处不连续.

④ $x=0$ 不是 $f(x)$ 的极值点.
因为
$$f\left(\frac{1}{n\pi+\frac{\pi}{2}}\right)=\left(\frac{1}{n\pi+\frac{\pi}{2}}\right)^2\cdot\sin\left(n\pi+\frac{\pi}{2}\right)$$
$$=(-1)^n\cdot\left(\frac{2}{2(2n+1)\pi}\right)^2$$

所以,在 $x=0$ 的任意邻域内,总有点使在该点处的函数值大于或小于 $f(0)=0$.

三、(1) 对 $I=\int_0^1 y\,\mathrm{d}y\int_{2-y}^{1+\sqrt{1-y^2}}x\,\mathrm{d}x$ 改变其积分次序,并求其值.

(2) 计算 $\int_C \mathrm{e}^x(\cos y\,\mathrm{d}x-\sin y\,\mathrm{d}y)$,其中 C 为由 $(0,0)$ 到 (a,b) 的直线段.

解 (1) D 为由 $x=2-y$, $x=1+\sqrt{1-y^2}$, $y=0$, $y=1$ 围成的区域
$$I=\iint_D xy\,\mathrm{d}x\mathrm{d}y=\int_1^2 x\,\mathrm{d}x\int_{2-x}^{\sqrt{2x-x^2}}y\,\mathrm{d}y=\frac{5}{2}$$

(2) 可得
$$\int_C \mathrm{e}^x(\cos y\,\mathrm{d}x-\sin y\,\mathrm{d}y)=\int_C \mathrm{d}\mathrm{e}^x\cos y$$
$$=\mathrm{e}^x\cos y\Big|_{(0,0)}^{(a,b)}$$
$$=\mathrm{e}^a\cos b-1$$

四、(1) 判断级数 $\sum_{n=2}^{\infty}\frac{1}{\sqrt[n]{\ln n}}$ 的敛散性.

(2) 求 $\sum_{n=0}^{\infty}\frac{2n+1}{n!}x^{2n}$ 的收敛半径,并求和函数.

解 (1) 当 $n \geqslant 2$ 时,$\ln n < n$,于是
$$\frac{1}{\sqrt[n]{\ln n}} > \frac{1}{\sqrt[n]{n}} > 0$$
对于级数
$$\sum_{n=2}^{\infty} \frac{1}{\sqrt[n]{n}}$$
由于 $\lim\limits_{n \to \infty} \frac{1}{\sqrt[n]{n}} = 1 \neq 0$,故它是发散的. 因此,原级数也发散.

(2) 由于 $\lim\limits_{n \to \infty} \left| \frac{a_n}{a_{n+1}} \right| = \lim\limits_{n \to \infty} \frac{(n+1)(2n+1)}{2n+3} = +\infty$,故收敛半径为 ∞,收敛域为 $(-\infty, +\infty)$.

令
$$S(x) = \sum_{n=0}^{\infty} \frac{2n+1}{n!} x^{2n} \quad (x \in (-\infty, +\infty))$$
逐项积分,得
$$\int_0^x (Sx) \mathrm{d}x = \sum_{n=0}^{\infty} \int_0^x \frac{2n+1}{n!} x^{2n} \mathrm{d}x = \sum_{n=0}^{\infty} \frac{x^{2n+1}}{n!}$$
$$= x \sum_{n=0}^{\infty} \frac{(x^2)^n}{n!} = x\mathrm{e}^{x^2} \quad (x \in (-\infty, +\infty))$$
于是,当 $|x| < +\infty$ 时
$$S(x) = (x\mathrm{e}^{x^2})' = \mathrm{e}^{x^2}(1 + 2x^2)$$
注:本题亦可直接求级数和,事实上
$$S(x) = 1 + \sum_{n=1}^{\infty} \left[\frac{2}{(n-1)!} + \frac{1}{n!} \right] x^{2n}$$
$$= 1 + 2 \sum_{n=1}^{\infty} \frac{x^{2n}}{(n-1)!} + \sum_{n=1}^{\infty} \frac{x^{2n}}{n!}$$
$$= 1 + 2 \cdot x^2 \sum_{k=0}^{\infty} \frac{x^{2k}}{k!} + \sum_{n=0}^{\infty} \frac{x^{2n}}{n!} - 1$$
$$= 2x^2 \mathrm{e}^{x^2} + \mathrm{e}^{x^2}$$
$$= \mathrm{e}^{x^2}(1 + 2x^2)$$

五、 求微分方程 $y'' - 7y' + 6y = \sin x + \mathrm{e}^x$ 的通解.

解 对应的齐次方程
$$y'' - 7y' + 6y = 0$$
的特征根为 $r = 1, r = 7$,通解为
$$y = c_1 \mathrm{e}^x + c_2 \mathrm{e}^{7x}$$
非齐次方程的特解记为 y^*,而 y_1^*, y_2^* 分别代表非齐次方程
$$y'' - 7y' + 6y = \sin x$$
与
$$y'' - 7y' + 6y = \mathrm{e}^x$$

的特解. 由于特征根 $r=1$, 故 y_1^*, y_2^* 必具有如下的形式
$$y_1^* = a\cos x + b\sin x$$
$$y_2^* = Ax\mathrm{e}^x$$
其中, a, b, A 为待定系数, 代入方程, 有
$$y_1^* = \frac{7}{74}\cos x + \frac{5}{74}\sin x$$
$$y_2^* = -\frac{1}{5}x\mathrm{e}^x$$
因此
$$y^* = \frac{7}{74}\cos x + \frac{5}{74}\sin x - \frac{1}{5}x\mathrm{e}^x$$
非齐次方程的通解
$$y = c_1\mathrm{e}^x + c_2\mathrm{e}^{7x} + \frac{7}{74}\cos x + \frac{5}{74}\sin x - \frac{1}{5}x\mathrm{e}^x$$

六、(下列二题任选一题)

(1) 设 $f(x)$ 在 $[a,b]$ 上二阶可导, 且
$$f'(a) = f'(b) = 0$$
则在 (a,b) 内必有 c, 使得
$$|f''(c)| \geqslant \frac{4}{4(b-a)^2}|f(b)-f(a)|$$
试证明之.

(2) 设 $f(x)$ 在 $[a,b]$ 上连续, 则
$$\int_a^b f^2(x)\mathrm{d}x = 0$$
的充要条件是 $f(x) \equiv 0$, 试证明之.

如果 $f(x)$ 在 $[a,b]$ 上可积, 试证
$$\int_a^b f^2(x)\mathrm{d}x = 0$$
的充要条件是在 $f(x)$ 的连续点处, $f(x) = 0$.

证 (1) 因为 $f(x)$ 在 $[a,b]$ 上有二阶导函数, 按泰勒公式有
$$f\left(\frac{a+b}{2}\right) = f(a) + f'(a)\cdot\frac{b-a}{2} + \frac{f''(c_1)}{2!}\left(\frac{b-a}{2}\right)^2 \quad ①$$
$$f\left(\frac{a+b}{2}\right) = f(b) + f'(b)\cdot\frac{a-b}{2} + \frac{f''(c_2)}{2!}\left(\frac{a-b}{2}\right)^2 \quad ②$$
其中
$$a < c_1 < \frac{a+b}{2}, \frac{a+b}{2} < c_2 < b$$
式 ①-② 得
$$f(a) - f(b) + \frac{(b-a)^2}{8}[f''(c_1) - f''(c_2)] = 0$$
或

$$f''(c_1) - f''(c_2) = \frac{8}{(b-a)^2}[f(b) - f(a)]$$

令
$$|f''(c)| = \max\{|f''(c_1)|, |f''(c_2)|\}$$

所以
$$|f''(c)| \geq \frac{4}{(b-a)^2}|f(b) - f(a)|$$

(2) 先证 $f(x)$ 是连续函数的情况.

(必要性) 若 $f(x) \not\equiv 0$, 则存在一点 x_0, 使 $f(x_0) \neq 0$, 因 $f(x)$ 是连续函数, 故存在 x_0 的一个邻域 $U_\delta(x_0)$, 使 $f(x)$ 在此邻域内皆不为零

$$\int_a^b f^2 dx = \int_{[a,b]-U_\delta(x_0)} f^2 dx + \int_{U_\delta(x_0)} f^2 dx$$
$$\geq \int_{U_\delta(x_0)} f^2 dx > 0$$

这与假设矛盾, 故 $f(x) \equiv 0$.

充分性显然成立.

再证 $f(x)$ 是可积函数的情况.

(必要性) 与前一情况相同, 仍然用反证法. 若 $f(x)$ 在它的某一连续点 x_0 处, $f(x_0) \neq 0$. 既然 x_0 是 $f(x)$ 的连续点, 故存在 $U_\delta(x_0)$, 使在 $U_\delta(x_0)$ 内 $f(x) \neq 0$, 从而

$$\int_b^a f^2 dx \geq \int_{U_\delta(x_0)} f^2 dx > 0$$

与假设矛盾, 故 $f(x)$ 在 $f(x)$ 的连续点处必为零.

(充分性) 即证: 假设 $f(x)$ 是可积的, 且在它的一切连续点 x 处皆有 $f(x) = 0$, 则必有
$$\int_a^b f^2(x) dx = 0$$

证明分两部分: 第一, 若 $f(x)$ 在 $[a,b]$ 上可积, 则 $f(x)$ 的连续点的全体 X 在 $[a,b]$ 中稠密. 所谓 X 在 $[a,b]$ 中稠密是指, 对于 $[a,b]$ 中的任何区间 $[\alpha,\beta]$ 其中总有 X 的点. 第二, 若 $f(x)$ 在 X 上为零, 证明

$$\int_a^b f^2(x) dx = 0$$

第一点的证明: 对任何区间 $[\alpha,\beta] \subset [a,b]$, 证明在 $[\alpha,\beta]$ 内有 $f(x)$ 的连续点 c, 为此首先注意, 若 $f(x)$ 在 $[\alpha,\beta]$ 上可积, 那么对任何给定的 $\varepsilon > 0$, 总存在 $[\alpha',\beta'] \subset [\alpha,\beta]$, 使得 $f(x)$ 在 $[\alpha',\beta']$ 上的振幅 $\omega(\alpha',\beta') < \varepsilon$. 事实上, 如果上述结论不成立, 那么存在一个 $\varepsilon_0 > 0$, 使对于 $[\alpha,\beta]$ 的任意分法有

$$\sum \omega_i \Delta x_i \geq \sum \varepsilon_0 \Delta x_i = \varepsilon_0 (\beta - \alpha) > 0$$

这与 $f(x)$ 在 $[a,b]$ 上可积矛盾, 因此, 结论必真.

今取 $[\alpha,\beta]$ 为区间 $[a,b]$, 由于函数 $f(x)$ 在区间 $\left[a_1 + \frac{b_1 - a_1}{4}, b_1 - \frac{b_1 - a_1}{4}\right]$ 上可积, 故存在区间 $[a_2, b_2]$

$$[a_2,b_2] \subset \left[a_1+\frac{b_1-a_1}{4}, b_1-\frac{b_1-a_1}{4}\right] \subset [a_1,b_1]$$

使
$$\omega(a_2,b_2) < \frac{1}{2}$$

同样,存在区间$[a_3,b_3]$
$$[a_3,b_3] \subset \left[a_2+\frac{b_2-a_2}{4}, b_2-\frac{b_2-a_2}{4}\right] \subset [a,b_2]$$

使
$$\omega(a_3,b_3) < \frac{1}{3}$$

这样继续下去,得到一系列闭区间$[a_n,b_n](n=1,2,\cdots)$满足
$$\alpha = a_1 < a_2 < \cdots < a_n < \cdots < b_n < \cdots < b_2 < b_1 = \beta$$

并且
$$b_n - a_n \leqslant \frac{\beta-\alpha}{2^{n-1}} \to 0$$

$$\omega[a_n,b_n] < \frac{1}{n} \quad (n=1,2,\cdots)$$

由区间套定理,诸$[a_n,b_n]$具有唯一的公共点c,且$a_n < c < b_n (n=1,2,\cdots)$,下面证明$f(x)$在点$c$连续.

任给$\varepsilon > 0$,取正整数n_0,使$n_0 > \frac{1}{\varepsilon}$,再取$\delta > 0$使$(c-\delta, c+\delta) \subset [a_{n_0}, b_{n_0}]$,于是,当$|x-c| < \delta$时,必有
$$|f(x) - f(c)| \leqslant \omega(a_{n_0}, b_{n_0}) < \frac{1}{n_0} < \varepsilon$$

故$f(x)$在点c连续,从而证明了,X在$[a,b]$中稠密.

第二点的证明:对于区间$[a,b]$的任一分法,作积分和
$$\sum_{i=0}^{n-1} f^2(\zeta_i) \Delta x_i$$

因为$f(x)$可积,所以$f^2(x)$亦可积,从而对$[a,b]$的任意分法与ζ_i任意取法,都有
$$\lim_{\|\Delta x\| \to 0} \sum_{i=0}^{n-1} f^2(\zeta_i) \Delta x_i = \int_a^b f^2(x) \mathrm{d}x$$

因为X在$[a,b]$中稠密,所以在每一个子区间内必有X中的点,可见每次取$\zeta_i \in X$,则有
$$\sum_{i=0}^{n-1} f(\zeta_i) \Delta x_i = 0$$

从而可知
$$\int_a^b f^2(x) \mathrm{d}x = 0$$

北京农业机械化学院[①](1982)

高等数学

一、曲线 $y=\mathrm{e}^{-\sqrt{3}x}\sin x$ 与曲线 $y=\mathrm{e}^{-\sqrt{3}x}$ 当 x 取何值时相切？

解 设 (x_0, y_0) 为两条曲线交点，则

$$\mathrm{e}^{-\sqrt{3}x_0} = \mathrm{e}^{-\sqrt{3}x_0}\sin x_0$$

即 $\sin x_0 = 1$，从而求得 $x_0 = \frac{\pi}{2} + 2n\pi (n=0, \pm 1, \pm 2, \cdots)$. 在 $x_0 = \frac{\pi}{2} + 2n\pi$ 处两条曲线导数相等

$$(\mathrm{e}^{-\sqrt{3}x}\sin x)' = -\sqrt{3}\,\mathrm{e}^{-\sqrt{3}x_0}\sin x_0 + \mathrm{e}^{-\sqrt{3}x_0}\cos x_0$$
$$= -\sqrt{3}\,\mathrm{e}^{-\sqrt{3}x_0}$$
$$(\mathrm{e}^{-\sqrt{3}x})' = -\sqrt{3}\,\mathrm{e}^{-\sqrt{3}x_0}$$

故当 $x = x_0 = \frac{\pi}{2} + 2n\pi (n=0, \pm 1, \pm 2, \cdots)$ 时，两条曲线相切.

二、求过 $(1, -2\sqrt{3})$ 且切线斜率为 $\dfrac{x-2}{\sqrt{15-2x-x^2}}$ 的曲线的方程 $y=f(x)$.

解 由题设知

$$\begin{cases} \dfrac{\mathrm{d}y}{\mathrm{d}x} = \dfrac{x-2}{\sqrt{15-2x-x^2}} \\ y\big|_{x=1} = -2\sqrt{3} \end{cases}$$

因此其通解为

$$y = \int \frac{x-2}{\sqrt{15-2x-x^2}}\mathrm{d}x$$
$$= -\frac{1}{2}\int \frac{\mathrm{d}(15-2x-x^2)}{\sqrt{15-2x-x^2}} - 3\int \frac{1}{\sqrt{15-2x-x^2}}\mathrm{d}x$$
$$= -\sqrt{15-2x-x^2} - 3\int \frac{\mathrm{d}x}{\sqrt{4^2-(1+x)^2}}$$
$$= -\sqrt{15-2x-x^2} - 3\arcsin\frac{1+x}{4} + c$$

代入初始条件得

---

① 现为中国农业大学.

$$c = \frac{\pi}{2}$$

所求曲线为
$$y = -\left(\sqrt{15-2x-x^2} + 3\arcsin\frac{1+x}{4}\right) + \frac{\pi}{2}$$

三、在 (a,b) 内 $f'(x) = 0$,试证 $f(x)$ 在 (a,b) 内是常数.

证 在区间 (a,b) 内任取两点 x_1, x_2,应用拉格朗日(Lagrange)中值定理,得
$$f(x_2) - f(x_1) = (x_2 - x_1) f'(\xi)$$

其中 ξ 在 x_1, x_2 之间.

由假定 $f'(\xi) = 0$,有
$$f(x_1) = f(x_2)$$

这就是说,在 (a,b) 内任意两点函数值相等,即函数在该区间内为一常数.

四、一抛物线形拱桥洞,拱高 2 m,底宽 4 m.设水满桥洞时流速为 3 m/s,求最大流量.

解 由题设易知抛物线为
$$y = \frac{1}{2}x^2 + 2x$$

故桥洞面积为
$$S = \int_0^4 \left(\frac{1}{2}x^2 + 2x\right) \mathrm{d}x = \left(\frac{1}{6}x^3 + x^2\right)\bigg|_0^4 = \frac{80}{3}$$

由于水满桥洞时流速为 3 m/s,故最大流量为
$$\phi = \frac{80}{3} \times 3 = 80 (\mathrm{m}^3/\mathrm{s})$$

五、写出奥氏公式(也叫奥氏定理或奥-高公式),并利用公式求出
$$\oiint_S x^3 \mathrm{d}y\mathrm{d}z + y^3 \mathrm{d}z\mathrm{d}x + z^3 \mathrm{d}x\mathrm{d}y$$

其中 S 是 $x^2 + y^2 + z^2 = a^2$ 的外侧.

解 若空间闭区域 Ω 的边界曲面 S 与任一平行于坐标轴的直线交点不多于两个,函数 $P(x,y,z), Q(x,y,z), R(x,y,z)$ 在 Ω 上具有一阶连续偏导数,则有奥氏公式
$$\iiint_\Omega \left(\frac{\partial P}{\partial x} + \frac{\partial Q}{\partial y} + \frac{\partial R}{\partial z}\right) \mathrm{d}x\mathrm{d}y\mathrm{d}z$$
$$= \oiint_S P \mathrm{d}y\mathrm{d}z + Q \mathrm{d}z\mathrm{d}x + R \mathrm{d}x\mathrm{d}y$$

这里曲面积分在 S 的外侧.

由奥氏公式知
$$\oiint_S x^3 \mathrm{d}y\mathrm{d}z + y^3 \mathrm{d}z\mathrm{d}x + z^3 \mathrm{d}x\mathrm{d}y$$
$$= \iiint_\Omega 3(x^2 + y^2 + z^2) \mathrm{d}x\mathrm{d}y\mathrm{d}z$$

$$= 3\iiint_\Omega a^2 \mathrm{d}x\mathrm{d}y\mathrm{d}z$$
$$= 3a^2 \cdot \frac{4}{3}\pi a^3$$
$$= 4\pi a^5$$

六、设 $n > 0$：

(1) 证明 $\int_0^{+\infty} \mathrm{e}^{-x} x^{n-1} \mathrm{d}x$ 收敛.

(2) 已知 $\Gamma(n) = \int_0^{+\infty} \mathrm{e}^{-x} x^{n-1} \mathrm{d}x$，证明 $\Gamma(n+1) = n\Gamma(n)$.

(3) 计算 $\Gamma\left(\dfrac{9}{2}\right)$ $\left(\text{注}: \Gamma\left(\dfrac{1}{2}\right) = \sqrt{\pi}\right)$.

证 (1) 当 $n \geqslant 1$ 时，积分 $\int_0^1 \mathrm{e}^{-x} x^{n-1}$ 是常义的；当 $0 < n < 1$ 时，这积分是广义的. 在后一情况下，取 $q = 1 - n$，则 $0 < q < 1$，且

$$\lim_{x \to 0^+} x^q (\mathrm{e}^{-x} x^{n-1}) = \lim_{x \to 0^+} x^{1-n}(\mathrm{e}^{-x} x^{n-1})$$
$$= \lim_{x \to 0^+} \mathrm{e}^{-x}$$
$$= 1$$

由广义积分极限判定法知，当 $0 < n < 1$ 时，积分

$$\int_0^1 \mathrm{e}^{-x} x^{n-1} \mathrm{d}x$$

收敛.

又广义积分 $\int_1^{+\infty} \mathrm{e}^{-x} x^{n-1} \mathrm{d}x$ 也是收敛的，这是因为对于任意 $p > 1$，例如取 $p = 2$

$$\lim_{x \to +\infty} x^p (\mathrm{e}^{-x} x^{n-1}) = \lim_{x \to +\infty} \frac{x^2 x^{n-1}}{\mathrm{e}^x} = \lim_{x \to +\infty} \frac{x^{n+1}}{\mathrm{e}^x} = 0$$

故根据广义积分极限判定法知

$$\int_1^{+\infty} \mathrm{e}^{-x} x^{n-1} \mathrm{d}x$$

收敛.

综上所述，得知 $\int_0^{+\infty} \mathrm{e}^{-x} x^{n-1} \mathrm{d}x$ 收敛.

(2) 由于

$$\Gamma(1) = \int_0^{+\infty} \mathrm{e}^{-x} \mathrm{d}x = 1$$

应用分部积分法，得

$$\Gamma(n+1) = \int_0^{+\infty} \mathrm{e}^{-x} x^n \mathrm{d}x$$
$$= -\mathrm{e}^{-x} x^n \Big|_0^{+\infty} + n\int_0^{+\infty} \mathrm{e}^{-x} x^{n-1} \mathrm{d}x$$
$$= \Gamma(n)$$

(3) 可得
$$\Gamma\left(\frac{9}{2}\right) = \Gamma\left(4+\frac{1}{2}\right) = \frac{7}{2} \cdot \frac{5}{2} \cdot \frac{3}{2} \cdot \frac{1}{2} \cdot \Gamma\left(\frac{1}{2}\right) = \frac{105}{16}\sqrt{\pi}$$

七、求微分方程的解：

(1) $\dfrac{\mathrm{d}y}{\mathrm{d}x} = 1 - x + y^2 - xy^2, y\big|_{x=0} = 1.$

(2) $y'' + y' - 2y = 8\sin 2x + 5.$

解 (1) 由
$$\frac{\mathrm{d}y}{\mathrm{d}x} = (1-x) + y^2(1-x)$$
$$= (1-x)(1+y^2)$$
$$\frac{\mathrm{d}y}{1+y^2} = (1-x)\mathrm{d}x$$

两边积分得
$$\arctan y = x - \frac{x^2}{2} + c$$

代入初始条件 $y\big|_{x=0} = 1$，知 $c = \dfrac{\pi}{4}$.

因此
$$y = \tan\left(x - \frac{x^2}{2} + \frac{\pi}{4}\right)$$

(2) 对应齐次方程的特征方程为
$$r^2 + r - 2 = 0$$

其根为 $r_1 = 1, r_2 = -2$. 因此对应齐次方程通解为
$$Y = c_1 \mathrm{e}^x + c_2 \mathrm{e}^{-2x}$$

对于方程 $y'' + y' - 2y = 8\sin 2x$，其特解形如
$$y_1^* = A\cos 2x + B\sin 2x$$

代入并比较系数得 $A = -1, B = -3$，故
$$y_1^* = -\cos 2x - 3\sin 2x$$

对于方程 $y'' + y' - 2y = 5$，其特解形如
$$y_2^* = c$$

代入并比较系数得
$$y_2^* = -\frac{5}{2}$$

因此，原方程通解为
$$y = c_1 \mathrm{e}^x + c_2 \mathrm{e}^{-2x} - \cos 2x - 3\sin 2x - \frac{5}{2}$$

八、(1) 将函数 $f(x) = \dfrac{1}{x}$ 展成 $x+1$ 的幂级数，并求其收敛区间.

(2) 函数 $f(x) = x$ 在区间 $[0, \pi]$ 上展成的余弦级数是

$$\frac{\pi}{2} - \frac{4}{\pi}\left(\frac{\cos x}{1^2} + \frac{\cos 3x}{3^2} + \frac{\cos 5x}{5^2} + \cdots\right)$$

问在什么范围内所展成的余弦级数收敛于函数 $f(x)=x$,并由此推出

$$1 + \frac{1}{9} + \frac{1}{25} + \cdots + \frac{1}{(2n-1)^2} + \cdots = \frac{\pi^2}{8}$$

解 （1）可得

$$f(x) = \frac{1}{x} = -\left[\frac{1}{1-(x+1)}\right]$$
$$= -1 - (x+1) - (x+1)^2 - (x+1)^3 - \cdots$$

其收敛区间为 $(-2, 0)$.

（2）因为在 $[0, \pi]$ 上 $f(x)=x$ 展成的余弦级数收敛于 $f(x)=x$,又当 $x=0$ 时,$f(0)=0$,所以由展开式知

$$\frac{\pi}{2} - \frac{4}{\pi}\left(1 + \frac{1}{3^2} + \frac{1}{5^2} + \cdots\right) = 0$$

即

$$1 + \frac{1}{3^2} + \frac{1}{5^2} + \cdots + \frac{1}{(2n-1)^2} + \cdots = \frac{\pi^2}{8}$$

九、求线性方程组 $AX = B$,其中

$$A = \begin{pmatrix} \lambda & 1 & 1 \\ 1 & \lambda & 1 \\ 1 & 1 & \lambda \end{pmatrix}, X = \begin{pmatrix} x_1 \\ x_2 \\ x_3 \end{pmatrix}, B = \begin{pmatrix} 1 \\ \lambda \\ \lambda^2 \end{pmatrix}$$

有唯一解,无解,有无穷多组解时,λ 所取的值.

解 方程组的系数矩阵与增广矩阵分别为

$$A = \begin{pmatrix} \lambda & 1 & 1 \\ 1 & \lambda & 1 \\ 1 & 1 & \lambda \end{pmatrix}, \widetilde{A} = \begin{pmatrix} \lambda & 1 & 1 & 1 \\ 1 & \lambda & 1 & \lambda \\ 1 & 1 & \lambda & \lambda^2 \end{pmatrix}$$

因为

$$|A| = \begin{vmatrix} \lambda & 1 & 1 \\ 1 & \lambda & 1 \\ 1 & 1 & \lambda \end{vmatrix} = (\lambda-1)^2(\lambda+2)$$

当 $\lambda \neq 1, -2$ 时,A 与 $\widetilde{A}$ 的秩都是 3,所以方程组只有唯一解;当 $\lambda = 1$ 时,A 与 $\widetilde{A}$ 的秩都是 1,所以方程组有无穷多组解;当 $\lambda = -2$ 时,A 的秩为 2,$\widetilde{A}$ 的秩为 3,所以方程组无解.

十、设某种无线电真空管的使用寿命(单位:h)X 服从如下分布

$$f(x) = \begin{cases} \dfrac{100}{x^2}, & x \geqslant 100 \\ 0, & x < 100 \end{cases}$$

1 部收音机内装有 3 支此种真空管,问:

（1）在使用的最初 150 h 内,没有 1 支真空管烧坏的概率是多少?

（2）在使用的最初 150 h 内,只有 1 支真空管烧坏的概率是多少?

解 设随机变量 X_1, X_2, X_3 分别为收音机内的 3 支真空管的使用寿命,显然它们均服从同一分布,且相互独立.

(1) 在使用的最初 150 h 内,没有 1 支真空管烧坏的概率

$$P = P\{X_1 > 150, X_2 > 150, X_3 > 150\}$$
$$= P\{X_1 > 150\} \cdot P\{X_2 > 150\} \cdot P\{X_3 > 150\}$$
$$= \left(\int_{150}^{+\infty} f(x) \mathrm{d}x\right)^3$$
$$= \left(\int_{150}^{+\infty} \frac{100}{x^2} \mathrm{d}x\right)^3$$
$$= \left(\frac{2}{3}\right)^3$$
$$= \frac{8}{27}$$

(2) 在使用的最初 150 h 内,只有 1 支真空管烧坏事件是指其中任一真空管烧坏而其余 2 支完好,故由互斥事件的加法公式知所求概率为

$$P = 3P\{X_1 \leqslant 150, X_2 > 150, X_3 > 150\}$$
$$= 3\int_0^{150} f(x) \mathrm{d}x \left(\int_{150}^{+\infty} f(x) \mathrm{d}x\right)^2$$
$$= 3\int_{100}^{150} \frac{100}{x^2} \mathrm{d}x \left(\int_{150}^{+\infty} \frac{100}{x^2} \mathrm{d}x\right)^2$$
$$= \frac{4}{9}$$

镇江农业机械学院①(1982)

高等数学

一、求极限

$$\lim_{x\to 0}\frac{x-\int_0^x \frac{\sin t}{t}\mathrm{d}t}{x-\sin x}$$

解 用洛必达法则

$$原式=\lim_{x\to 0}\frac{1-\frac{\sin x}{x}}{1-\cos x}$$

$$=\lim_{x\to 0}\frac{x-\sin x}{x-x\cos x}$$

$$=\lim_{x\to 0}\frac{1-\cos x}{1-\cos x+x\sin x}$$

$$=\lim_{x\to 0}\frac{\sin x}{\sin x+\sin x+x\cos x}$$

$$=\lim_{x\to 0}\frac{1}{2+\frac{x}{\sin x}\cos x}$$

$$=\frac{1}{3}$$

二、试决定常数 c，使下式成立

$$\lim_{x\to +\infty}\left(\frac{x+c}{x-c}\right)^x=\int_{-\infty}^c t\mathrm{e}^{2t}\mathrm{d}t$$

解 由

$$左边=\lim_{x\to +\infty}\left[\left(1+\frac{2c}{x-c}\right)^{\frac{x-c}{2c}}\right]^{2c}\left(\frac{x+c}{x-c}\right)^c$$

$$=\mathrm{e}^{2c}$$

$$右边=\lim_{R\to +\infty}\frac{1}{2}t\mathrm{e}^{2t}\Big|_{-R}^c-\frac{1}{2}\int_{-\infty}^c \mathrm{e}^{2t}\mathrm{d}t$$

$$=\frac{c}{2}\mathrm{e}^{2c}-\lim_{R\to +\infty}\frac{1}{4}\mathrm{e}^{2t}\Big|_{-R}^c$$

---

① 现为江苏大学.

$$= \left(\frac{c}{2} - \frac{1}{4}\right) e^{2c}$$

令左边＝右边,得
$$\frac{c}{2} - \frac{1}{4} = 1$$
$$c = \frac{5}{2}$$

因此当 $c = \frac{5}{2}$ 时原等式成立.

三、试求 a,b 的值,使得
$$\int_1^{+\infty} \left(\frac{2x^2 + bx + a}{x(2x+a)} - 1\right) dx = 1$$

解 由
$$左边 = \int_1^{+\infty} \frac{(b-a)x + a}{x(2x+a)} dx$$

为使该积分收敛,必须 $b = a$,此时
$$左边 = \int_1^{+\infty} \frac{a}{x(2x+a)} dx$$
$$= \int_1^{+\infty} \left(\frac{1}{x} - \frac{2}{2x+a}\right) dx$$
$$= \lim_{R \to +\infty} \ln \frac{x}{2x+a} \bigg|_1^R$$
$$= -\ln \frac{2}{a+2}$$

令
$$-\ln \frac{2}{a+2} = 1$$

解出
$$a = 2e - 2$$

因此使等式成立的 a, b 分别为
$$a = 2e - 2, \quad b = 2e - 2$$

四、求方程 $x^2 y'' + 3xy' + y = \ln x$ 的通解.

解 这是一欧拉方程,令
$$x = e^t$$

则原方程化为
$$\frac{d^2 y}{dt^2} + 2 \frac{dy}{dt} + y = t \qquad ①$$

特征方程为
$$r^2 + 2r + 1 = 0$$

解出 $r_{1,2} = -1$. 因此方程 ① 所对应的齐次方程的通解为
$$y = (c_1 t + c_2) e^{-t}$$

令 $y = At + B$，代入方程 ① 可求出 $A = 1, B = -2$. 最后得到方程 ① 的通解
$$y = (c_1 t + c_2) e^{-t} + t - 2$$
而原方程的通解为
$$y = (c_1 \ln x + c_2) \frac{1}{x} + \ln x - 2$$

五、若函数 $z = z(x, y)$ 由方程
$$ax + by + cz = F(x^2 + y^2 + z^2) \qquad ①$$
（其中 F 为任意可微函数）所定义. 试求 $(cy - bz) \frac{\partial z}{\partial x} + (az - cx) \frac{\partial z}{\partial y}$，要求将结果用常数 a, b 以及自变量 x, y 表示出来.

解 对方程 ① 两边分别关于 x 和 y 求导得
$$a + c \frac{\partial z}{\partial x} = 2xF' + 2zF' \frac{\partial z}{\partial x}$$
$$b + c \frac{\partial z}{\partial y} = 2yF' + 2zF' \frac{\partial z}{\partial y}$$

由此解出
$$\frac{\partial z}{\partial x} = \frac{a - 2xF'}{-c + 2zF'}$$
$$\frac{\partial z}{\partial y} = \frac{b - 2yF'}{-c + 2zF'}$$

因此
$$(cy - bz) \frac{\partial z}{\partial x} + (az - cx) \frac{\partial z}{\partial y}$$
$$= \frac{(cy - bz)(a - 2xF') + (az - cx)(b - 2yF')}{-c + 2zF'}$$
$$= \frac{acy - cbx + 2bxzF' - 2azyF'}{2zF' - c}$$
$$= bx - ay$$

六、在部分球面 $x^2 + y^2 + z^2 = 5r^2 (x > 0, y > 0, z > 0)$ 上求一点使函数 $f(x, y, z) = \ln x + \ln y + 3\ln z$ 达到极大，算出极大值. 利用上述结果，证明对任意正数 a, b, c 总有
$$abc^3 \leqslant 27 \left(\frac{a + b + c}{5} \right)^5$$

解 令
$$F(x, y, z) = f(x, y, z) - \lambda(x^2 + y^2 + z^2 - 5r^2)$$
$$= \ln x + \ln y + 3\ln z - \lambda(x^2 + y^2 + z^2 - 5r^2)$$
则
$$\frac{\partial F}{\partial x} = \frac{1}{x} - 2\lambda x$$
$$\frac{\partial F}{\partial y} = \frac{1}{y} - 2\lambda y$$
$$\frac{\partial F}{\partial z} = \frac{3}{z} - 2\lambda z$$

令 $\dfrac{\partial F}{\partial x} = \dfrac{\partial F}{\partial y} = \dfrac{\partial F}{\partial z} = 0$，有

$$x^2 = \frac{1}{2\lambda}, y^2 = \frac{1}{2\lambda}, z^2 = \frac{3}{2\lambda}$$

且

$$x\frac{\partial F}{\partial x} + y\frac{\partial F}{\partial y} + z\frac{\partial F}{\partial z} = 5 - 2\lambda(x^2 + y^2 + z^2)$$
$$= 5 - 10\lambda r^2$$
$$= 0$$

解出

$$\lambda = \frac{1}{2r^2}$$

有

$$x^2 = r^2, y^2 = r^2, z^2 = 3r^2$$

由此得到 $f(x,y,z)$ 的极大值（x,y,z 满足约束条件）

$$\max f(x,y,z) = \ln r \cdot r \cdot (\sqrt{3}r)^3$$
$$= \ln 3\sqrt{3}\, r^5$$

如果令 $x^2 = a, y^2 = b, z^2 = c$，那么由

$$\ln xyz^3 \leqslant \ln 3\sqrt{3}\left(\frac{x^2 + y^2 + z^2}{5}\right)^{\frac{5}{2}}$$

即得

$$abc^3 \leqslant 27\left(\frac{a+b+c}{5}\right)^5$$

七、已知

$$\int_0^1 e^{-t^2}\, dt = 0.746\,8$$

$$\int_0^{\frac{1}{2}} e^{-t^2}\, dt = 0.461\,3$$

$$e^{-1} = 0.367\,9$$

$$e^{-\frac{1}{4}} = 0.778\,8$$

试利用变换积分次序方法，计算二重积分

$$I = 2\int_{-\frac{1}{2}}^1 \left(\int_0^x e^{-y^2}\, dy\right) dx$$

解 可得

$$I = 2\int_{-\frac{1}{2}}^1 \left(\int_0^x e^{-y^2}\, dy\right) dx$$
$$= 2\left(\int_{-\frac{1}{2}}^0 \int_{-\frac{1}{2}}^y e^{-y^2}\, dx dy + \int_0^1 \int_y^1 e^{-y^2}\, dx dy\right)$$
$$= 2\left[\int_{-\frac{1}{2}}^0 \left(y + \frac{1}{2}\right) e^{-y^2}\, dy + \int_0^1 (1-y) e^{-y^2}\, dy\right]$$

$$= 2\left(-\frac{1}{2}e^{-y^2}\Big|_{-\frac{1}{2}}^{0} + \frac{1}{2}\int_0^{\frac{1}{2}} e^{-y^2}\,dy + \int_0^1 e^{-y^2}\,dy + \frac{1}{2}e^{-y^2}\Big|_0^1\right)$$

$$= -1 + e^{-\frac{1}{4}} + \frac{1}{2}e^{-1} - \frac{1}{2} + \frac{1}{2}\int_0^{\frac{1}{2}} e^{-y^2}\,dy + \int_0^1 e^{-y^2}\,dy$$

$$= -1.5 + 0.778\,8 + 0.183\,95 + 0.230\,65 + 0.746\,8$$

$$= 0.440\,20$$

八、子弹以速度 $v_0 = 200$ m/s 打进一厚度为 10 cm 的木板, 刚穿过木板以速度 $v_1 = 80$ m/s 离开此板. 设木板对子弹运动的阻力与速度成正比, 求子弹穿过此木板所用的时间.

解 由题设运动方程为

$$\frac{dv}{dt} = -kv$$

其中 k 是待定常数. 解此方程

$$\frac{dv}{v} = -k\,dt$$

$$\int_{200}^{v} \frac{dv}{v} = \int_0^t -k\,dt$$

$$v = 200e^{-kt}$$

特别当 $v = 80$ 时

$$e^{-kt} = \frac{2}{5}$$

由 $v = 200e^{-kt}$ 积分得

$$\int_0^{0.1} ds = \int_0^t 200e^{-kt}\,dt$$

$$0.1 = -\frac{200}{k}e^{-kt} + \frac{200}{k}$$

$e^{-kt} = \frac{2}{5}$ 代入, 得

$$k = 1\,200$$

代回到 $e^{-kt} = \frac{2}{5}$, 得出子弹穿过木板所用的时间

$$t = -\frac{1}{k}\ln\frac{2}{5}$$

$$= \frac{\ln 5 - \ln 2}{1\,200}$$

$$= \frac{1.609\,44 - 0.693\,15}{1\,200}$$

$$\approx 0.000\,764\,(\text{s})$$

九、展开函数

$$f(x) = \begin{cases} -\dfrac{\pi + x}{2}, & -\pi \leqslant x < 0 \\ \dfrac{\pi - x}{2}, & 0 \leqslant x < \pi \end{cases}$$

为傅里叶级数.

解 由 $f(x)$ 的特性,易知
$$a_n = 0 \quad (n=0,1,\cdots)$$
$$b_n = \frac{1}{\pi}\int_{-\pi}^{\pi} f(x)\sin nx \, dx \quad (n \geqslant 1)$$
$$= \frac{1}{\pi}\left(\int_{-\pi}^{0} -\frac{\pi+x}{2}\sin nx \, dx + \int_{0}^{\pi}\frac{\pi-x}{2}\sin nx \, dx\right)$$
$$= \frac{1}{\pi}\left(\int_{\pi}^{0} -\frac{\pi-x}{2}\sin(-nx) \, d(-x) + \int_{0}^{\pi}\frac{\pi-x}{2}\sin nx \, dx\right)$$
$$= \frac{2}{\pi}\int_{0}^{\pi}\frac{\pi-x}{2}\sin nx \, dx$$
$$= -\frac{1}{n}\cos nx \Big|_0^\pi + \frac{1}{n\pi}x\cos nx \Big|_0^\pi - \frac{1}{n\pi}\int_0^\pi \cos nx \, dx$$
$$= \frac{1}{n}[1-(-1)^n] + \frac{1}{n\pi}x(-1)^n$$

因此 $f(x)$ 的傅里叶展开式为
$$f(x) = \sum_{n=1}^{\infty}\left[\frac{1(-1)^n}{n} + \frac{(-1)^n x}{n\pi}\right]\sin nx$$
$$= -\frac{x}{\pi}\sin x + \frac{2\pi+x}{2\pi}\sin 2x -$$
$$\frac{x}{3\pi}\sin 3x + \frac{2\pi+x}{4\pi}\sin 4x + \cdots$$

十、半径为 a 的球沉入密度为 ρ 的液体中,深度为 h(从球心计算).问在上半球面与下半球面上各受压力为多少?

解 由球是沉入液体中的,故可设 $h \geqslant a$. 若直角坐标系的原点同球心重合,xOy 平面同液面平行,Oz 轴指向液面. 采用球坐标
$$x = r\sin\varphi\cos\theta$$
$$y = r\sin\varphi\sin\theta$$
$$z = r\cos\varphi$$
$$0 \leqslant r \leqslant a$$
$$0 \leqslant \varphi \leqslant \pi$$
$$0 \leqslant \theta \leqslant 2\pi$$
则球面上一微元 $a^2\sin\varphi d\varphi d\theta$ 所受的压力为
$$(h - a\cos\varphi)\rho \cdot a^2 \sin\varphi d\varphi d\theta = a^2\rho(h - a\cos\varphi)\sin\varphi d\varphi d\theta$$
此压力在 z 轴上的分量为
$$dF_z = a^2\rho\sin\varphi\cos\varphi(h - a\cos\varphi)d\varphi d\theta$$
因此,球体上半部所受的压力为(由于对称性,易知沿着 Ox 和 Oy 轴的力为 0)
$$F_z = \iint dF_z = \int_0^{2\pi}\int_0^{\frac{\pi}{2}} a^2\rho\sin\varphi\cos\varphi(h - a\cos\varphi)d\varphi d\theta$$
$$= a^2\rho\pi\left(h - \frac{2}{3}a\right)$$

此力同 Oz 轴方向相反.

类似的,球体下半部所受压力为(同前,沿 Ox,Oy 轴的力为 0)

$$F_z = \iint \mathrm{d}F_z = \int_0^{2\pi} \int_{\frac{\pi}{2}}^{\pi} a^2 \rho \sin\varphi \cos\varphi (h - a\cos\varphi) \mathrm{d}\varphi \mathrm{d}\theta$$
$$= a^2 \rho \pi \left(h + \frac{2}{3}a\right)$$

此力同 Oz 轴方向一致.

湘潭大学(1982)

高等数学

一、做下列小题：

(1) 求极限 $\lim\limits_{x\to 0} x\sqrt{\sin\dfrac{1}{x^2}}$.

(2) 设 $f(x) = \dfrac{1}{2}\int_0^x (x-t)^2 g(t)\mathrm{d}t$，其中 $g(t)$ 为连续函数，求 $f'(x)$ 与 $f''(x)$.

解 (1) 因
$$0 \leqslant \left|x\sqrt{\sin\dfrac{1}{x^2}}\right| \leqslant |x|$$

故 $\lim\limits_{x\to 0} x\sqrt{\sin\dfrac{1}{x^2}} = 0$.

(2) 记积分上限 $x = v(x)$，有
$$f(x) = F[v(x), x] = \dfrac{1}{2}\int_0^{v(x)} (x-t)^2 g(t)\mathrm{d}t$$

于是，由复合函数的求导法则，得
$$f'(x) = \dfrac{\mathrm{d}F}{\mathrm{d}x} = \dfrac{\partial F}{\partial v}\dfrac{\partial v}{\partial x} + \dfrac{\partial F}{\partial x}$$
$$= \dfrac{1}{2}(x-v)^2 g(v) + \int_0^{v(x)} (x-t)g(t)\mathrm{d}t$$
$$= \int_0^x (x-t)g(t)\mathrm{d}t$$

同样，记 $f'(x) = G(v, x)$，有
$$f''(x) = \dfrac{\mathrm{d}G}{\mathrm{d}x} = \dfrac{\partial G}{\partial v}\dfrac{\partial v}{\partial x} + \dfrac{\partial G}{\partial x}$$
$$= \int_0^x g(t)\mathrm{d}t$$

二、求下列各积分：

(1) $\displaystyle\int \dfrac{x\mathrm{d}x}{\sqrt{1+x^2 + \sqrt{(1+x^2)^3}}}$.

(2) $\displaystyle\int_0^\infty \dfrac{\arctan x}{(1+x^2)^{\frac{2}{3}}}\mathrm{d}x$.

(3) $\displaystyle\iint\limits_{\substack{0\leqslant x\leqslant \frac{\pi}{2}\\ 0\leqslant y\leqslant \frac{\pi}{2}}} |\cos(x+y)|\,\mathrm{d}x\mathrm{d}y$.

解 (1) 令 $u = \sqrt{1+x^2}$,有
$$u^2 = 1 + x^2, 2x\mathrm{d}x = 2u\mathrm{d}u, x\mathrm{d}x = u\mathrm{d}u$$

因此

$$原积分 = \int \frac{u\mathrm{d}u}{\sqrt{u^2+u^3}} = \int \frac{\mathrm{d}u}{\sqrt{1+u}}$$
$$= 2\sqrt{1+u}$$
$$= 2\sqrt{1+\sqrt{1+x^2}} + c$$

(2) 令 $x = \tan t$,有 $\mathrm{d}x = \sec^2 t \mathrm{d}t$,故

$$原积分 = \int_0^{\frac{\pi}{2}} \frac{t\sec^2 t}{\sec^3 t} \mathrm{d}t$$
$$= \int_0^{\frac{\pi}{2}} t\cos t \mathrm{d}t$$
$$= (t\sin t + \cos t)\Big|_0^{\frac{\pi}{2}}$$
$$= \frac{\pi}{2} - 1$$

(3) 可得

$$原积分 = \int_0^{\frac{\pi}{2}} \mathrm{d}x \int_0^{\frac{\pi}{2}} |\cos(x+y)| \mathrm{d}y$$
$$= \int_0^{\frac{\pi}{2}} \mathrm{d}x \left[\int_0^{\frac{\pi}{2}-x} \cos(x+y)\mathrm{d}y - \int_{\frac{\pi}{2}-x}^{\frac{\pi}{2}} \cos(x+y)\mathrm{d}y\right]$$
$$= \int_0^{\frac{\pi}{2}} \left\{\left(\sin\frac{\pi}{2} - \sin x\right) - \left[\sin\left(\frac{\pi}{2}+x\right) - \sin\frac{\pi}{2}\right]\right\} \mathrm{d}y$$
$$= \int_0^{\frac{\pi}{2}} 2\mathrm{d}x - \int_0^{\frac{\pi}{2}} (\sin x + \cos x)\mathrm{d}x$$
$$= \pi - 2$$

三、设 $z = z(x,y)$ 是由

$$ax + by + cz = \varphi(x^2 + y^2 + z^2)$$

定义的函数,其中 $\varphi(u)$ 是一可微函数,a,b,c 为常数,证明函数 $z = z(x,y)$ 是方程

$$(cy - bz)\frac{\partial z}{\partial x} + (az - cx)\frac{\partial z}{\partial y} = bz - ay$$

的解.

证 把隐式方程 $ax + by + cz = \varphi(x^2+y^2+z^2)$ 两边对 x 求导,并记 $\zeta = x^2 + y^2 + z^2$,得

$$a + c\frac{\partial z}{\partial x} = \varphi' \cdot 2x + \varphi' \cdot 2z\frac{\partial z}{\partial x}$$

故

$$\frac{\partial z}{\partial x} = \frac{2\varphi' x - a}{c - 2\varphi' z}$$

由对称性,有
$$\frac{\partial z}{\partial y} = \frac{2\varphi' y - b}{c - 2\varphi' z}$$

因此
$$(cy - bz)\frac{\partial z}{\partial x} + (az - cx)\frac{\partial z}{\partial y}$$
$$= \frac{1}{c - 2\varphi' z}[(cy - bz)(2\varphi' x - a) +$$
$$(az - cx)(2\varphi' y - b)]$$
$$= \frac{1}{c - 2\varphi' z}[-acy - 2bzx\varphi' - azy\varphi' + bcx]$$
$$= bx - ay$$

四、求线积分 $\int_C (3xy + \sin x)\mathrm{d}x + (x^2 - ye^y)\mathrm{d}y$ 的值,其中 C 是曲线 $y = x^2 - 2x$ 上以 $(0,0)$ 为始点, $(4,8)$ 为终点的曲线段.

解 记被积表达式为 $P\mathrm{d}x + Q\mathrm{d}y$.

考虑如图 1 所示闭路 $l = C + C_1 + C_2$,其所围区域为 D. 由格林公式
$$\int_l P\mathrm{d}x + Q\mathrm{d}y = \iint_D \left(\frac{\partial Q}{\partial x} - \frac{\partial P}{\partial y}\right)\mathrm{d}x\mathrm{d}y$$
$$= \iint_D -x\mathrm{d}x\mathrm{d}y$$
$$= -\int_0^4 x \int_{x^2-2x}^8 \mathrm{d}y$$
$$= -\int_0^4 x(8 - x^2 + 2x)\mathrm{d}x$$
$$= -\frac{128}{3}$$

因此
$$\int_C P\mathrm{d}x + Q\mathrm{d}y = \int_l P\mathrm{d}x + Q\mathrm{d}y - \int_{C_1} P\mathrm{d}x + Q\mathrm{d}y - \int_{C_2} P\mathrm{d}x + Q\mathrm{d}y$$
$$= -\frac{128}{3} - \int_4^0 (24x + \sin x)\mathrm{d}x - \int_8^0 -ye^y \mathrm{d}y$$
$$= -\frac{128}{3} + (12x^2 - \cos x)\Big|_0^4 -$$
$$(ye^y - e^y)\Big|_0^8$$
$$= -\frac{128}{3} + 193 - \cos 4 - (8e^8 - e^8 + 1)$$
$$= 149\frac{1}{3} - \cos 4 - 7e^8$$

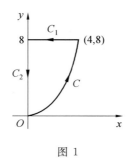

图 1

五、将函数
$$f(x) = \begin{cases} e^x, & 0 \leqslant x \leqslant \dfrac{\pi}{2} \\ 0, & -\dfrac{\pi}{2} \leqslant x < 0 \end{cases}$$

在 $\left[-\dfrac{\pi}{2}, \dfrac{\pi}{2}\right]$ 上展开为傅里叶级数,并指出傅里叶级数所收敛的函数.

解 由函数在 $[-l, l]$ 上展开为傅里叶级数的系数公式,有

$$a_0 = \frac{2}{\pi} \int_{-\frac{\pi}{2}}^{\frac{\pi}{2}} f(x) \mathrm{d}x = \frac{2}{\pi} \int_0^{\frac{\pi}{2}} e^x \mathrm{d}x = \frac{2}{\pi}(e^{\frac{\pi}{2}} - 1)$$

$$a_n = \frac{2}{\pi} \int_{-\frac{\pi}{2}}^{\frac{\pi}{2}} f(x) \cos 2nx \, \mathrm{d}x = \frac{2}{\pi} \int_0^{\frac{\pi}{2}} e^x \cos 2nx \, \mathrm{d}x$$

$$= \frac{2}{(1+4n^2)\pi}[e^x(\cos 2nx + 2n \sin 2nx)]\Big|_0^{\frac{\pi}{2}}$$

$$= \frac{2}{(1+4n^2)\pi}[e^{\frac{\pi}{2}}(-1)^n - 1]$$

$$= \begin{cases} 0, & n = 2k \\ \dfrac{-4}{(1+4n^2)\pi}, & n = 2k+1 \end{cases} \quad (k = 1, 2, \cdots)$$

$$b_n = \frac{2}{\pi} \int_{-\frac{\pi}{2}}^{\frac{\pi}{2}} f(x) \sin 2nx \, \mathrm{d}x = \frac{\pi}{2} \int_0^{\frac{\pi}{2}} e^x \sin 2nx \, \mathrm{d}x$$

$$= \frac{2}{(1+4n^2)\pi}[e^x(\sin 2nx - 2n\cos 2nx)]\Big|_0^{\frac{\pi}{2}}$$

$$= \frac{2}{(1+4n^2)\pi}\{e^{\frac{\pi}{2}}[-2n(-1)^n] + 2n\}$$

$$= \frac{4n}{(1+4n^2)\pi}[e^{\frac{\pi}{2}}(-1)^{n-1} + 1] \quad (n = 1, 2, \cdots)$$

因此,$f(x)$ 的傅里叶级数为

$$\frac{1}{\pi}(e^{\frac{\pi}{2}} - 1) + \frac{1}{\pi} \sum_{n=1}^{\infty} \frac{2[(-1)^n e^{\frac{\pi}{2}} - 1]}{1 + 4n^2} \cos 2nx +$$

$$\frac{1}{\pi} \sum_{n=1}^{\infty} \frac{4n[(-1)^{n+1} e^{\frac{\pi}{2}} + 1]}{1 + 4n^2} \sin 2nx$$

由收敛定理,上面级数收敛于函数

$$F(x) = \begin{cases} \dfrac{1}{2}e^{\frac{\pi}{2}}, x = +\dfrac{\pi}{2} \\ 0, -\dfrac{\pi}{2} < x < 0 \\ \dfrac{1}{2}, x = 0 \\ e^x, 0 < x < \dfrac{\pi}{2} \\ \text{其余部分以 } \pi \text{ 为周期开拓,即 } F(x+\pi) = F(x) \end{cases}$$

六、设 $y=f(x)(x \geqslant 0)$ 连续可微,且 $f(0)=1$. 现已知由曲线 $y=f(x)$, x 轴, x 轴上过点 O 与点 X 的垂线所围成的图形的面积值,与曲线 $y=f(x)$ 在 $[0,X]$ 上的一段弧长值相等,求 $f(x)$.

解 依题意,得

$$\int_0^X |f(x)| \, \mathrm{d}x = \int_0^X \sqrt{1+f'^2(x)} \, \mathrm{d}x$$

两边求导,得

$$|f(x)| = \sqrt{1+f'^2(x)}$$

即

$$f'(x) = \pm\sqrt{f^2(x)-1}$$

$$\frac{\mathrm{d}f(x)}{\pm\sqrt{f^2(x)-1}} = \mathrm{d}x$$

积分之,并令 $f = \mathrm{ch}\, u$,得

$$x + c = \pm\int \frac{\mathrm{d}f(x)}{\sqrt{f^2-1}} = \pm\int \frac{\mathrm{sh}\, u}{\mathrm{sh}\, u} \mathrm{d}u$$

$$= \pm u$$

$$= \pm \mathrm{ch}^{-1} f(x)$$

因此

$$f(x) = \mathrm{ch}(\pm x + c)$$

因 $f(0) = 1 = \mathrm{ch}\, c$, 故 $c = 0$, 因而

$$f(x) = \mathrm{ch}\, x$$

此为悬索线方程.

七、设函数 $f(x)$ 在闭区间 $[a,b]$ 上连续,在开区间 (a,b) 上二次可微,联结 $(a,f(a))$ 与 $(b,f(b))$ 的直线段与曲线 $y=f(x)$ 相交于 $(c,f(c))$, 其中 $a<c<b$. 证明在 (a,b) 上至少存在一点 ζ, 使 $f''(\zeta)=0$.

证法 1 如图 2 所示,由所设条件,依微分中值定理,在 (a,c) 内存在 ζ_1, 使得

$$f'(\zeta_1) = \frac{f(c)-f(a)}{c-a} = \frac{f(b)-f(a)}{b-a}$$

同理,存在 ζ_2, 使得

$$f'(\zeta_2) = \frac{f(b)-f(a)}{b-a} \quad (c < \zeta_2 < b)$$

于是再由罗尔定理,存在 $\zeta(\zeta_1 < \zeta < \zeta_2)$
$$f''(\zeta) = 0$$

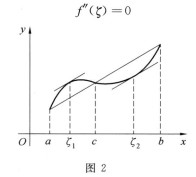

图 2

证法 2 (反证法) 设在 (a,b) 内,$f''(x) \neq 0$. 故 $f''(x)$ 在 (a,b) 内同号,不妨设 $f''(x) > 0 (a < x < b)$. 因而 $f'(x)$ 是增函数. 然后,仿证法 1,有
$$f'(\zeta_1) = f'(\zeta_2) \quad (\zeta_1 < \zeta_2)$$
这就得到矛盾.

长沙铁道学院[①]（1982）

高等数学

一、设 $f(x)=x(x-1)(x-2)\cdots(x-1\ 000)$，求 $f'(0)$.

解　可得

$$f'(0)=\lim_{x\to 0}\frac{f(x)-f(0)}{x}$$
$$=\lim_{x\to 0}\frac{x(x-1)(x-2)\cdots(x-1\ 000)-0}{x}$$
$$=\lim_{x\to 0}(x-1)(x-2)\cdots(x-1\ 000)$$
$$=1\ 000!$$

二、验证

$$f(x)=\begin{cases}\dfrac{20+x^2}{8},0\leqslant x\leqslant 2\\ x+\dfrac{2}{x},2<x<+\infty\end{cases}$$

在区间$[0,4]$上满足拉普拉斯中值定理的条件，并求出中值公式中的中间值 ζ.

解　首先验证在$[0,4]$上满足拉普拉斯中值定理的条件.

因为

$$\lim_{x\to 2-0}f(x)=\lim_{x\to 2^-}\frac{20+x^2}{8}=3$$
$$\lim_{x\to 2+0}f(x)=\lim_{x\to 2^+}\left(x+\frac{2}{x}\right)=3$$
$$f(2)=3$$

所以 $f(x)$ 在$[0,4]$上连续

$$f'(2+0)=\lim_{\Delta x\to 0^+}\frac{1}{\Delta x}\left(\frac{2+(2+\Delta x)^2}{2+\Delta x}-3\right)$$
$$=\lim_{\Delta x\to 0^+}\frac{1+\Delta x}{2+\Delta x}=\frac{1}{2}$$

因此，$f(x)$ 在$(0,4)$内可导，$f(x)$ 在$[0,4]$上满足拉格朗日中值定理的条件.

由拉格朗日中值定理得

$$f(4)-f(0)=4f'(\zeta)\quad(0<\zeta<4)$$

---

① 现为中南大学.

而
$$f(4)-f(0)=\frac{9}{2}-\frac{5}{2}=2$$

$$f'(x)=\begin{cases}\dfrac{x}{4}, 0<x\leqslant 2\\ 1-\dfrac{2}{x^2}, 2<x<4\end{cases}$$

则
$$f'(\zeta)=\frac{1}{2}=\begin{cases}\dfrac{\zeta}{4}\\ \left(1-\dfrac{2}{\zeta^2}\right)\end{cases}$$

因此
$$\zeta=2$$

三、设函数 $f(x)=x+a\cos x\,(a>1)$,在区间 $(0,2\pi)$ 内有极小值,且极小值为 0,求函数 $f(x)$ 在区间内的极大值.

解 令 $f'(x)=1-a\sin x=0$,则
$$\sin x=\frac{1}{a}$$

由于 $a>1$,知 $0<\dfrac{1}{a}<1$,可设上式成立的 x 值为
$$x_1=\alpha, x_2=\pi-\alpha \quad (0<\alpha<\frac{\pi}{2})$$

而
$$f''(x)=-a\cos x$$
$$f''(\alpha)=-a\cos\alpha<0$$
$$f''(\pi-\alpha)=a\cos\alpha>0$$

故当 $x=\pi-\alpha$ 时,$f(x)$ 取极小值,而当 $x=\alpha$ 时,$f(x)$ 取极大值.由题设知
$$f(\pi-\alpha)=\pi-\alpha+a\cos(\pi-\alpha)$$
$$=\pi-\alpha-a\cos\alpha$$
$$=0$$

即
$$\alpha+a\cos\pi=\pi$$

故极大值为
$$f(\alpha)=\alpha+a\cos\alpha=\pi$$

四、计算 $\displaystyle\int e^{-\frac{x}{2}}\frac{\cos x-\sin x}{\sqrt{\sin x}}dx$.

解 可得
$$原式=2\int e^{-\frac{x}{2}}d\sqrt{\sin x}-\int e^{-\frac{x}{2}}\sqrt{\sin x}\,dx$$

$$= 2\left(e^{-\frac{x}{2}}\sqrt{\sin x} + \frac{1}{2}\int e^{-\frac{x}{2}}\sqrt{\sin x}\,dx\right) -$$
$$\int e^{-\frac{x}{2}}\sqrt{\sin x}\,dx$$
$$= 2e^{-\frac{x}{2}}\sqrt{\sin x}$$

五、求积分
$$\oiint_S \left(x^3 + \frac{x}{x_0^2}\right)dydz + (y^3 - xz)dzdx + \left(z^3 - \frac{z}{x_0^2}\right)dxdy$$

其中 S 为球面 $x^2 + y^2 + z^2 = 2z$ 的外侧(x_0 为常数).

解 设
$$P = x^3 + \frac{x}{x_0^2}, Q = y^3 - xz, R = z^3 - \frac{z}{x_0^2}$$

则
$$\frac{\partial P}{\partial x} + \frac{\partial Q}{\partial y} + \frac{\partial R}{\partial z} = 3(x^2 + y^2 + z^2)$$

由奥氏公式得
$$\text{原式} = 3\iiint_\Omega (x^2 + y^2 + z^2)dxdydz$$
$$= 3\int_0^{2\pi}d\theta\int_0^{\frac{\pi}{2}}\sin\varphi\,d\varphi\int_0^{2\cos\varphi}r^4\,dr$$
$$= \frac{32}{5}\pi$$

六、求方程组
$$\begin{cases}\dfrac{dx}{dt} + y - 2x = 6e^{-t} & \text{①}\\ \dfrac{d^2x}{dt^2} + \dfrac{d^2y}{dt^2} - 2\dfrac{dx}{dt} = 0 & \text{②}\end{cases}$$

的通解.

解 对方程 ① 两边求二阶导数得
$$\frac{d^3x}{dt^3} + \frac{d^2y}{dt^2} - 4\frac{d^2x}{dt^2} = 6e^{-t} \quad ③$$

将方程 ③ − ② 得
$$\frac{d^3x}{dt^3} - 3\frac{d^2x}{dt^2} + 2\frac{dx}{dt} = 6e^{-t} \quad ④$$

方程 ④ 的特征方程为
$$r^3 - 3r^2 + 2r = 0$$

得
$$r_1 = 0, r_2 = 1, r_3 = 2$$

方程 ④ 的对应齐次方程通解为
$$X = c_1 + c_2 e^t + c_3 e^{2t}$$

设 $x^* = Ae^{-t}$，代入方程 ④ 得
$$A = -1, x^* = -e^{-t}$$
故方程 ④ 的通解为
$$x = c_1 + c_2 e^t + c_3 e^{2t} - e^{-t}$$
将上式代入方程 ① 得
$$y = 2c_1 + c_2 e^t + 3e^{-t}$$
因此所求通解为
$$\begin{cases} x = c_1 + c_2 e^t + c_3 e^{2t} - e^{-t} \\ y = 2c_1 + c_2 e^t + 3e^{-t} \end{cases}$$

七、设 $u = \dfrac{x+y}{2}, v = \dfrac{x-y}{2}, w = ze^y$，取 u, v 为新自变量，$w = w(u, v)$ 为新函数，假定函数 $w(u, v)$ 具有二阶连续偏导数，变换方程
$$\frac{\partial^2 z}{\partial x^2} + \frac{\partial^2 z}{\partial x \partial y} + \frac{\partial z}{\partial x} = z$$
为新变量的形式.

解 将 $w(u, v) = ze^y$ 两边对 x 求偏导数得
$$\frac{\partial w}{\partial u} \cdot \frac{1}{2} + \frac{\partial w}{\partial v} \cdot \frac{1}{2} = e^y \frac{\partial z}{\partial x}$$
从而
$$\frac{\partial z}{\partial x} = \frac{1}{2} e^{-y} \left(\frac{\partial w}{\partial u} + \frac{\partial w}{\partial v} \right)$$
$$\frac{\partial^2 z}{\partial x^2} = \frac{1}{2} e^{-y} \left(\frac{\partial^2 w}{\partial u^2} \cdot \frac{1}{2} + \frac{\partial^2 w}{\partial u \partial v} \cdot \frac{1}{2} + \frac{\partial^2 w}{\partial v \partial u} \cdot \frac{1}{2} + \frac{\partial^2 w}{\partial v^2} \cdot \frac{1}{2} \right)$$
$$= \frac{1}{4} e^{-y} \left(\frac{\partial^2 w}{\partial u^2} + 2 \frac{\partial^2 w}{\partial u \partial v} + \frac{\partial^2 w}{\partial v^2} \right)$$
$$\frac{\partial^2 z}{\partial xy} = -\frac{1}{2} e^{-y} \left(\frac{\partial w}{\partial u} + \frac{\partial w}{\partial v} \right) + \frac{1}{2} e^{-y} \left(\frac{\partial^2 w}{\partial u^2} \cdot \frac{1}{2} - \frac{\partial^2 w}{\partial u \partial v} \cdot \frac{1}{2} + \frac{\partial^2 w}{\partial v \partial u} \cdot \frac{1}{2} - \frac{\partial^2 w}{\partial v^2} \cdot \frac{1}{2} \right)$$
$$= \frac{1}{4} e^{-y} \left(\frac{\partial^2 w}{\partial u^2} - \frac{\partial^2 w}{\partial v^2} - \frac{\partial w}{\partial u} - \frac{\partial w}{\partial v} \right)$$
将上述结果代入原方程，则对于新变量，其形式为
$$\frac{\partial^2 w}{\partial u^2} + \frac{\partial^2 w}{\partial u \partial v} = 2w$$

八、设 $f(x)$ 在 $[a, b]$ 上连续且恒大于零，按 $\varepsilon - \delta$ 定义证明 $\dfrac{1}{f(x)}$ 在 $[a, b]$ 上连续.

证 因为 $f(x)$ 在 $[a, b]$ 上连续且恒大于零，所以 $f(x)$ 在 $[a, b]$ 上有最小值 $m > 0$. 设 x_0 为 $[a, b]$ 内任一点，由连续性知对于任给 $\varepsilon > 0$，存在 $\delta > 0$，使得当 $|x - x_0| < \delta$ 时，恒有
$$|f(x) - f(x_0)| < m^2 \varepsilon$$
因此有
$$\left| \frac{1}{f(x)} - \frac{1}{f(x_0)} \right| = \left| \frac{f(x_0) - f(x)}{f(x) f(x_0)} \right|$$

$$\leqslant \left|\frac{f(x)-f(x_0)}{m^2}\right|$$
$$< \varepsilon$$

即 $\frac{1}{f(x)}$ 在 x_0 连续，所以在 $[a,b]$ 上连续．

九、证明
$$e^x \sin x = \sum_{n=1}^{\infty} \frac{2^{\frac{n}{2}} \sin \frac{n\pi}{4}}{n!} x^n \quad (-\infty < x < +\infty)$$

证 令
$$f(x) = e^x \sin x$$

则
$$f'(x) = e^x (\sin x + \cos x)$$
$$= \sqrt{2} e^x \sin \left(x + \frac{\pi}{4}\right)$$
$$f''(x) = \sqrt{2} e^x \left[\sin \left(x + \frac{\pi}{4}\right) + \cos \left(x + \frac{\pi}{4}\right)\right]$$
$$= (\sqrt{2})^2 e^x \sin \left(x + \frac{2}{4}\pi\right)$$

由数学归纳法可证得
$$f^{(n)}(x) = (\sqrt{2})^n e^x \sin \left(x + \frac{n\pi}{4}\right)$$
$$f(0) = 0$$
$$f^{(n)}(0) = 2^{\frac{n}{2}} \sin \frac{n\pi}{4} \quad (n=1,2,\cdots)$$

故知
$$e^x \sin x = \sum_{k=1}^{\infty} \frac{2^{\frac{k}{2}} \sin \frac{k\pi}{4}}{k!} x^k + \frac{2^{\frac{n+1}{2}} \sin \left(\theta x + \frac{n\pi}{4}\right) e^{\theta x}}{(n+1)!} x^{n+1} \qquad ①$$

又知
$$\left|\frac{2^{\frac{n+1}{2}} e^{\theta x} \sin \left(\theta x + \frac{n\pi}{4}\right)}{(n+1)!} x^{n+1}\right| \leqslant \frac{2^{\frac{n+1}{2}} e^{|x|} |x|^{n+1}}{(n+1)!}$$

考查级数 $\sum_{n=0}^{\infty} \frac{2^{\frac{n+1}{2}} |x|^{n+1}}{(n+1)!}$，因为当 $n \to \infty$ 时
$$\frac{2^{\frac{n+1}{2}}}{(n+1)!} \bigg/ \frac{2^{\frac{n}{2}}}{n!} = \frac{2^{\frac{1}{2}}}{n+1} \to 0$$

所以由比值法知级数收敛，因此一般项
$$\frac{2^{\frac{n+1}{2}} |x|^{n+1}}{(n+1)!} \to 0 \quad (n \to \infty)$$

从而式 ① 右端当 $n \to \infty$ 时，对任何 x 值有

$$\frac{2^{\frac{n+1}{2}} e^{|x|} |x|^{n+1}}{(n+1)!} \to 0$$

故

$$e^x \sin x = \sum_{n=1}^{\infty} \frac{2^{\frac{n}{2}} \sin \frac{n\pi}{4}}{n!} x^n \quad (-\infty < x < +\infty)$$

十、 设数列 $\{na_n\}$ 的极限存在，级数 $\sum\limits_{n=1}^{\infty} n(a_n - a_{n-1})$ 收敛，证明级数 $\sum\limits_{n=1}^{\infty} a_n$ 也收敛.

证 因为级数 $\sum\limits_{n=1}^{\infty} n(a_n - a_{n-1})$ 收敛，所以

$$\lim_{n\to\infty} \sum_{k=1}^{\infty} k(a_k - a_{k-1}) = S$$

又知 $\{na_n\}$ 的极限存在，不妨设极限为 A，即

$$\lim_{n\to\infty} na_n = A$$

显见

$$\sum_{k=0}^{n-1} a_k = na_n - \sum_{k=1}^{n} k(a_k - a_{k-1})$$

故知

$$\lim_{n\to\infty} \sum_{k=0}^{n-1} a_k = \lim_{n\to\infty} na_n - \lim_{n\to\infty} \sum_{k=1}^{n} k(a_k - a_{k-1})$$
$$= A - S$$

因此，级数 $\sum\limits_{n=0}^{\infty} a_n$ 也收敛，即 $\sum\limits_{n=1}^{\infty} a_n$ 收敛.

陕西机械学院[①](1982)

一、计算下列各题：

(1) $\lim\limits_{x \to 0} \left[\dfrac{\sin^{100} x}{x^{99} \cos\left(\dfrac{\pi}{2} - x\right)} \right]^{\frac{2+3\tan^2 x}{3x^2}}.$

(2) $\iint\limits_{R} \sin \dfrac{x}{y} \mathrm{d}x \mathrm{d}y$（图 1）.

(3) 求函数项级数 $\sum\limits_{n=1}^{\infty} \dfrac{2^{-\sqrt{n}}}{n} \left(\dfrac{3+2x}{3-x} \right)^n$ 的收敛域.

(4) 设 $f(x) = \dfrac{(x+1)^2(x-1)}{x^3(x-2)}$，求 $\int_{-1}^{3} \dfrac{f'(x)}{1+f^2(x)} \mathrm{d}x.$

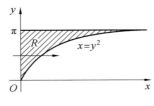

图 1

解 （1）令

$$A = \lim_{x \to 0} \left[\dfrac{\sin^{100} x}{x^{99} \cos\left(\dfrac{\pi}{2} - x\right)} \right]^{\frac{2+3\tan^2 x}{3x^2}}$$

有

$$\ln A = \lim_{x \to 0} \dfrac{2 + 3\tan^2 x}{3x^2} \cdot \ln \dfrac{\sin^{100} x}{x^{99} \cdot \sin x}$$

$$= 99 \lim_{x \to 0} (2 + 3\tan^2 x) \cdot \dfrac{\ln \dfrac{\sin x}{x}}{3x^2}$$

因为

$$\lim_{x \to 0} (2 + 3\tan^2 x) = 2$$

$$\lim_{x \to 0} \dfrac{\ln \dfrac{\sin x}{x}}{3x^2} = \lim_{x \to 0} \dfrac{\dfrac{\cos x}{\sin x} - \dfrac{1}{x}}{6x}$$

---

① 现为西安理工大学.

$$= \lim_{x \to 0} \frac{x\cos x - \sin x}{6x^2 \sin x}$$

$$= \lim_{x \to 0} \frac{x\cos x - \sin x}{6x^3}$$

$$= \lim_{x \to 0} \frac{-x\sin x}{18x^2}$$

$$= -\frac{1}{18}$$

所以

$$\ln A = 99 \times 2 \times \left(-\frac{1}{18}\right) = -11$$

$$A = e^{-11}$$

（2）可得

$$\iint_R \sin \frac{x}{y} \mathrm{d}x\mathrm{d}y = \int_0^\pi \mathrm{d}y \int_0^{y^2} \sin \frac{x}{y} \mathrm{d}x =$$

$$= \int_0^\pi y\mathrm{d}y - \int_0^\pi y\mathrm{d}\sin y$$

$$= \frac{1}{2}y^2 \Big|_0^\pi - \left(y\sin y - \int_0^\pi \sin y\mathrm{d}y\right)$$

$$= \frac{\pi^2}{2} + 2$$

（3）令 $y = \frac{3+2x}{3-x}$，则原级数变成 y 的幂级数

$$\sum_{n=1}^\infty \frac{2^{-\sqrt{n}}}{n} y^n$$

容易求出它的收敛半径 R

$$R = \lim_{n \to \infty} \left|\frac{a_n}{a_{n+1}}\right| = \lim_{n \to \infty} \frac{2^{-\sqrt{n}}}{n} \cdot \frac{n+1}{2^{-\sqrt{n+1}}}$$

$$= \lim_{n \to \infty} \frac{n+1}{n} \cdot 2^{\sqrt{n+1}-\sqrt{n}}$$

$$= \lim_{n \to \infty} \frac{n+1}{n} \cdot 2^{\frac{1}{\sqrt{n+1}+\sqrt{n}}}$$

$$= 1$$

因此收敛区间为 $(-1,1)$。当 $y = \pm 1$ 时，幂级数变成 $\sum_{n=1}^\infty (\pm 1)^n \cdot \frac{2^{-\sqrt{n}}}{n}$，用比较判别法以 p 级数（$p=2$）为比较对象，容易知道级数 $\sum_{n=1}^\infty \frac{2^{-\sqrt{n}}}{n}$ 收敛，从而知道幂级数

$$\sum_{n=1}^\infty \frac{2^{-\sqrt{n}}}{n} y^n$$

的收敛域为 $[-1,1]$，而原级的收敛域则由满足不等式

$$-1 \leqslant \frac{3+2x}{3-x} \leqslant 1$$

的所有 x 所组成,而这些 x 的全体为 $[-6,0]$.

(4) 因在 $[-1,3]$ 内有 $f(x)$ 的两个退点 0 与 2, 故所求的积分是退积分

$$\int_{-1}^{3} \frac{f'(x)}{1+f^2(x)}dx = \int_{-1}^{0} + \int_{0}^{1} + \int_{1}^{2} + \int_{2}^{3}$$

$$\int_{-1}^{0} \frac{f'(x)}{1+f^2(x)}dx = \lim_{\varepsilon \to 0} \int_{-1}^{0-\varepsilon} \frac{f'(x)}{1+f^2(x)}dx$$

$$= \lim_{\varepsilon \to 0} \arctan f(x) \Big|_{-1}^{-\varepsilon}$$

$$= -\frac{\pi}{2}$$

$$\int_{0}^{1} \frac{f'(x)}{1+f^2(x)}dx = \lim_{\varepsilon \to 0} \int_{\varepsilon}^{1} \frac{f'(x)}{1+f^2(x)}dx$$

$$= \lim_{\varepsilon \to 0} \arctan f(x) \Big|_{\varepsilon}^{1}$$

$$= -\frac{\pi}{2}$$

$$\int_{1}^{2} \frac{f'(x)}{1+f^2(x)}dx = \lim_{\varepsilon \to 0} \int_{1}^{2-\varepsilon} \frac{f'(x)}{1+f^2(x)}dx$$

$$= \lim_{\varepsilon \to 0} \arctan f(x) \Big|_{1}^{2-\varepsilon}$$

$$= -\frac{\pi}{2}$$

$$\int_{2}^{3} \frac{f'(x)}{1+f^2(x)}dx = \lim_{\varepsilon \to 0} \int_{2+\varepsilon}^{3} \frac{f'(x)}{1+f^2(x)}dx$$

$$= \lim_{\varepsilon \to 0} \arctan f(x) \Big|_{2+\varepsilon}^{3}$$

$$= \lim_{\varepsilon \to 0} \left[\arctan \frac{32}{27} - \arctan \frac{(3+\varepsilon)^2 \cdot (1-\varepsilon)}{(2+\varepsilon)^2(\varepsilon)} \right]$$

$$= \arctan \frac{32}{27} - \frac{\pi}{2}$$

有

$$\int_{-1}^{3} \frac{f'(x)}{1+f^2(x)}dx = \arctan \frac{32}{27} - \frac{\pi}{2}$$

二、证明下列各题：

(1) 设 $f(x) = \int_{0}^{x} \cos \frac{1}{t} dt$, 则 $f'(0) = 0$.

(2) 设 $f(x), \varphi(x), \psi(x)$ 都是在闭区间 $[a,b]$ 上的连续函数,在区间 (a,b) 存在有限导数,则必有一个 $c(a<c<b)$ 使

$$\begin{vmatrix} f(a) & \varphi(a) & \psi(a) \\ f(b) & \varphi(b) & \psi(b) \\ f'(c) & \varphi'(c) & \psi'(c) \end{vmatrix} = 0$$

(3) 若 $f(x)$ 在 $(-\infty, +\infty)$ 上连续,且满足

$$f(x) = \int_0^x f(t)\,dt$$

则
$$f(x) \equiv 0 \quad (-\infty < x < +\infty)$$

(4) 函数 $f(x_1, x_2, \cdots, x_n)$ 为 m 次齐次函数的充要条件是
$$x_1 \frac{\partial f}{\partial x_1} + x_2 \frac{\partial f}{\partial x_2} + \cdots + x_n \frac{\partial f}{\partial x_n} = mf(x_1, x_2, \cdots, x_n)$$

证 (1) 可得
$$f(x) = -x^2 \sin\frac{1}{x} + 2\int_0^x t\sin\frac{1}{t}\,dt, \quad f(0) = 0$$

$$f'(0) = \lim_{h\to 0}\frac{f(0+h) - f(0)}{h} = \lim_{h\to 0}\frac{f(h)}{h}$$

$$= \lim_{h\to 0}\frac{-h^2\sin\frac{1}{h} + 2\int_0^h t\sin\frac{1}{t}\,dt}{h}$$

$$= \lim_{h\to 0}\left(-h\sin\frac{1}{h} + \frac{2}{h}\int_0^h t\sin\frac{1}{t}\,dt\right)$$

而
$$\lim_{h\to 0}\frac{2\int_0^h t\sin\frac{1}{t}\,dt}{h} = \lim_{h\to 0}\frac{2h\sin\frac{1}{h}}{1} = 0$$

故
$$f'(0) = 0$$

(2) 考虑
$$h(x) = \begin{vmatrix} f(a) & \varphi(a) & \psi(a) \\ f(b) & \varphi(b) & \psi(b) \\ f(x) & \varphi(x) & \psi(x) \end{vmatrix}$$

显然，$h(x)$ 在 $[a,b]$ 上连续，在 (a,b) 内可导，而且
$$h(a) = 0, h(b) = 0$$

故由罗尔定理知：在 (a,b) 内至少存在一点使
$$h'(c) = \begin{vmatrix} f(a) & \varphi(a) & \psi(a) \\ f(b) & \varphi(b) & \psi(b) \\ f'(c) & \varphi'(c) & \psi'(c) \end{vmatrix} = 0$$

(3) 因
$$f'(x) = f(x)$$

故
$$\ln f(x) = x + \ln c$$

即
$$f(x) = ce^x$$

又由 $f(0) = 0$，得 $c = 0$，因此 $f(x) \equiv 0$.

(4) 先证必要性. 设 $f(x_1,\cdots,x_n)$ 为 m 次齐次函数,故对任何实数 t,有
$$f(tx_1,tx_2,\cdots,tx_n)=t^m \cdot f(x_1,x_2,\cdots,x_n)$$
令 $u_i=tx_i$,两边对 t 求导数,得
$$x_1\frac{\partial f}{\partial u_1}+x_2\frac{\partial f}{\partial u_2}+\cdots+x_n\frac{\partial f}{\partial u_n}\bigg|_{(tx_1,\cdots,tx_n)}$$
$$=mt^{m-1}f(x_1,\cdots,x_n)$$
注意到 $\dfrac{\partial f(u_1,\cdots,u_n)}{\partial u_i}$ 与 $\dfrac{\partial f(x_1,\cdots,x_n)}{\partial x_i}$ 在同一点的函数值是相等的事实,令 $t=1$ 时,便有
$$x_1\frac{\partial f}{\partial x_1}+x_2\frac{\partial f}{\partial x_2}+\cdots+x_n\frac{\partial f}{\partial x_n}=mf(x_1,x_2,\cdots,x_n) \qquad ①$$

再证充分性. 设函数 $f(x_1,x_2,\cdots,x_n)$ 满足方程 ①,证明 $f(x_1,x_2,\cdots,x_n)$ 是 m 次齐次函数. 考虑函数
$$F(t)=\frac{f(tx_1,tx_2,\cdots,tx_n)}{t^m}$$
如果能够证明 $F'(t)\equiv 0$,那么 $F(t)=\text{cos } st$,而 $F(1)=f(x_1,x_2,\cdots,x_n)$,有
$$f(tx_1,tx_2,\cdots,tx_n)=t^m f(x_1,x_2,\cdots,x_n)$$
由于 $(x_1,x_2,\cdots,x_n)$ 是任意一点,故 $f(x_1,\cdots,x_n)$ 为 m 次齐次函数,因此证明 f 为 m 次齐次函数,只要证明 $F'(t)\equiv 0$ 即可
$$F'(t)=t^{-m}\left(\frac{\partial f}{\partial u_1}x_1+\frac{\partial f}{\partial u_2}x_2+\cdots+\frac{\partial f}{\partial u_n}x_n\right)-$$
$$mt^{-(m+1)}f(tx_1,\cdots,tx_n)$$
$$=t^{-(m+1)}\left[\frac{\partial f}{\partial u_1}tx_1+\cdots+\frac{\partial f}{\partial u_n}tx_n-\right.$$
$$\left. mf(tx_1,\cdots,tx_n)\right]$$
因式 ① 对于任何点成立,特别对点 $(tx_1,tx_2,\cdots,tx_n)$ 也成立,故对任何 t
$$F'(t)=0$$

三、解下列微分方程:

(1) $\dfrac{dy}{dx}=\dfrac{y}{2x}+\dfrac{1}{2y}\tan\dfrac{y^2}{x}$.

(2) $x^{(4)}+10x''+9x=\cos(2t+3)$.

(3) 假定 $u=xy,v=\dfrac{x}{y}$,试以 u,v 为自变量,改写微分方程
$$x^2\frac{\partial^2 z}{\partial x^2}-y^2\frac{\partial^2 z}{\partial y^2}=0$$
并求解.

解 (1) 因
$$\frac{1}{2y}\cdot\tan\frac{y^2}{x}=\frac{1}{2y}\cdot\frac{\sin\dfrac{y^2}{x}}{\cos\dfrac{y^2}{x}}$$

即
$$\frac{2y\cos\frac{y^2}{x}}{x} - \frac{y^2\cos\frac{y^2}{x}}{x^2} = \frac{\sin\frac{y^2}{x}}{x}$$

从而
$$\cos\frac{y^2}{x}\left(\frac{2xy\,\mathrm{d}y - y^2\,\mathrm{d}x}{x^2}\right) = \frac{\sin\frac{y^2}{x}}{x}\mathrm{d}x$$

即
$$\frac{\mathrm{d}\sin\frac{y^2}{x}}{\sin\frac{y^2}{x}} = \frac{\mathrm{d}x}{x}$$

故通解为
$$\sin\frac{y^2}{x} = cx$$

(2) 特征方程
$$r^4 + 10r^2 + 9 = 0$$

特征根
$$r = \pm\mathrm{i}, \pm 3\mathrm{i}$$

对应齐次方程通解
$$X = (a\cos t + b\sin t) + (c\cos 3t + d\sin 3t)$$

求非齐次方程的特解,令
$$X^* = A\cos(2t+3) + B\sin(2t+3)$$

求导数并代入所给微分方程定出
$$A = \frac{-1}{15}, B = 0$$

$$X^* = \frac{-1}{15}\cos(2t+3)$$

因此,非齐次方程的通解为
$$x = (a\cos t + b\sin t) + (c\cos 3t + d\sin 3t) - \frac{1}{15}\cos(2t+3)$$

(3) 可得
$$\frac{\partial z}{\partial x} = \frac{\partial z}{\partial u}y + \frac{\partial z}{\partial v}\frac{1}{y}$$

$$\frac{\partial z}{\partial y} = \frac{\partial z}{\partial u}\cdot x + \frac{\partial z}{\partial v}\cdot\frac{-x}{y^2}$$

$$\frac{\partial^2 z}{\partial x^2} = y^2\frac{\partial^2 z}{\partial u^2} + 2\frac{\partial^2 z}{\partial u\partial v} + \frac{1}{y^2}\frac{\partial^2 z}{\partial v^2}$$

$$\frac{\partial^2 z}{\partial y^2} = x^2\frac{\partial^2 z}{\partial u^2} - \frac{2x^2}{y^2}\frac{\partial^2 z}{\partial u\partial v} + \frac{x^2}{y^4}\frac{\partial^2 z}{\partial v^2} + \frac{2x}{y^3}\cdot\frac{\partial z}{\partial v}$$

$$x^2\frac{\partial^2 z}{\partial x^2} - y^2\frac{\partial^2 z}{\partial y^2} = 4x^2\frac{\partial^2 z}{\partial u \partial v} - \frac{2x}{y}\frac{\partial z}{\partial v}$$

$$= 4x^2\left(\frac{\partial^2 z}{\partial u \partial v} - \frac{1}{2u}\frac{\partial z}{\partial v}\right)$$

故方程变为

$$\frac{\partial^2 z}{\partial u \partial v} - \frac{1}{2u}\frac{\partial z}{\partial v} = 0$$

因为

$$\frac{\partial^2 z}{\partial u \partial v} - \frac{1}{2u}\frac{\partial z}{\partial v} = \frac{\partial}{\partial v}\left(\frac{\partial z}{\partial u} - \frac{z}{2u}\right) = 0$$

所以

$$\frac{\partial z}{\partial u} - \frac{z}{2u} = \varphi(u) \quad (\text{其中 } \varphi \text{ 为任意函数})$$

$$z = e^{\int \frac{1}{2u}du}\left(\int \varphi(u)e^{-\int \frac{1}{2u}du}du + \psi(v)\right)$$

$$= \sqrt{u}\left(\int \varphi(u) \cdot \frac{1}{\sqrt{u}}du + \psi(v)\right)$$

由于 φ, ψ 是任意函数，因此适合方程的函数必取如下的形式

$$z = f_1(u) + \sqrt{u}f_2(v)$$

其中，f_1, f_2 为任意二次可微的一元函数，而适合原方程的函数取如下形式

$$z = f_1(xy) + \sqrt{xy} \cdot f_2\left(\frac{x}{y}\right)$$

四、计算积分

$$\varphi(x) = \frac{1}{2\pi\sigma_1\sigma_2}\int_{-\infty}^{+\infty} e^{-\frac{y^2}{2\sigma_1^2}} \cdot e^{-\frac{(x-y)^2}{2\sigma_2^2}}dy \quad (\sigma_1 > 0, \sigma_2 > 0)$$

解 可得

$$\varphi(x) = \frac{1}{2\pi\sigma_1\sigma_2}\int_{-\infty}^{+\infty} e^{-\left[\frac{y^2}{2\sigma_1^2} + \frac{x^2 - 2xy + y^2}{2\sigma_2^2}\right]}dy$$

$$= \frac{1}{2\pi\sigma_1\sigma_2} \cdot e^{-\frac{x^2}{2\sigma_2^2}}\int_{-\infty}^{+\infty} e^{-\left[\left(\frac{1}{2\sigma_1^2} + \frac{1}{2\sigma_2^2}\right)y^2 - \frac{xy}{\sigma_2^2}\right]}dy$$

将 e 的指数进行配方，得

$$\varphi(x) = \frac{1}{2\pi\sigma_1\sigma_2} \cdot e^{-\frac{x^2}{2\sigma_2^2}}$$

$$\int_{-\infty}^{+\infty} e^{-\left[\left(\frac{1}{2\sigma_1^2} + \frac{1}{2\sigma_2^2}\right)y^2 - \frac{x}{\sigma_2^2}y + \left(\frac{\frac{x}{\sigma_2^2}}{\sqrt{\frac{1}{2\sigma_1^2} + \frac{1}{2\sigma_2^2}}}\right)^2 - \left(\frac{\frac{x}{\sigma_2^2}}{2\sqrt{\frac{1}{2\sigma_1^2} + \frac{1}{2\sigma_2^2}}}\right)^2\right]}dy$$

$$= \frac{1}{2\pi\sigma_1\sigma_2} \cdot e^{-\frac{x^2}{2\sigma_2^2} + \left(\frac{\sigma_1 x}{\sigma_2\sqrt{2\sigma_1^2 + 2\sigma_2^2}}\right)^2} \cdot$$

$$\int_{-\infty}^{+\infty} e^{-\left(\frac{\sqrt{2}\sqrt{\sigma_1^2+\sigma_2^2}}{2\sigma_1\sigma_2}y - \frac{\sigma_1 x}{\sigma_2\sqrt{2(\sigma_1^2+\sigma_2^2)}}\right)^2}dy$$

$$= \frac{1}{2\pi\sigma_1\sigma_2} \cdot \frac{2\sigma_1\sigma_2}{\sqrt{2}\sqrt{\sigma_1^2+\sigma_2^2}} \cdot e^{-\left(\frac{1}{2\sigma_2^2} - \frac{\sigma_1^2}{2\sigma_2^2(\sigma_1^2+\sigma_2^2)}\right)x^2} \cdot$$

$$\int_{-\infty}^{+\infty} e^{-z^2} dz$$

$$= \frac{1}{\sqrt{2\pi} \cdot \sqrt{\sigma_1^2 + \sigma_2^2}} e^{-\frac{x^2}{2(\sigma_1^2+\sigma_2^2)}}$$

五、平面上一质点受到一力 $F = \left(\dfrac{2x-y}{x^2+y^2}, \dfrac{2y+x}{x^2+y^2}\right)$ 的作用,计算质点沿曲线

$$C: \begin{cases} x = a\cos t \\ y = b\sin t \end{cases} \quad (0 \leqslant t \leqslant 2\pi)$$

按逆时针方向运行一周时 F 做的功 W,如果 C 是任一条闭曲线,W 等于多少?

解 可得

$$W = \int_C F \cdot ds = \int_C \frac{(2x-y)dx + (2y+x)dy}{x^2 + y^2}$$

$$P = \frac{2x-y}{x^2+y^2}$$

$$Q = \frac{2y+x}{x^2+y^2}$$

容易验证

$$\frac{\partial P}{\partial y} = \frac{\partial Q}{\partial x} = \frac{y^2 - x^2 - 4xy}{(x^2+y^2)^2}$$

显然,除了原点 $(0,0)$ 外,$\dfrac{\partial P}{\partial y}, \dfrac{\partial Q}{\partial x}, P, Q$ 皆连续. 因此,对任何不包含原点区域格林公式成立. 于是:

(1) 若 C 是不包含原点在内的闭曲线,则 $W=0$,这是因为

$$W = \iint_\sigma \left(\frac{\partial Q}{\partial x} - \frac{\partial P}{\partial y}\right) dxdy = 0$$

(2) 如图 2 所示,若 C 是包含原点的闭曲线,则 $W = 2\pi$,事实上,我们可在 C 内作一个以原点为圆心完全在 C 内的圆周 γ,如此构成的复连通域 D,按格林公式

$$\int_{C^+ + \gamma^-} Pdx + Qdy = \iint_D \left(\frac{\partial Q}{\partial x} - \frac{\partial P}{\partial y}\right) dxdy = 0$$

有

$$\oint_{C^+} Pdx + Qdy = \oint_{\gamma^+} Pdx + Qdy$$

这说明沿包含原点的任何闭曲线所做的功 W 都相等,特别等于沿以原点为圆心的单位圆周 γ 所做的功

$$\gamma: \begin{cases} x = \cos t \\ y = \sin t \end{cases} \quad (0 \leqslant t \leqslant 2\pi)$$

$$W = \int_\gamma Pdx + Qdy$$

$$= \int_0^{2\pi} [(2\cos t - \sin t)(-\sin t) + (2\sin t + \cos t)\cos t] dt$$

$$= \int_0^{2\pi} dt$$
$$= 2\pi$$

(3) 若 C 经过原点,线积分没有定义,故 C 不过原点时解答如下:

① C 为如题给出的椭圆时,$W = 2\pi$.

② C 为任意围绕 $(0,0)$ 的闭曲线时,$W = 2\pi$.

③ C 为任意不围绕 $(0,0)$ 的闭曲线时,$W = 0$.

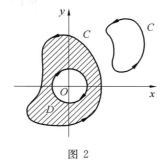

图 2

太原工学院[①](1982)

高等数学 A

一、当 $0 \leqslant x \leqslant 1, p > 1$ 时,求证
$$\frac{1}{2^{p-1}} \leqslant x^p + (1-x)^p \leqslant 1$$

证 考虑函数
$$f(x) = x^p + (1-x)^p$$
$$f'(x) = p[x^{p-1} - (1-x)^{p-1}]$$

令 $f'(x) = 0$,解得
$$x = \frac{1}{2}$$

当 $0 \leqslant x < \frac{1}{2}$ 时,$1-x > \frac{1}{2}$,因 $f'(x) < 0$,故 $f(x)$ 下降.

当 $\frac{1}{2} < x \leqslant 1$ 时,$1-x < \frac{1}{2}$,$f'(x) > 0$,因此 $f(x)$ 上升,$f(x)$ 在 $x = \frac{1}{2}$ 达极小值.

又 $f(0) = f(1) = 1$,故对 $x \in [0,1]$ 有
$$f\left(\frac{1}{2}\right) \leqslant f(x) \leqslant f(0)$$

而 $f\left(\frac{1}{2}\right) = \frac{1}{2^{p-1}}$,因此,对 $x \in [0,1]$ 有
$$\frac{1}{2^{p-1}} \leqslant x^p + (1-x)^p \leqslant 1$$

二、设有两均匀细杆,长度分别为 l_1, l_2,质量分别为 m_1, m_2,它们位于同一条直线上,相邻两端点之距离为 a,试求此两细杆之间的引力.

解 选取如图 1 所示坐标系,细杆 l_1, l_2 的线密度记为 ρ_1, ρ_2
$$\rho_1 = \frac{m_1}{l_1}$$
$$\rho_2 = \frac{m_2}{l_2}$$

在两杆上分别选取微小元素
$$\mathrm{d}m_1 = \rho_1 \mathrm{d}x, \mathrm{d}m_2 = \rho_2 \mathrm{d}x$$

考虑它两者间的引力(大小)

---

① 现为太原理工大学.

$$dF = G \cdot \frac{dm_1 \cdot dm_2}{(y-x)^2}$$
$$= G\rho_1\rho_2 \frac{dx dy}{(y-x)^2}$$

因此
$$F = G\rho_1\rho_2 \int_{l_1+a}^{l_1+l_2+a} \left[\int_0^{l_1} \frac{1}{(y-x)^2} dx\right] dy$$
$$= G\rho_1\rho_2 \int_{l_1+a}^{l_1+l_2+a} \left(\frac{1}{y-l_1} - \frac{1}{y}\right) dy$$
$$= G\rho_1\rho_2 \ln \frac{(l_1+a)(l_2+a)}{a(l_1+l_2+a)}$$
$$= G\frac{m_1 m_2}{l_1 l_2} \ln \frac{(a+l_1)(a+l_2)}{a(a+l_1+l_2)}$$

其中 G 为引力常数.

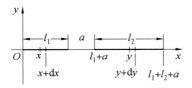

图 1

三、计算积分
$$\int_1^2 dx \int_{\sqrt{x}}^x \sin\frac{\pi x}{2y} dy + \int_2^4 dx \int_{\sqrt{x}}^2 \sin\frac{\pi x}{2y} dy$$

解 如图 2 所示,有
$$\sigma_1 : x=1, x=2, y=\sqrt{x}, y=x$$
$$\sigma_2 : x=2, x=4, y=\sqrt{x}, y=2$$
$$\sigma = \sigma_1 \cup \sigma_2 : y=x, y=\sqrt{x}, y=2$$
$$\int_1^2 dx \int_{\sqrt{x}}^x \sin\frac{\pi x}{2y} dy + \int_2^4 dx \int_{\sqrt{x}}^2 \sin\frac{\pi x}{2y} dy$$
$$= \iint_{\sigma_1} \sin\frac{\pi x}{2y} dx dy + \iint_{\sigma_2} \sin\frac{\pi x}{2y} dx dy$$
$$= \iint_{\sigma} \sin\frac{\pi x}{2y} dx dy$$
$$= \int_1^2 dy \int_y^{y^2} \sin\frac{\pi x}{2y} dx$$
$$= \int_1^2 \left[-\frac{2}{\pi} y\cos\frac{\pi x}{2y}\right]_y^{y^2} dy$$
$$= \frac{4}{\pi^3}(2+\pi)$$

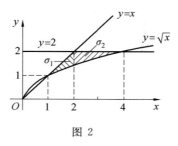

图 2

四、求积分
$$\oint_L y\,dx + z\,dy + x\,dz$$

其中 L 是以 $A_1(a,0,0), A_2(0,a,0), A_3(0,0,a)$ 为顶点的三角形 $(a>0)$，方向由 A_1 经 A_2, A_3 再回到 A_1.

解 如图 3 所示，过 A_1, A_2, A_3 作平面，以 L 为界的三角形块为曲面 S，根据斯托克斯 (Stokes) 公式，有

$$\oint_L y\,dx + z\,dy + x\,dz = -\sqrt{3}\iint_S dS = -\sqrt{3} \cdot 三角形面积$$

$$= -\sqrt{3} \cdot \frac{1}{2}\sqrt{a^2+a^2} \cdot \sqrt{a^2+a^2} \cdot \sin 60°$$

$$= -\frac{3}{2}a^2$$

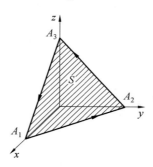

图 3

五、设函数 $f(x)$ 在 x_0 的附近为 $2n-1$ 阶可导，在 x_0 处为 $2n$ 阶可导，且
$$f'(x_0) = f''(x_0) = \cdots = f^{(2n-1)}(x_0) = 0, f^{(2n)}(x_0) \neq 0$$

试证：x_0 为 $f(x)$ 的极值点，当 $f^{(2n)}(x) > 0$ 时，x_0 是极小点；当 $f^{(2n)}(x_0) < 0$ 时，x_0 是极大点.

证 设 $f(x)$ 在 x_0 的邻域 $U(x_0)$ 内有 $2n-1$ 阶导数，对于 $x \in U(x_0)$，由泰勒公式有

$$f(x) - f(x_0) = \frac{f^{(2n-1)}(\zeta)}{(2n-1)!}(x-x_0)^{2n-1}$$

ζ 介于 x_0 与 x 之间，且为 x 的函数. 考虑

$$\lim_{\zeta \to x_0} \frac{f^{(2n-1)}(\zeta)}{\zeta - x_0} = \lim_{\zeta \to x_0} \frac{f^{(2n-1)}(\zeta) - f^{(2n-1)}(x_0)}{\zeta - x_0}$$
$$= f^{(2n)}(x_0)$$

有
$$\frac{f^{(2n-1)}(\zeta)}{\zeta - x_0} = f^{(2n)}(x_0) + \alpha$$

因 $f^{(2n)}(x_0) \neq 0$, 故可取如此小的 δ, 使当
$$0 < |x_0 - \zeta| < \delta$$

时,$f^{(2n)}(x_0) + \alpha$ 与 $f^{(2n)}(x_0)$ 同号,代入有
$$f(x) - f(x_0) = [f^{(2n)}(x_0) + \alpha](\zeta - x_0) \cdot (x - x_0)^{2n-1}/(2n-1)!$$

考虑在 x_0 的 $\delta-$ 邻域内的 x, $f(x) - f(x_0)$ 与 $f^{(2n)}(x_0)$ 同号,故 x_0 是 $f(x)$ 的极值点.

当 $f^{(2n)}(x_0) > 0$ 时, $f(x) - f(x_0) > 0$, 故 x_0 为 $f(x)$ 的极小点;

当 $f^{(2n)}(x_0) < 0$ 时, $f(x) - f(x_0) < 0$, 故 x_0 为 $f(x)$ 的极大点.

六、设 $f(x)$ 是在闭区间 $[a,b]$ 上的非负连续函数,试证:当
$$\int_a^b f(x)\mathrm{d}x = 0$$

时
$$f(x) \equiv 0$$

证 若 $f(x) \not\equiv 0$, 则存在 $x_0 \in [a,b]$, 使 $f(x_0) \neq 0$. 不妨设 $f(x_0) > 0$, 因为函数 $f(x)$ 连续,所以存在 x_0 的一个小邻域 $(x_0 - \delta, x_0 + \delta)$ 使 $f(x)$ 在此邻域内仍旧大于零. (若 $x_0 = a$, $x_0 - \delta$ 换为 a; 若 $x_0 = b$, 则 $x_0 + \delta$ 换成 b)

$$\int_a^b f(x)\mathrm{d}x = \int_a^{x_0-\delta} f(x)\mathrm{d}x + \int_{x_0-\delta}^{x_0+\delta} f(x)\mathrm{d}x + \int_{x_0+\delta}^b f(x)\mathrm{d}x$$

因为 $f(x) \geqslant 0$, 由积分性质,知
$$\int_a^{x_0-\delta} f(x)\mathrm{d}x \geqslant 0$$
$$\int_{x_0+\delta}^b f(x)\mathrm{d}x \geqslant 0$$
$$\int_{x_0-\delta}^{x_0+\delta} f(x)\mathrm{d}x > 0$$

所以
$$\int_a^b f(x)\mathrm{d}x > 0$$

与所设矛盾.

七、求幂级数 $\sum_{n=1}^{\infty} \frac{n^2}{2^n} x^{n-1}$ 的和函数.

解 容易知道此幂级数的收敛区间为 $(-2,2)$. 根据幂级数性质,可以在收敛区间内逐项求导、求积,且收敛半径不变.

令

$$S(x) = \sum_{n=1}^{\infty} \frac{n^2}{2^n} x^{n-1}$$

有

$$\int_0^x S(x) dx = \sum_{n=1}^{\infty} \frac{n}{2^n} x^n$$

$$\frac{1}{x} \int_0^x S(x) dx = \sum_{n=1}^{\infty} \frac{n}{2^n} x^{n-1}$$

当 $x=0$ 时,左边函数值定义为 $\frac{1}{2}$,于是左边函数就解析了

$$\int_0^x \left[\frac{1}{x} \int_0^x S(x) dx \right] dx = \sum_{n=1}^{\infty} \frac{1}{2^n} x^n = \frac{x}{2-x}$$

两边连续求两次导数就可以求出 $S(x)$:由

$$\frac{1}{x} \int_0^x S(x) dx = \frac{2}{(2-x)^2}$$

得

$$\int_0^x S(x) dx = \frac{2x}{(2-x)^2}$$

两边对 x 连续求两次导数,得

$$S(x) = \frac{2(2+x)}{(2-x)^3}$$

八、 $W = u + iv$ 是 $z = x + iy$ 的解析函数,且

$$u - v = (x-y)(x^2 + 4xy + y^2)$$

求出 u 及 v,并把 W 表为 z 的函数.

解 因为

$$u - v = (x-y)(x^2 + 4xy + y^2)$$
$$= x^3 + 3x^2 y - 3xy^2 - y^3 \qquad ①$$

所以

$$\frac{\partial u}{\partial x} - \frac{\partial v}{\partial x} = 3x^2 + 6xy - 3y^2$$

由柯西-黎曼(Cauchy-Riemann)条件

$$\frac{\partial u}{\partial x} = \frac{\partial v}{\partial y}, \frac{\partial u}{\partial y} = -\frac{\partial v}{\partial x}$$

知

$$\frac{\partial u}{\partial x} - \frac{\partial v}{\partial x} = \frac{\partial u}{\partial y} + \frac{\partial v}{\partial y}$$

$$\frac{\partial u}{\partial y} + \frac{\partial v}{\partial y} = 3(x^2 + 2xy - y^2)$$

因此

$$u + v = 3x^2 y + 3xy^2 - y^3 + \varphi(x) \qquad ②$$

式 ①+②,②-① 得

$$2u = x^3 + 6x^2y - 2y^3 + \varphi(x) \quad ③$$
$$2v = -x^3 + 6xy^2 + \varphi(x) \quad ④$$

因为 $\dfrac{\partial u}{\partial x} = \dfrac{\partial v}{\partial y}$,得

$$3x^2 + 12xy + \varphi'(x) = 12xy$$

所以
$$\varphi'(x) = -3x^2$$
$$\varphi(x) = -x^3 + c$$

代入式③④,求得
$$u = 3x^2y - y^3 + c$$
$$v = -x^3 + 3xy^2 + c$$

有
$$W = u + iv = (3x^2y - y^3) + i(-x^3 + 3xy^2) + c + ic$$
$$= -i(x + iy)^3 + c(1 + i)$$
$$= -iz^3 + c(1 + i)$$

其中 c 为任意实常数.

九、一根两端固定的弦,长为 l,在 $t=0$ 时,弦被拉成一条抛物线形状
$$\varphi(x) = hx(l-x)$$
然后无初速地放开,求解弦的振动情况.

解 依题意,若 $u = u(x,t)$ 表示弦的横位移,则 $u(x,t)$ 必为定解问题

$$\begin{cases} \dfrac{\partial^2 u}{\partial t^2} = a^2 \dfrac{\partial^2 u}{\partial x^2} & ① \\ u(0,t) = 0, u(l,t) = 0 & ② \\ u\big|_{t=0} = hx(l-x), \dfrac{\partial u}{\partial t}\bigg|_{t=0} = 0 & ③ \end{cases}$$

的解,由解的存在唯一性定理知,此定解问题的解 $u(x,t)$ 亦必表示该弦的横位移,由此就可以了解到弦的振动情况.

(1) 求形如 $u = X(x)T(t)$ 适合方程①③的所有非零解. 设 $u = X(x)T(t)$ 为方程①的解,那么有

$$XT'' = a^2 X''T$$
$$\dfrac{X''}{X} = \dfrac{T''}{a^2 T} = -\lambda$$

由此得到两个常微分方程
$$X'' + \lambda X = 0 \quad ④$$
$$T'' + \lambda a^2 T = 0 \quad ⑤$$

为了适合边界条件②且又不恒为零,必须
$$X(0) = X(l) = 0 \quad ⑥$$

可见, $u = X \cdot T$ 适合方程①③,必须且只须 X, T 适合方程④⑤⑥,为了 $X(x)$ 适合方程⑥且不恒为零,有固有值

$$\lambda_n = \frac{n^2 \pi^2}{l^2} \quad (n=1,2,\cdots)$$

固有函数

$$X_n(x) = \sin \frac{n\pi x}{l} \quad (n=1,2,\cdots)$$

对应于这些固有值 λ_n，方程 ⑤ 的通解是

$$T_n(t) = a_n \cos \frac{n\pi at}{l} + b_n \sin \frac{n\pi at}{l}$$

其中 a_n 与 b_n 是任意常数，于是得到，适合方程 ①② 的形如 $X(x) \cdot T(t)$ 的函数

$$u_n(x,t) = \left(a_n \cos \frac{an\pi}{l} + b_n \sin \frac{an\pi}{l}\right) \sin \frac{n\pi}{l} x \quad (n=1,2,\cdots) \qquad ⑦$$

(2) 定解问题的解.

式 ⑦ 中的每一个函数皆适合方程 ①②，并且还知道在一般情况下不可能适合方程 ③，为此要设法扩大适合方程 ①② 的函数类. 由于方程 ① 是齐次的，边界条件 ② 亦是齐次的，因此可知若 u_1, u_2 适合方程 ①②，则这两个函数叠加后 $u = u_1 + u_2$ 仍然适合方程 ①②，可以设想如果广义迭加原理可以应用的话，那么

$$u(x,t) = \sum_{n=1}^{\infty} \left(a_n \cos \frac{an\pi t}{l} + b_n \sin \frac{an\pi t}{l}\right) \sin \frac{n\pi}{l} x \qquad ⑧$$

仍适合方程 ①②，这样就有无穷多个常数供我们调整使它适合方程 ③，由傅里叶级数知识可以知道，在适当情况下总是可能的. 为了方程 ③

$$u|_{t=0} = hx(l-x) = \sum_{n=1}^{\infty} a_n \sin \frac{n\pi}{l} x$$

$$\frac{\partial u}{\partial t} = \sum_{n=1}^{\infty} \frac{l}{an\pi} \left(-a_n \sin \frac{an\pi t}{l} + b_n \cos \frac{an\pi t}{l}\right) \sin \frac{n\pi}{l} x$$

$$\left.\frac{\partial u}{\partial t}\right|_{t=0} = 0 = \sum_{n=1}^{\infty} \frac{l}{an\pi} b_n \sin \frac{n\pi}{l} x$$

所以

$$a_n = \frac{2}{l} \int_0^l hx(l-x) \sin \frac{n\pi}{l} x \, dx$$

$$= \frac{4hl^2}{n^3 \pi^3} [1-(-1)^n]$$

$$= \begin{cases} \frac{8hl^2}{n^3 \pi^3}, n=1,3,5,\cdots \\ 0, n=2,4,\cdots \end{cases}$$

$$b_n = 0$$

令

$$n = 2m-1 \quad (m=1,2,\cdots)$$

则

$$a_{2m-1} = \frac{8hl^2}{(2m-1)^3 \pi^3} \quad (m=1,2,\cdots)$$

代入式 ⑧，得
$$u(x,t) = \frac{8hl^2}{\pi^3}\sum_{m=1}^{\infty}\frac{1}{(2m-1)^3}\cos\frac{a(2m-1)\pi t}{l}\sin\frac{(m-1)\pi}{l}x$$
可以验证如此确定的 $u(x,t)$ 是定解问题的解.

高等数学 B

一、求解下列各题：

(1) 试求 $\int_0^y e^t dt + \int_0^x \cos t dt = 0$ 所决定的隐函数对 x 的导数 y'.

(2) 设 $\operatorname{sgn} x = \begin{cases} 1, x > 0 \\ 0, x = 0 \\ -1, x < 0 \end{cases}$，计算 $\int_0^3 \operatorname{sgn}(x - x^3) dx$.

(3) 设 $f(x)$ 的原函数为 $\ln(x + \sqrt{x^2+1})$，求 $\int xf'(x) dx$.

(4) 设 $u = f(x+y, xy)$，求 $\dfrac{\partial^2 u}{\partial x \partial y}$.

解 (1) 因为
$$e^y \cdot y' + \cos x = 0$$
所以
$$y' = -e^{-y}\cos x$$

(2) 因 $x - x^3 = x(1-x)(1+x)$，可见
$$\operatorname{sgn}(x-x^3) = \begin{cases} +1, -\infty < x < -1, 0 < x < 1 \\ 0, x = 0, -1, 1 \\ -1, -1 < x < 0, 1 < x < +\infty \end{cases}$$
所以
$$\int_0^3 \operatorname{sgn}(x-x^3) dx = \int_0^1 1 \cdot dx + \int_1^3 (-1) dx = 1 - 3 = -2$$

(3) 因为
$$f(x) = [\ln(x + \sqrt{x^2+1})]'$$
$$= \frac{1}{x+\sqrt{x^2+1}}\left(1 + \frac{x}{\sqrt{x^2+1}}\right)$$
$$= \frac{1}{\sqrt{x^2+1}}$$
所以
$$\int xf'(x) dx = \int x df(x) = xf(x) - \int f(x) dx$$
$$= \frac{x}{\sqrt{x^2+1}} - \ln(x + \sqrt{x^2+1}) + c$$

(4) 令 $u=x+y, v=xy$,有

$$\frac{\partial u}{\partial x}=\frac{\partial f}{\partial u}\cdot\frac{\partial u}{\partial x}+\frac{\partial f}{\partial v}\cdot\frac{\partial v}{\partial x}$$

$$=\frac{\partial f}{\partial u}+y\frac{\partial f}{\partial v}$$

$$\frac{\partial u}{\partial x\partial y}=\frac{\partial}{\partial y}\left(\frac{\partial f}{\partial u}\right)+\frac{\partial f}{\partial v}+y\frac{\partial}{\partial y}\left(\frac{\partial f}{\partial v}\right)$$

$$=\frac{\partial^2 f}{\partial u^2}+\frac{\partial^2 f}{\partial u\partial v}x+\frac{\partial v}{\partial f}+y\left(\frac{\partial f}{\partial v\partial u}+\frac{\partial^2 f}{\partial v^2}\cdot x\right)$$

$$=\frac{\partial^2 f}{\partial u^2}+(x+y)\frac{\partial^2 f}{\partial u\partial v}+x\frac{\partial^2 f}{\partial v^2}+\frac{\partial f}{\partial v}$$

二、同高等数学 A 题一.

三、同高等数学 A 题二.

四、求幂级数 $\sum\limits_{n=1}^{\infty}n^2 x^{n-1}$ 的和函数.

解 令 $S(x)=\sum\limits_{n=1}^{\infty}n^2 x^{n-1}$（类似高等数学 A 题七）

$$\int_0^x S(x)\mathrm{d}x=\sum_{n=1}^{\infty}nx^n$$

$$\frac{1}{x}\int_0^x S(x)\mathrm{d}x=\sum_{n=1}^{\infty}nx^{n-1}$$

$$\int_0^x\left(\frac{1}{x}\int_0^x S(x)\mathrm{d}x\right)\mathrm{d}x=\sum_{n=1}^{\infty}x^n=\frac{x}{1-x}$$

连续求两次导数可得

$$S(x)=\frac{x+1}{(1-x)^3}\quad(-1<x<1)$$

五、同高等数学 A 题三.

六、求微分方程组

$$\begin{cases}y'_1=4y_1+y_2 & \text{①}\\ y'_2=-6y_1-y_2 & \text{②}\end{cases}$$

的通解.

解 方程 ① + ② 得

$$y'_1+y'_2=-2y_1 \qquad \text{③}$$

方程 ① 两边求导得

$$y''_1=4y'_1+y'_2$$

将方程 ③ 代入得

$$y''_1-3y'_1+2y_1=0$$

这是常系数线性齐次方程,它的通解为

$$y_1=c_1\mathrm{e}^x+c_2\mathrm{e}^{2x}$$

代入方程 ①,得

$$y_2 = 2c_2 e^{2x} - 3c_1 e^x$$

所以微分方程组的通解为

$$\begin{cases} y_1 = c_2 e^{2x} + c_1 e^x \\ y_2 = 2c_2 e^{2x} - 3c_1 e^x \end{cases}$$

其中 c_1, c_2 为任意常数.

题七,八,九分别同高等数学 A 题四,五,六.

高等数学 C

一至六题分别与高等数学 A 题一,三,四,五,六,八相同.

七、(1) 设向量组 $\boldsymbol{\alpha}_1, \boldsymbol{\alpha}_2, \cdots, \boldsymbol{\alpha}_k$ 线性相关,向量组 $\boldsymbol{\beta}_1, \boldsymbol{\beta}_2, \cdots, \boldsymbol{\beta}_k$ 也线性相关,则存在不全为零的数 $\lambda_1, \lambda_2, \cdots, \lambda_k$,使

$$\lambda_1 \boldsymbol{\alpha}_1 + \lambda_2 \boldsymbol{\alpha}_2 + \cdots + \lambda_k \boldsymbol{\alpha}_k = \boldsymbol{0}$$
$$\lambda_1 \boldsymbol{\beta}_1 + \lambda_2 \boldsymbol{\beta}_2 + \cdots + \lambda_k \boldsymbol{\beta}_k = \boldsymbol{0}$$

成立. 由此推得

$$\lambda_1(\boldsymbol{\alpha}_1 + \boldsymbol{\beta}_1) + \lambda_2(\boldsymbol{\alpha}_2 + \boldsymbol{\beta}_2) + \cdots + \lambda_k(\boldsymbol{\alpha}_k + \boldsymbol{\beta}_k) = \boldsymbol{0}$$

所以 $\boldsymbol{\alpha}_1 + \boldsymbol{\beta}_1, \boldsymbol{\alpha}_2 + \boldsymbol{\beta}_2, \cdots, \boldsymbol{\alpha}_k + \boldsymbol{\beta}_k$ 也线性相关.

问此证法是否正确？并说明理由.

(2) 求方阵

$$\boldsymbol{A} = \begin{pmatrix} 3 & 1 & 1 \\ 1 & 2 & 0 \\ 1 & 0 & 2 \end{pmatrix}$$

的所有特征向量,并求出满秩方阵 $\boldsymbol{P}$ 使 $\boldsymbol{P}^{-1} \boldsymbol{A} \boldsymbol{P}$ 成对角形方阵.

解 (1) 不正确. 因为 $\{\boldsymbol{\alpha}_1, \boldsymbol{\alpha}_2, \cdots, \boldsymbol{\alpha}_k\}$ 和 $\{\boldsymbol{\beta}_1, \boldsymbol{\beta}_2, \cdots, \boldsymbol{\beta}_k\}$ 是两组向量. 在线性相关时,对于每一组都存在不同时为零的常数 $\{\lambda_i\}, \{\lambda'_i\}$,使

$$\lambda_1 \boldsymbol{\alpha}_1 + \lambda_2 \boldsymbol{\alpha}_2 + \cdots + \lambda_k \boldsymbol{\alpha}_k = \boldsymbol{0}$$
$$\lambda'_1 \boldsymbol{\beta}_1 + \lambda'_2 \boldsymbol{\beta}_2 + \cdots + \lambda'_k \boldsymbol{\beta}_k = \boldsymbol{0}$$

在一般情况下 $\{\lambda_i\}$ 不同于 $\{\lambda'_i\}$,例如两组向量

$$(0, 1, x, x^2), (x^3, 1, x^4, 0)$$

皆为相关向量组,但

$$(0 + x^3, 1 + 1, x + x^4, x^2) = (x^3, 2, x + x^4, x^2)$$

却是线性无关向量组.

(2) $\boldsymbol{A}$ 的特征多项式为

$$|\lambda \boldsymbol{E} - \boldsymbol{A}| = \begin{vmatrix} \lambda - 3 & -1 & -1 \\ -1 & \lambda - 2 & 0 \\ -1 & 0 & \lambda - 2 \end{vmatrix}$$
$$= (\lambda - 2)(\lambda - 1)(\lambda - 4)$$

所以 $\boldsymbol{A}$ 的特征根:$\lambda_1 = 1, \lambda_2 = 2, \lambda_3 = 4$.

对于 $\lambda_1=1$ 的齐次方程组为
$$\begin{cases} -2x_1-x_2-x_3=0 \\ -x_1-x_2=0 \\ -x_1-x_3=0 \end{cases}$$

它的非零解向量就称为对应于 $\lambda_1=1$ 的特征向量. 此方程组的基础系是 $(1,-1,-1)$,所以对应于 $\lambda=1$ 的特征向量为 $(1,-1,-1)$. 同理,对应于 $\lambda_2=2,\lambda_3=4$ 的特征向量为 $(0,1,-1),(2,1,1)$. 这样我们就得到 **A** 的三个线性无关的特征向量
$$(1,-1,-1),(0,1,-1),(2,1,1)$$

以它们作为列向量,作矩阵
$$\boldsymbol{P}=\begin{pmatrix} 1 & 0 & 2 \\ -1 & 1 & 1 \\ -1 & -1 & 1 \end{pmatrix}$$

这就是我们所要求的矩阵,它使
$$\boldsymbol{P}^{-1}\boldsymbol{A}\boldsymbol{P}=\begin{pmatrix} \lambda_1 & & \boldsymbol{0} \\ & \lambda_2 & \\ \boldsymbol{0} & & \lambda_3 \end{pmatrix}=\begin{pmatrix} 1 & & \boldsymbol{0} \\ & 2 & \\ \boldsymbol{0} & & 4 \end{pmatrix}$$

八、 某医院用自制新药医治某种病毒所导致的流行性感冒,在 400 名流感病人中进行临床试验,有 200 人服了此药,有 200 人未服,经过 5 天后,有 210 人痊愈,其中有 190 人是服此新药的,试用概率方法表示这种新药对医此流感病的疗效.

解 设事件
$$B:\text{“服新药者”}$$
$$A:\text{“痊愈者”}$$

新药疗效自然是服用此药后痊愈的百分比,用概率概念来表示就是在事件 B 发生的情况下事件 A 发生的概率,即 $P(A\mid B)$. 按概率的乘法定理
$$P(AB)=P(A)\cdot P(B\mid A)=P(B)\cdot P(A\mid B)$$
故
$$P(A\mid B)=\frac{P(AB)}{P(B)}=\frac{P(A)\cdot P(B\mid A)}{P(B)}$$
$$=\frac{\frac{210}{400}\times\frac{190}{210}}{\frac{200}{400}}$$
$$=95\%$$

安徽工学院[①](1982)

高等数学

一、计算下列各题：

(1) $\dfrac{\mathrm{d}}{\mathrm{d}x}\left(\displaystyle\int_a^b \mathrm{e}^{-\frac{x^2}{2}}\mathrm{d}x\right)$ (a,b 为常数, $a\neq b$).

(2) 已知 $\displaystyle\int_0^{y^2} \mathrm{e}^t\mathrm{d}t = \int_0^x \ln\cos t\,\mathrm{d}t$，求 $\dfrac{\mathrm{d}y}{\mathrm{d}x}$.

(3) $\displaystyle\int_1^2 \dfrac{x^2}{x^3-3}\mathrm{d}x$.

(4) $\displaystyle\iiint_\Omega (x^2+y^2)\mathrm{d}x\mathrm{d}y\mathrm{d}z$，其中 Ω 为曲面 $y^2=2z$ 和 $x=0$ 的交线绕 Oz 轴旋转而成的曲面及平面 $z=2, z=8$ 所围区域.

解 (1) 因为定积分 $\displaystyle\int_a^b \mathrm{e}^{-\frac{x^2}{2}}\mathrm{d}x$ 为常数，故
$$\dfrac{\mathrm{d}}{\mathrm{d}x}\left(\int_a^b \mathrm{e}^{-\frac{x^2}{2}}\mathrm{d}x\right) = 0$$

(2) 将等式两边对 x 求导，得
$$2yy'\mathrm{e}^{y^2} = \ln\cos x$$
因此
$$\dfrac{\mathrm{d}y}{\mathrm{d}x} = \dfrac{\ln\cos x}{2y\mathrm{e}^{y^2}}$$

(3) 可得
$$\int_1^2 \dfrac{x^2}{x^3-3}\mathrm{d}x = \int_1^{\sqrt[3]{3}} \dfrac{x^2}{x^3-3}\mathrm{d}x + \int_{\sqrt[3]{3}}^2 \dfrac{x^2}{x^3-3}\mathrm{d}x$$
由于积分
$$\begin{aligned}
\int_1^{\sqrt[3]{3}} \dfrac{x^2}{x^3-3}\mathrm{d}x &= \lim_{\varepsilon\to 0}\int_1^{\sqrt[3]{3}-\varepsilon} \dfrac{x^2}{x^3-3}\mathrm{d}x \\
&= \lim_{\varepsilon\to 0}\left[\dfrac{1}{3}\ln|x^3-3|\right]_1^{\sqrt[3]{3}-\varepsilon} \\
&= \lim_{\varepsilon\to 0}\left[\dfrac{1}{3}\ln|(\sqrt[3]{3}-\varepsilon)^3-3| - \dfrac{1}{3}\ln|1^3-3|\right] \\
&= -\infty
\end{aligned}$$

[①] 现为合肥工业大学.

所以原积分发散.

(4) 如图 1 所示,将直角坐标化为柱坐标,得

$$\iiint_\Omega (x^2+y^2)\mathrm{d}x\mathrm{d}y\mathrm{d}z = \int_0^{2\pi}\mathrm{d}\theta\int_0^2 r^3\mathrm{d}r\int_2^8\mathrm{d}z + \int_0^{2\pi}\mathrm{d}\theta\int_2^4 r^3\mathrm{d}r\int_{\frac{r^2}{2}}^8\mathrm{d}z$$

$$= 2\pi\cdot\frac{2^4}{4}\cdot 6 + 2\pi\int_2^4\left(8-\frac{r^2}{2}\right)r^3\mathrm{d}r$$

$$= \frac{1\,168}{3}\pi$$

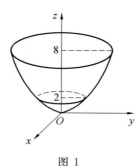

图 1

二、设 $F(x,y)=\left(\dfrac{1-y}{2x+1}\right)^{\frac{x}{2x+y}}$,$(1-y)(2x+1)>0$ 且 $y\neq -\dfrac{x}{2}$,$f(x)=\lim\limits_{y\to -\frac{x}{2}} F(x,y)$,求 $f(x)$ 的连续区间、间断点及间断点处的左右极限.

解 因为

$$f(x) = \lim_{y\to -\frac{x}{2}} F(x,y) = \lim_{y\to -\frac{x}{2}}\left(\frac{1-y}{2x+1}\right)^{\frac{x}{2x+y}}$$

$$= \lim_{y\to -\frac{x}{2}}\left(\frac{2x+1-2x-y}{2x+1}\right)^{\frac{x}{2x+y}}$$

$$= \lim_{y\to -\frac{x}{2}}\left[\left(1-\frac{2x+y}{2x+1}\right)^{-\frac{2x+1}{2x+y}}\right]^{-\frac{x}{2x+1}}$$

$$= e^{-\frac{x}{2x+1}}$$

所以 $f(x)$ 的连续区间为 $\left(-\infty,-\dfrac{1}{2}\right)$ 及 $\left(-\dfrac{1}{2},+\infty\right)$. 显然,$x=-\dfrac{1}{2}$ 为 $f(x)$ 的唯一间断点.

左极限 $f\left(-\dfrac{1}{2}-0\right)=\lim\limits_{x\to -\frac{1}{2}-0}f(x)=\lim\limits_{x\to -\frac{1}{2}-0}e^{-\frac{x}{2x+1}}=0.$

右极限 $f\left(-\dfrac{1}{2}+0\right)=\lim\limits_{x\to -\frac{1}{2}+0}f(x)=\lim\limits_{x\to -\frac{1}{2}+0}e^{-\frac{x}{2x+1}}=+\infty.$

三、求 $I=\int_0^x(1+y)\arctan y\,\mathrm{d}y$ 的极小值.

解 令

$$\frac{\mathrm{d}I}{\mathrm{d}x}=\frac{\mathrm{d}}{\mathrm{d}x}\left(\int_0^x(1+y)\arctan y\,\mathrm{d}y\right)$$

$$= (1+x)\arctan x = 0$$

得驻点
$$x = -1, x = 0$$

又
$$\frac{d^2 I}{dx^2} = \arctan x + \frac{1+x}{1+x^2}$$

得
$$I''(-1) = -\frac{\pi}{4} < 0$$
$$I''(0) = 1 > 0$$

故极小值为
$$I(0) = \int_0^0 (1+y)\arctan y\,dy = 0$$

四、计算积分
$$\iint_\Omega 4zx\,dydz - 2zy\,dzdx + (1-z^2)dxdy$$

其中 Ω 为 $z = a^y (0 \leqslant y \leqslant 2, a > 0, a \neq 1)$ 绕 z 轴旋转所成曲面的下侧.

解 设 Σ 为平面 $z = a^2$ 介于 Ω 内的部分的上侧,$\Sigma + \Omega$ 构成封闭曲面
$$P = 4zx, Q = -2zy, R = 1-z^2$$
$$\frac{\partial P}{\partial x} + \frac{\partial Q}{\partial y} + \frac{\partial R}{\partial z} = 4z - 2z - 2z \equiv 0$$

由奥氏公式知
$$\iint_{\Omega+\Sigma} 4zx\,dydz - 2zy\,dzdx + (1-z^2)dxdy = 0$$

故
$$\iint_\Omega 4zx\,dydz - 2zy\,dzdx + (1-z^2)dxdy$$
$$= -\iint_\Sigma 4zx\,dydz - 2zy\,dzdx + (1-z^2)dxdy$$
$$= -\iint_\Sigma (1-z^2)dxdy$$
$$= -\iint_{D_{XY}} (1-a^4)r\,d\theta dr$$
$$= -(1-a^4)\int_0^{2\pi} d\theta \int_0^2 r\,dr$$
$$= 4\pi(a^4 - 1)$$

五、讨论级数 $\sum_{n=1}^\infty \int_0^{\frac{1}{n}} \frac{\sqrt{x}}{1+x^2} dx$ 的敛散性.

解 令
$$u_n = \int_0^{\frac{1}{n}} \frac{\sqrt{x}}{1+x^2} dx, v_n = \int_0^{\frac{1}{n}} \sqrt{x}\,dx$$

由于
$$v_n = \int_0^{\frac{1}{n}} \sqrt{x}\,dx = \frac{2}{3} x^{\frac{2}{3}} \Big|_0^{\frac{1}{n}} = \frac{2}{3} \cdot \frac{1}{n^{\frac{3}{2}}}$$

而
$$\sum_{n=1}^{\infty} v_n = \sum_{n=1}^{\infty} \left(\frac{2}{3} \cdot \frac{1}{n^{\frac{3}{2}}} \right)$$

收敛(P级数，$P = \frac{3}{2} > 1$)，又因为 $u_n \leqslant v_n (n = 1, 2, \cdots)$，由比较法知

$$\sum_{n=1}^{\infty} \int_0^{\frac{1}{n}} \frac{\sqrt{x}}{1+x^2}\,dx$$

收敛.

六、将 $f(x) = x^2$ 在 $[-\pi, \pi]$ 上展开成傅里叶级数，并求 $\frac{\pi^2}{6}$ 和 $\frac{\pi^2}{12}$ 的展开式.

解 因为 $f(x) = x^2$ 在 $[-\pi, \pi]$ 上为偶函数，故傅里叶系数
$$b_n = 0$$
$$a_0 = \frac{1}{\pi} \int_0^{\pi} x^2\,dx = \frac{2}{3}\pi^2$$
$$a_n = \frac{2}{\pi} \int_0^{\pi} x^2 \cos nx\,dx = (-1)^n \frac{4}{n^2} \quad (n=1,2,\cdots)$$

所以
$$x^2 = \frac{\pi^2}{3} + 4 \sum_{n=1}^{\infty} (-1)^n \frac{\cos nx}{n^2} \quad ([-\pi, \pi])$$

当 $x = \pi$ 时，因为
$$\pi^2 = \frac{\pi^2}{3} + 4 \sum_{n=1}^{\infty} (-1)^n \frac{\cos n\pi}{n^2}$$
$$= \frac{\pi^2}{3} + 4 \sum_{n=1}^{\infty} (-1)^n \frac{(-1)^n}{n^2}$$
$$= \frac{\pi^2}{3} + 4 \sum_{n=1}^{\infty} \frac{1}{n^2}$$

故
$$\frac{\pi^2}{6} = \sum_{n=1}^{\infty} \frac{1}{n^2}$$

当 $x = 0$ 时，因为
$$0 = \frac{\pi^2}{3} + 4 \sum_{n=1}^{\infty} (-1)^n \frac{1}{n^2}$$

故
$$\frac{\pi^2}{12} = \sum_{n=1}^{\infty} \frac{(-1)^{n-1}}{n^2}$$

七、求 $\lim\limits_{n \to \infty} n \left(\dfrac{1}{n^2 + 1^2} + \dfrac{1}{n^2 + 2^2} + \cdots + \dfrac{1}{n^2 + n^2} \right)$.

解 因为
$$n\left(\frac{1}{n^2+1^2}+\frac{1}{n^2+2^2}+\cdots+\frac{1}{n^2+n^2}\right)$$
$$=\frac{1}{n}\left[\frac{1}{1+\left(\frac{1}{n}\right)^2}+\frac{1}{1+\left(\frac{2}{n}\right)^2}+\cdots+\frac{1}{1+\left(\frac{n}{n}\right)^2}\right]$$

故
$$\text{原式}=\lim_{n\to\infty}\frac{1}{n}\left[\frac{1}{1+\left(\frac{1}{n}\right)^2}+\frac{1}{1+\left(\frac{2}{n}\right)^2}+\cdots+\frac{1}{1+\left(\frac{n}{n}\right)^2}\right]$$
$$=\int_0^1\frac{1}{1+x^2}\mathrm{d}x$$
$$=\arctan x\Big|_0^1$$
$$=\frac{\pi}{4}$$

八、如图 2 所示，质量为 m 的质点，在常力 F 的作用下沿 x 轴从点 O 向正向的点 A（$OA=a$）运动．质点运动所受阻力 R 与由质点到点 A 的距离成正比，且开始运动时，$R=2(F>2)$，速度为零．求质点的运动规律及由 O 到 A 所需时间．

图 2

解 由题意知
$$\begin{cases}R=k(a-x)\\ R\mid_{x=0}=k(a-x)\mid_{x=0}=2\end{cases}$$

由上式得
$$k=\frac{-2}{a}$$

由牛顿第二运动定律知
$$\begin{cases}F-\frac{2}{a}(a-x)=m\frac{\mathrm{d}^2x}{\mathrm{d}t^2}\\ x\mid_{t=0}=0,x'\mid_{t=0}=0\end{cases}$$

整理得
$$\begin{cases}\frac{\mathrm{d}^2x}{\mathrm{d}t^2}-\frac{2}{ma}x=\frac{F-2}{m}\\ x\mid_{t=0}=0,x'\mid_{t=0}=0\end{cases}$$

解上面微分方程定解问题
$$r^2-\frac{2}{ma}=0$$
$$r=\pm\sqrt{\frac{2}{ma}}$$

对应齐次方程通解为
$$X = c_1 e^{\sqrt{\frac{2}{ma}}t} + c_2 e^{-\sqrt{\frac{2}{ma}}t}$$

设特解为 $x^* = A$，代入方程，得
$$\frac{2}{ma}A = \frac{F-2}{m}$$
$$A = a\left(\frac{F}{2} - 1\right)$$

因此方程通解为
$$x = c_1 e^{\sqrt{\frac{2}{ma}}t} + c_2 e^{-\sqrt{\frac{2}{ma}}t} + a\left(\frac{F}{2} - 1\right)$$

由 $x|_{t=0} = 0$，知
$$c_1 + c_2 = a\left(\frac{F}{2} - 1\right)$$

由 $x'|_{t=0} = 0$，知
$$c_1 - c_2 = 0, \quad c_1 = c_2$$
$$c_1 = c_2 = \frac{a}{2}\left(\frac{F}{2} - 1\right)$$

质点运动规律为
$$x = \frac{a}{2}\left(\frac{F}{2} - 1\right)(e^{\sqrt{\frac{2}{ma}}t} + e^{-\sqrt{\frac{2}{ma}}t}) + a\left(\frac{F}{2} - 1\right)$$
$$= a\left(\frac{F}{2} - 1\right)\left(\text{ch}\sqrt{\frac{2}{ma}}t + 1\right)$$

当 $x = a$ 时，代入上式得
$$1 = \left(\frac{F}{2} - 1\right)\left(\text{ch}\sqrt{\frac{2}{ma}}t + 1\right)$$

故所求时间
$$\sqrt{\frac{2}{ma}}t = \text{ch}^{-1}\frac{4-F}{2-F}$$
$$t = \sqrt{\frac{ma}{2}}\,\text{ch}^{-1}\frac{4-F}{2-F}$$

九、(1) 若 A 是 n 阶正交矩阵，试证
$$|A| = \pm 1$$

(2) 若 A 为三阶非奇异矩阵，A^* 为 A 的伴随矩阵，试证
$$A^{-1} = \frac{1}{|A|}A^*$$

(3) 若 $A^2 = E$（单位矩阵），则 A 的特征值只能是 ± 1．

证 (1) 因为 A 为 n 阶正交矩阵，则
$$A'A = AA' = E$$

又知
$$|A'A| = |A'| \cdot |A|$$

$$|A'|=|A|$$
$$|E|=1$$

故得
$$|A|^2=1, |A|=\pm 1$$

（2）设三阶矩阵 A 为
$$A=\begin{pmatrix} a_{11} & a_{12} & a_{13} \\ a_{21} & a_{22} & a_{23} \\ a_{31} & a_{32} & a_{33} \end{pmatrix}$$

$$A^*=\begin{pmatrix} A_{11} & A_{21} & A_{31} \\ A_{12} & A_{22} & A_{32} \\ A_{13} & A_{23} & A_{33} \end{pmatrix}$$

由行列式性质知
$$\begin{cases} a_{i1}A_{i1}+a_{i2}A_{i2}+a_{i3}A_{i3}=|A|, i=1,2,3 \\ a_{j1}A_{i1}+a_{j2}A_{i2}+a_{j3}A_{i3}=0, i\neq j \end{cases}$$

可得
$$AA^*=\begin{pmatrix} |A| & 0 & 0 \\ 0 & |A| & 0 \\ 0 & 0 & |A| \end{pmatrix}=|A|E$$

因为 A 为非奇异的，则 $|A|\neq 0$，故
$$A\frac{A^*}{|A|}=E$$

同理
$$\frac{A^*}{|A|}A=E$$

所以 A 有逆矩阵
$$A^{-1}=\frac{1}{|A|}A^*$$

（3）设 A 的特征值为 λ，其对应的特征向量为 X，则
$$AX=\lambda X$$
$$AAX=A\lambda X, A^2X=\lambda(AX)$$

由于 $A^2=E$，故
$$EX=\lambda^2 X, X=\lambda^2 X$$

所以
$$\lambda^2=1, \lambda=\pm 1$$

十、设 4 维向量组 $\alpha'_{i4}=(a_{i1},a_{i2},a_{i3},a_{i4})(i=1,2,3)$ 线性无关，试证 5 维向量组 $\alpha'_{i5}=(a_{i1},a_{i2},a_{i3},a_{i4},a_{i5})(i=1,2,3)$ 也线性无关.

证　令
$$k_1\alpha'_{15}+k_2\alpha'_{25}+k_3\alpha'_{35}=0$$

即
$$\begin{cases} a_{11}k_1 + a_{21}k_2 + a_{31}k_3 = 0 \\ a_{12}k_1 + a_{22}k_2 + a_{32}k_3 = 0 \\ a_{13}k_1 + a_{23}k_2 + a_{33}k_3 = 0 \\ a_{14}k_1 + a_{24}k_2 + a_{34}k_3 = 0 \\ a_{15}k_1 + a_{25}k_2 + a_{35}k_3 = 0 \end{cases} \quad ①$$

将方程组 ① 中前四个方程写成向量形式
$$k_1 \boldsymbol{\alpha}'_{14} + k_2 \boldsymbol{\alpha}'_{24} + k_3 \boldsymbol{\alpha}'_{34} = 0 \quad ②$$

因为向量组 $\boldsymbol{\alpha}'_{14}, \boldsymbol{\alpha}'_{24}, \boldsymbol{\alpha}'_{34}$ 线性无关,则
$$k_1 = k_2 = k_3 = 0$$

又因为方程组 ① 的解必是方程 ② 的解,而方程 ② 只有零解,所以方程组 ① 也只有零解.

因此向量组 $\boldsymbol{\alpha}'_{i5} (i=1,2,3)$ 线性无关.

十一、设随机变量 X 的分布密度为 $f(x) = Ae^{-|x|}, -\infty < x < +\infty$,求:系数 A,X 落入 $(0,1)$ 内的概率,X 的分布函数,均值 $E(X)$ 和方差 $D(X)$.

解 由
$$\int_{-\infty}^{+\infty} f(x) \mathrm{d}x = 1$$

知
$$\begin{aligned} \int_{-\infty}^{+\infty} A e^{-|x|} \mathrm{d}x &= 2\int_0^{+\infty} A e^{-x} \mathrm{d}x \\ &= -2A e^{-x} \Big|_0^{+\infty} \\ &= 2A = 1 \end{aligned}$$

所以
$$A = \frac{1}{2}$$

可得
$$\begin{aligned} P\{0 < X < 1\} &= \int_0^1 f(x) \mathrm{d}x \\ &= \frac{1}{2} \int_0^1 e^{-x} \mathrm{d}x \\ &= -\frac{1}{2} e^{-x} \Big|_0^1 \\ &= \frac{1}{2}\left(1 - \frac{1}{e}\right) \\ &\approx 0.316 \end{aligned}$$

$$F(x) = \int_{-\infty}^x f(x) \mathrm{d}x = \int_{-\infty}^x \frac{1}{2} e^{-|x|} \mathrm{d}x.$$

当 $x < 0$
$$F(x) = \frac{1}{2} \int_{-\infty}^x e^t \mathrm{d}t = \frac{1}{2} e^t \Big|_{-\infty}^x = \frac{1}{2} e^x$$

当 $x \geqslant 0$

$$F(x) = \frac{1}{2}\int_{-\infty}^{x} e^{-|x|} dx = \frac{1}{2}\int_{-\infty}^{0} e^{x} dx + \frac{1}{2}\int_{0}^{x} e^{-x} dx$$

$$= \frac{1}{2}\left(e^{x}\Big|_{-\infty}^{0} - \frac{1}{2}e^{-x}\Big|_{0}^{x}\right) = \frac{1}{2} - \frac{1}{2}e^{-x} + \frac{1}{2}$$

$$= 1 - \frac{1}{2}e^{-x}$$

因此分布函数为

$$F(x) = \begin{cases} \dfrac{1}{2}e^{x}, & \text{当 } x < 0 \\ 1 - \dfrac{1}{2}e^{-x}, & \text{当 } x \geqslant 0 \end{cases}$$

$E(x) = \int_{-\infty}^{+\infty} x\left(\dfrac{1}{2}e^{-|x|}\right)dx$,由于被积函数为奇函数,故

$$E(X) = 0$$

$$D(X) = E(X^2) - [E(X)]^2 = E(X^2)$$

$$= \frac{1}{2}\int_{-\infty}^{+\infty} x^2 e^{-|x|} dx$$

$$= \frac{1}{2} \cdot 2\int_{0}^{+\infty} x^2 e^{-x} dx$$

$$= \int_{0}^{+\infty} x^2 e^{-x} dx$$

$$= -\left(x^2 e^{-x}\Big|_{0}^{+\infty} - 2\int_{0}^{+\infty} x e^{-x} dx\right)$$

$$= 2\int_{0}^{+\infty} e^{-x} dx$$

$$= 2$$

十二、 在 n 个零件中,有 $k(<n)$ 个次品,若每次取出次品不放回,试求在取得正品之前,已取出次品数的分布律.

解 设随机变量 X 为取得正品之前已取出的次品数,则

$$P\{X=i\} = \frac{k}{n} \cdot \frac{k-1}{n-1} \cdot \frac{k-2}{n-2} \cdot \cdots \cdot \frac{k-(i-1)}{n-(i-1)} \cdot \frac{n-k}{n-i} \quad (i=1,2,\cdots,k)$$

故 X 的分布律为

X	0	1	2	$\cdots$	k
P_i	$\dfrac{n-k}{n}$	$\dfrac{k}{n} \cdot \dfrac{n-k}{n-1}$	$\dfrac{k}{n} \cdot \dfrac{k-1}{n-1} \cdot \dfrac{n-k}{n-2}$	$\cdots$	$\dfrac{k}{n} \cdot \dfrac{k-1}{n-1} \cdot \dfrac{k-2}{n-2} \cdot \cdots \cdot \dfrac{k-(k-1)}{n-(k-1)} \cdot \dfrac{n-k}{n-k}$

淮南矿业学院(1982)

高等数学

一、设 $f(x)$ 的图形是由方程 $y=1-x$, $y=x-3$ 和 $x^2+y^2-4x+3=0$ 在上半平面 $(y\geqslant 0)$ 的图形所组成,写出它的解析表达式,并讨论它的连续性.

解 由题意

$$f(x)=\begin{cases} 1-x, & x\leqslant 1 \\ \sqrt{-x^2+4x-3}, & 1<x\leqslant 3 \\ x-3, & x>3 \end{cases}$$

在 $x=1$ 处

$$\lim_{x\to 1-0} f(x)=\lim_{x\to 1-0}(1-x)=0=f(1)$$

$$\lim_{x\to 1+0} f(x)=\lim_{x\to 1+0}\sqrt{-x^2+4x-3}=0=f(1)$$

在 $x=3$ 处

$$\lim_{x\to 3-0} f(x)=\lim_{x\to 3-0}\sqrt{-x^2+4x-3}=0=f(3)$$

$$\lim_{x\to 3+0} f(x)=\lim_{x\to 3+0}(x-3)=0=f(3)$$

其他各处: $f(x)$ 为初等函数,从而 $f(x)$ 在整个实轴上处处连续.

二、求下列各极限:

(1) $\lim\limits_{x\to\infty}\dfrac{x^2-x\cos x+1}{2x^2+3}$.

(2) $\lim\limits_{x\to 0}\dfrac{e^x-e^{-x}-2x}{x-\sin x}$.

(3) $\lim\limits_{n\to\infty}\displaystyle\int_n^{n+1} x^2 e^{-x^2}\, dx$.

(4) 已知 $f_n(x)=1-\dfrac{1}{x}+\dfrac{1}{2!}\dfrac{1}{x^2}-\cdots+(-1)^n\dfrac{1}{n!}\dfrac{1}{x^n}$,求:① $\lim\limits_{n\to\infty} f_n(x)$; ② $\lim\limits_{x\to\infty} f_n(x)$.

解 (1) 可得

$$I=\lim_{x\to\infty}\dfrac{1-\dfrac{\cos x}{x}+\dfrac{1}{x^2}}{2+\dfrac{3}{x^2}}=\dfrac{1}{2}$$

---

① 现为安徽理工大学.

(2) 可得
$$I = \lim_{x \to 0} \frac{e^x + e^{-x} - 2}{1 - \cos x} = \lim_{x \to 0} \frac{e^x - e^{-x}}{\sin x}$$
$$= \lim_{x \to 0} \frac{e^x + e^{-x}}{\cos x} = 2$$

(3) 由积分中值定理得
$$I = \lim_{n \to \infty} \int_n^{n+1} x^2 e^{-x^2} dx = \lim_{\zeta \to \infty} (\zeta^2 e^{-\zeta^2}) = 0$$

(4) ① 可得
$$I = \lim_{n \to \infty} \left[1 - \frac{1}{x} + \frac{1}{2!} \frac{1}{x^2} - \cdots + (-1)^n \frac{1}{n!} \frac{1}{x^n} \right]$$
$$= e^{-\frac{1}{x}}$$

② 可得
$$I = \lim_{x \to \infty} \left[1 - \frac{1}{x} + \frac{1}{2!} \frac{1}{x^2} - \cdots + (-1)^n \frac{1}{n!} \frac{1}{x^n} \right]$$
$$= 1$$

三、(1) 已知 $\int_0^y e^{-t^2} dt + \int_1^{x^2} \sin u^2 du = 0$，试求 $\frac{dy}{dx}$.

(2) 设
$$z = 1 + y + (1 + y^2) \varphi(x + ay) \quad (a\ 为常数)$$

① 若 φ 为二阶可导，求 $\frac{\partial^2 z}{\partial x \partial y}$.

② 若已知当 $y = 0$ 时，$z = \ln(ex^2)$，求 dz.

解 (1) 将 $\int_0^y e^{-t^2} dt + \int_1^{x^2} \sin u^2 du = 0$ 两边对 x 求导，注意 y 是 x 的函数，从而有
$$e^{-y^2} \frac{dy}{dx} + (\sin x^4) \cdot 2x = 0$$
即
$$\frac{dy}{dx} = -(2x \sin x^4) e^{y^2}$$

(2) ① 因为
$$\frac{\partial z}{\partial x} = (1 + y^2) \varphi'(x + ay)$$
所以
$$\frac{\partial^2 z}{\partial y \partial x} = a(1 + y^2) \varphi''(x + ay) + 2y \varphi'(x + ay)$$
$$= \frac{\partial^2 z}{\partial x \partial y}$$

② 在 $z = 1 + y + (1 + y^2) \varphi(x + ay)$ 中令 $y = 0$，得
$$z = 1 + \varphi(x) = \ln(ex^2) = 1 + \ln x^2$$
所以

$$\varphi(x)=\ln x^2, \varphi(x+ay)=\ln(x+ay)^2$$

从而
$$z=1+y+(1+y^2)\ln(x+ay)^2$$

所以
$$dz=\frac{2(1+y^2)}{x+ay}dx+\left[1+2y\ln(x+ay)^2+\frac{2a(1+y^2)}{x+ay}\right]dy$$

四、求下列各积分：

(1) $\int_{\frac{\pi}{2}}^{2\pi}\frac{\sin 2x}{\sqrt{1-\cos 2x}}dx$.

(2) $\int\frac{dx}{x(x^n+a)}(a\neq 0, n\neq 0)$.

(3) $\int\frac{\sin x+8\cos x}{2\sin x+3\cos x}dx$.

(4) $\int_0^{+\infty}\frac{t}{e^{\pi t}-1}dt$（已知 $\sum_{n=1}^{\infty}\frac{1}{n^2}=\frac{\pi^2}{6}$）.

解 （1）可得
$$I=\left(\int_{\frac{\pi}{2}}^{\pi}+\int_{\pi}^{2\pi}\right)\frac{\sin 2x}{\sqrt{1-\cos 2x}}dx$$
$$=\sqrt{1-\cos 2x}\Big|_{\frac{\pi}{2}}^{\pi}+\sqrt{1-\cos 2x}\Big|_{\pi}^{2\pi}$$
$$=-\sqrt{2}$$

（2）可得
$$I=\frac{1}{a}\int\frac{(x^n+a)-x^n}{x(x^n+a)}dx$$
$$=\frac{1}{a}\int\frac{1}{x}dx-\frac{1}{a}\int\frac{x^{n-1}}{x^n+a}dx$$
$$=\frac{1}{a}\ln|x|-\frac{1}{an}\ln|x^n+a|+c$$

（3）可得
$$I=\int\frac{2(2\sin x+3\cos x)+(2\cos x-3\sin x)}{2\sin x+3\cos x}dx$$
$$=\int 2dx+\int\frac{d(2\sin x+3\cos x)}{2\sin x+3\cos x}dx$$
$$=2x+\ln(2\sin x+3\cos x)+c$$

（4）可得
$$I=\int_0^{+\infty}\frac{t}{e^{\pi t}(1-e^{-\pi t})}dt$$
$$=\int_0^1\frac{-\frac{1}{\pi}\ln(1-u)}{u}\cdot\frac{du}{\pi}$$
$$=-\frac{1}{\pi^2}\int_0^1\frac{\ln(1-u)}{u}du$$

$$= \frac{1}{\pi^2} \int_0^1 \left(1 + \frac{1}{2}u + \frac{1}{3}u^2 + \cdots + \frac{1}{n}u^{n-1} + \cdots\right) du$$

$$= \frac{1}{\pi^2} \left(1 + \frac{1}{2^2} + \frac{1}{3^2} + \cdots + \frac{1}{n^2} + \cdots\right)$$

$$= \frac{1}{6}$$

五、 利用二重积分计算地球上由经度 $0°$ 与经度 $60°$ 与赤道及纬度 $30°$ 所围的一部分地面面积(已知地球半径 $R = 6\ 370$ km).

解 可得

$$S = \iint_D \sqrt{1 + z_x^2 + z_y^2}\, dxdy$$

$$= \int_0^{\frac{\pi}{3}} d\theta \int_{\frac{\sqrt{3}}{2}R}^R \frac{R}{\sqrt{R^2 - r^2}} r dr$$

$$= \frac{\pi R}{3} \int_{\frac{\sqrt{3}}{2}R}^R (R^2 - r^2)^{-\frac{1}{2}} r dr$$

$$= -\frac{\pi R}{6} \left[2(R^2 - r^2)^{\frac{1}{2}}\right]_{\frac{\sqrt{3}}{2}R}^R$$

$$= \frac{\pi}{6} R^2$$

$$\approx 2.12 \times 10^7 \text{(km}^2\text{)}$$

六、(1) 已知 $\int_l (f'(x) + 6f(x) + 4e^{-x})y\, dx + f'(x)\, dy$ 与路径无关,且 $f(0) = 0$, $f'(0) = 1$, 试计算

$$\int_{(0,0)}^{(1,1)} (f'(x) + 6f(x) + 4e^{-x})y\, dx + f'(x)\, dx$$

的值.

(2) 已知曲线 $y = f(x)$ 通过原点, 当 $x > 0$ 时, $f(x) > 0$ 且 $f'(x) = \frac{2}{x} f(x)$, 若 $y = f(x)$ 和 $y = x$ 所围成的图形绕 x 轴旋转所得的旋转体体积等于 $\frac{18\pi}{5}$, 求曲线方程.

解 (1) 由

$$\frac{\partial P}{\partial y} = \frac{\partial Q}{\partial x}$$

得

$$f' + 6f + 4e^{-x} = f''$$

即

$$f'' - f' - 6f = 4e^{-x}$$

又

$$f(0) = 0, f'(0) = 1$$

解此柯西问题,得

$$f(x) = \frac{3}{5}e^{-2x} + \frac{2}{5}e^{3x} - e^{-x}$$

从而

$$I = \int_{(0,0)}^{(1,1)} (f'(x) + 6f(x) + 4e^{-x})y\,dx + f'(x)\,dy$$

$$= \int_0^1 f'(1)\,dy$$

$$= -\frac{6}{5}e^{-2} + \frac{6}{5}e^3 + e^{-1}$$

(2) 由题意

$$xy' = 2x$$

即

$$\frac{dy}{y} = 2\frac{dx}{x} \quad (x \neq 0)$$

解之得

$$y = cx^2 \quad (c > 0; \text{又 } x = 0 \text{ 时}, y = 0)$$

它与 $y = x$ 的交点是 $(0,0), (c^{-1}, c^{-1})$.

又已知 $y = cx^2$ 和 $y = x$ 所围成的图形绕 x 轴旋转所得的旋转体体积等于 $\frac{18\pi}{5}$, 即

$$\frac{18\pi}{4} = \frac{\pi}{3}\left(\frac{1}{c}\right)^3 - \pi\int_0^{\frac{1}{c}} c^2 x^4\,dx$$

$$= \frac{\pi}{3c^3} - \frac{\pi}{5c^3}$$

$$= \frac{2\pi}{15c^3}$$

所以

$$c = \frac{1}{3}$$

从而所求曲线方程为

$$y = \frac{1}{3}x^2$$

七、把 $f(x) = \dfrac{d}{dx}\left(\dfrac{e^x - 1}{x}\right)$ 展开为 x 的幂级数,并证明

$$\sum_{n=1}^{\infty} \frac{n}{(n+1)!} = 1$$

解 因为

$$\frac{d}{dx}\left(\frac{e^x - 1}{x}\right) = \frac{d}{dx}\left(1 + \frac{x}{2!} + \frac{x^2}{3!} + \cdots + \frac{x^n}{(n+1)!} + \cdots\right)$$

$$= \frac{1}{2!} + \frac{2}{3!}x + \cdots + \frac{n}{(n+1)!}x^{n-1} + \cdots \quad (-\infty < x < +\infty)$$

所以

$$\frac{\mathrm{d}}{\mathrm{d}x}\left(\frac{\mathrm{e}^x-1}{x}\right)\Big|_{x=1}=\sum_{n=1}^{\infty}\frac{n}{(n+1)!}$$

又
$$\frac{\mathrm{d}}{\mathrm{d}x}\left(\frac{\mathrm{e}^x-1}{x}\right)\Big|_{x=1}=\frac{x\cdot\mathrm{e}^x-(\mathrm{e}^x-1)}{x^2}\Big|_{x=1}$$
$$=\mathrm{e}-(\mathrm{e}-1)$$
$$=1$$

这就证明了
$$\sum_{n=1}^{\infty}\frac{n}{(n+1)!}=1$$

八、计算 $\oiint_{\Sigma} x^2\mathrm{d}y\mathrm{d}z-2yx\mathrm{d}z\mathrm{d}x+z\mathrm{d}x\mathrm{d}y$,其中 Σ 为曲面 $|\sqrt{x^2+z^2}-3|+|y|=1$ 的外侧.

解 由奥氏公式知
$$\oiint_{\Sigma} x^2\mathrm{d}y\mathrm{d}z-2yx\mathrm{d}z\mathrm{d}x+z\mathrm{d}x\mathrm{d}y=\iiint_{\Omega}\mathrm{d}v=v$$

因为所给的曲面 Σ 是由曲线
$$|x-3|+|y|=1$$

绕 Oy 轴旋转所产生,故而由古鲁金(P. Guldin)定理
$$v=(\sqrt{2})^2\cdot 6\pi=12\pi$$

即
$$\oiint_{\Sigma} x^2\mathrm{d}y\mathrm{d}z-2yx\mathrm{d}z\mathrm{d}x+z\mathrm{d}x\mathrm{d}y=12\pi$$

甘肃工业大学(1982)

高等数学

一、设 $z=f(xy,x^2-y^2)$,求 $\dfrac{\partial^2 z}{\partial x \partial y}$,其中 $f(u,v)$ 的所有二阶偏导数连续.

解 设
$$z=f(u,v), u=xy, v=x^2-y^2$$
则
$$\frac{\partial u}{\partial x}=y, \frac{\partial u}{\partial y}=x, \frac{\partial v}{\partial x}=2x, \frac{\partial v}{\partial y}=-2y$$
于是
$$\frac{\partial z}{\partial x}=\frac{\partial z}{\partial u}\cdot\frac{\partial u}{\partial x}+\frac{\partial z}{\partial v}\cdot\frac{\partial v}{\partial x}=y\frac{\partial z}{\partial u}+2x\frac{\partial z}{\partial v}$$
所以
$$\begin{aligned}\frac{\partial^2 z}{\partial x \partial y}&=y\left(\frac{\partial^2 z}{\partial u^2}\cdot\frac{\partial u}{\partial y}+\frac{\partial^2 z}{\partial u \partial v}\cdot\frac{\partial v}{\partial y}\right)+\frac{\partial z}{\partial u}+\\&\quad 2x\left(\frac{\partial^2 z}{\partial v \partial u}\cdot\frac{\partial u}{\partial y}+\frac{\partial^2 z}{\partial v^2}\cdot\frac{\partial v}{\partial y}\right)\\&=xy\frac{\partial^2 z}{\partial u^2}+2(x^2-y^2)\frac{\partial^2 z}{\partial u \partial v}-\\&\quad 4xy\frac{\partial^2 z}{\partial v^2}+\frac{\partial z}{\partial u}\end{aligned}$$

二、求微分方程 $x^2 y''-xy'+y-4x+3x^2=0$ 的通解.

解 设 $x=\mathrm{e}^t, t=\ln x$,则原方程变为
$$\frac{\mathrm{d}^2 y}{\mathrm{d}t^2}-2\frac{\mathrm{d}y}{\mathrm{d}t}+y=4\mathrm{e}^t-3\mathrm{e}^{2t}$$
特征方程为
$$r^2-2r+1=0$$
特征根为 $r_1=r_2=1$.于是对应的齐次方程通解为
$$\bar{y}=c_1\mathrm{e}^t+c_2 t\mathrm{e}^t$$
因 $r=1$ 是特征方程的二重根,设
$$y^*=At^2\mathrm{e}^t+B\mathrm{e}^{2t}$$

---

① 现为兰州理工大学.

代入
$$\frac{d^2 y}{dt^2} - 2\frac{dy}{dt} + y = 4e^t - 3e^{2t}$$

并化简得
$$2Ae^t + Be^{2t} = 4e^t - 3e^{2t}$$

比较系数得
$$A = 2, B = -3$$

所以
$$y^* = 2t^2 e^t - 3e^{2t}$$

因此所求的通解为
$$y = c_1 x + c_2 x \ln x + 2x \ln^2 x - 3x^2$$

三、有一高为 h，底半径为 a 的圆柱形铁桶，斜卧在土中，桶内有水，桶底的一半浸没在水中，水表面则达桶口的点 B，如图 1 所示，试求：(1) 水表面的面积；(2) 桶内水的体积.

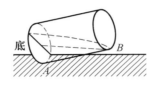

图 1

解 设水的表面积为 S，水的体积为 V. 以桶的中心轴为 Oz 轴，桶底的水平线为 Ox 轴，铅垂线为 Oy 轴，作空间直角坐标系（图 2）. 为方便起见将图形竖起来进行分析如图 3 所示，桶的侧面（柱面）方程是
$$x^2 + y^2 = a^2 \quad (0 \leqslant z \leqslant h)$$

水表面所处平面方程
$$hy - az = 0$$

水表面所处的平面与圆柱面的交线是半个椭圆周
$$\begin{cases} x^2 + y^2 = a^2 \\ hy - az = 0 \end{cases} \quad (0 \leqslant z \leqslant h)$$

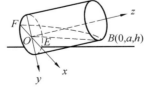

图 2

(1) 求水的表面积 S.

在直角三角形 $\triangle OAB$ 中，$OA = a$，$AB = h$，$OB = \sqrt{a^2 + h^2}$，水的表面是半个椭圆，其底半轴长 $OE = a$，$OB = \sqrt{a^2 + h^2}$，按椭圆的面积公式得

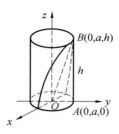

图 3

$$S = \frac{\pi}{2} a \sqrt{a^2 + h^2}$$

(2) 求桶内水的体积.

设平行于 yOz 平面与水域相截的截面是一个直角三角形 $\triangle HPM$,它的两条直角边之长各为

$$HP = y = \sqrt{a^2 - x^2}$$

$$PM = \frac{h}{a} y = \frac{h}{a} \sqrt{a^2 - x^2}$$

$$S(x) = \triangle HPM(\text{面积}) = \frac{h}{2a}(a^2 - x^2) \quad (-a \leqslant x \leqslant a)$$

$$V = \int_{-a}^{a} S(x) \mathrm{d}x = \frac{h}{2a} \int_{-a}^{a} (a^2 - x^2) \mathrm{d}x = \frac{2}{3} a^2 h$$

四、 计算 $\iint\limits_{S} x^2 \mathrm{d}y\mathrm{d}z + y^2 \mathrm{d}z\mathrm{d}x + z^2 \mathrm{d}x\mathrm{d}y$,它展布在球面 $(x-a)^2 + (y-b)^2 + (z-c)^2 = R^2$ 的外侧.

解 由球面方程可得

$$z - c = \pm \sqrt{R^2 - (x-a)^2 - (y-b)^2}$$

而

$$z^2 = (z-c)^2 + c^2 + 2c(z-c)$$

$$\iint\limits_{S} z^2 \mathrm{d}x\mathrm{d}y = \iint\limits_{S} (z-c)^2 \mathrm{d}x\mathrm{d}y + \iint\limits_{S} c^2 \mathrm{d}x\mathrm{d}y + \iint\limits_{S} 2c(z-c) \mathrm{d}x\mathrm{d}y$$

$$= 4c \iint\limits_{(x-a)^2 + (y-b)^2 \leqslant R^2} \sqrt{R^2 - (x-a)^2 - (y-b)^2} \mathrm{d}x\mathrm{d}y$$

$$= \frac{8}{3} \pi c R^3$$

同理

$$\iint\limits_{S} x^2 \mathrm{d}y\mathrm{d}z = \frac{8}{3} \pi a R^3$$

$$\iint\limits_{S} y^2 \mathrm{d}z\mathrm{d}x = \frac{8}{3} \pi b R^3$$

所以

$$\iint_S x^2 \mathrm{d}y\mathrm{d}z + y^2 \mathrm{d}z\mathrm{d}x + z^2 \mathrm{d}x\mathrm{d}y = \frac{8}{3}\pi R^3(a+b+c)$$

五、 求级数

$$f(x) = \sum_{n=1}^{\infty} \frac{x^n}{n(n+1)}$$

的收敛半径 r 与和 $f(x)$.

解 因为

$$\lim_{n\to\infty}\left|\frac{a_n+1}{a_n}\right| = \lim_{n\to\infty}\left|\frac{\frac{1}{(n+1)(n+2)}}{\frac{1}{n(n+1)}}\right| = 1$$

所以

$$r = 1$$

$$f'(x) = \sum_{n=1}^{\infty} \frac{x^{n-1}}{n+1}$$

$$x^2 f'(x) = \sum_{n=1}^{\infty} \frac{x^{n+1}}{n+1} = -\ln(1-x) - x$$

$$f'(x) = -\frac{\ln(1-x)}{x^2} - \frac{1}{x}$$

$$f(x) = -\int \frac{\ln(1-x)}{x^2}\mathrm{d}x - \int \frac{\mathrm{d}x}{x} + c$$

$$= \frac{1}{x}\ln(1-x) + \ln\frac{1}{1-x} + c$$

当 $x \to 0$ 时,$f(x) \to 0$,所以 $c = 1$. 于是得

$$f(x) = \frac{1-x}{x}\ln(1-x) + 1$$

六、 设 $\boldsymbol{a},\boldsymbol{b},\boldsymbol{c}$ 为普通几何空间中三个向量,试证:若存在不全为零的三个数 k_1,k_2,k_3 使得

$$k_1\boldsymbol{a}\times\boldsymbol{b} + k_2\boldsymbol{b}\times\boldsymbol{c} + k_3\boldsymbol{c}\times\boldsymbol{a} = \boldsymbol{0}$$

则三个向量 $\boldsymbol{a}\times\boldsymbol{b},\boldsymbol{b}\times\boldsymbol{c},\boldsymbol{c}\times\boldsymbol{a}$ 共线.

证 因为

$$k_1\boldsymbol{a}\times\boldsymbol{b} + k_2\boldsymbol{b}\times\boldsymbol{c} + k_3\boldsymbol{c}\times\boldsymbol{a} = \boldsymbol{0} \quad (k_1,k_2,k_3 \text{ 不全为零})$$

不妨设 $k_1 \neq 0$,则

$$\boldsymbol{c}\cdot(k_1\boldsymbol{a}\times\boldsymbol{b} + k_2\boldsymbol{b}\times\boldsymbol{c} + k_3\boldsymbol{c}\times\boldsymbol{a}) = 0$$

即

$$k_1(\boldsymbol{abc}) + k_2(\boldsymbol{cbc}) + k_3(\boldsymbol{cca}) = \boldsymbol{0}$$

因为

$$(\boldsymbol{cbc}) = \boldsymbol{0},(\boldsymbol{cca}) = \boldsymbol{0},k_1 \neq 0$$

所以

$$(cab) = 0$$

即 a, b, c 共面. 显然, $a \times b, b \times c, c \times a$ 均垂直于该平面,因而共直线.

七、证明：当 n 为奇数时,函数
$$F(x) = \int_0^x \sin^n t \, dt$$
是 2π 为周期的周期函数.

证 因 n 为奇数,于是可设 $n = 2m + 1$,有
$$F(x + 2\pi) = \int_0^{x+2\pi} \sin^{2m+1} t \, dt$$
$$= \int_0^x \sin^{2m+1} t \, dt + \int_x^{x+2\pi} \sin^{2m+1} t \, dt$$
$$= F(x) + \int_x^{x+2\pi} \sin^{2m+1} t \, dt$$

因为 $\sin^{2m+1} t$ 是周期函数,所以
$$\int_x^{x+2\pi} \sin^{2m+1} t \, dt = \int_0^{2\pi} \sin^{2m+1} t \, dt$$
$$= \int_{-\pi}^{\pi} \sin^{2m+1} t \, dt$$
$$= 0$$

于是得
$$F(x + 2\pi) = F(x)$$

八、设 $f(x)$ 为定义于区间 $\left[0, \dfrac{\pi}{2}\right]$ 上满足式
$$\int_x^{\frac{\pi}{2}} f(t-x) f(t) \, dt = \cos^4 x$$
的连续函数,试求 $f(x)$ 在 $\left[0, \dfrac{\pi}{2}\right]$ 上的平均值.

解 由
$$\int_0^{\frac{\pi}{2}} \left(\int_x^{\frac{\pi}{2}} f(t-x) f(t) \, dt \right) dx = \int_0^{\frac{\pi}{2}} \cos^4 x \, dx$$

交换积分次序,并令 $s = t - x$,得
$$\int_0^{\frac{\pi}{2}} \left(f(t) \int_0^t f(t-x) \, dx \right) dt = \frac{1 \cdot 3}{2 \cdot 4} \cdot \frac{\pi}{2}$$
$$\int_0^{\frac{\pi}{2}} \left(f(t) \int_0^t f(s) \, ds \right) dt = \frac{3\pi}{4^2}$$
$$\frac{1}{2} \left(\int_0^t f(s) \, ds \right)^2 \Big|_0^{\frac{\pi}{2}} = \frac{3\pi}{4^2}$$

若设 $f(x)$ 在 $\left[0, \dfrac{2}{\pi}\right]$ 上的平均值为 A,则
$$A = \frac{2}{\pi} \int_0^{\frac{\pi}{2}} f(s) \, ds = \frac{2}{\pi} \cdot \left(\pm \frac{\sqrt{6\pi}}{4} \right) = \pm \frac{1}{2} \sqrt{\frac{\pi}{6}}$$

九、设 $a_1 = 2$, $a_n = \dfrac{1 + \dfrac{1}{n}}{2} \cdot a_{n-1} + \dfrac{1}{n}$ ($n = 2, 3, 4, \cdots$). 证明 $\lim\limits_{n \to \infty} na_n$ 存在,并求出这个极限值.

证 因为
$$na_n = \frac{n+1}{2} a_{n-1} + 1 = \frac{n+1}{n-1} \cdot \frac{(n-1)a_{n-1}}{2} + 1$$

令 $na_n = A_n$,则上式成为
$$A_n = \left(1 + \frac{2}{n-1}\right) \cdot \frac{A_{n-1}}{2} + 1 \qquad ①$$

由归纳法可得
$$A_n \leqslant 2 + \frac{30}{n} \quad (n = 1, 2, \cdots)$$

因为
$$A_1 = 1 a_1 = 2 \leqslant 2 + \frac{30}{1}$$
$$A_2 = 2 a_2 = 4 \leqslant 2 + \frac{30}{2}$$
$$A_3 = 3 a_3 = 5 \leqslant 2 + \frac{30}{2}$$

若设
$$A_n \leqslant 2 + \frac{30}{n} \quad (n \geqslant 3)$$

则
$$A_{n+1} = \left(1 + \frac{2}{n}\right) \cdot \frac{A_n}{2} + 1$$
$$= \frac{A_n}{2} + \frac{A_n}{n} + 1$$
$$\leqslant 1 + \frac{15}{n} + \frac{2}{n} + \frac{30}{n^2} + 1$$

而
$$\frac{30}{n^2} < \frac{13}{n} \quad (当 n \geqslant 3)$$

所以
$$A_{n+1} \leqslant 2 + \frac{15}{n} + \frac{2}{n} + \frac{13}{n} = 2 + \frac{30}{n} \quad (n \geqslant 3)$$

又根据式 ①,由 $A_1 \geqslant 2, \cdots$,依次类推,可得
$$A_n \geqslant 2 \quad (n = 1, 2, \cdots)$$

于是
$$2 \leqslant A_n \leqslant 2 + \frac{30}{n} \quad (n = 1, 2, 3, \cdots)$$

因为

$$\lim_{n\to\infty}\left(2+\frac{30}{n}\right)=2$$

所以 $\lim\limits_{n\to\infty} A_n$ 存在,且 $\lim\limits_{n\to\infty} na_n = \lim\limits_{n\to\infty} A_n = 2$.

十、证明

$$(A+B)^{-1} = A^{-1} - A^{-1}(A^{-1}+B^{-1})^{-1}A^{-1}$$

证 因为

$$\begin{aligned}
&[A^{-1} - A^{-1}(A^{-1}+B^{-1})^{-1}A^{-1}](A+B)\\
&= E + A^{-1}B - A^{-1}(A^{-1}+B^{-1})^{-1}(A^{-1}A)(E+A^{-1}B)\\
&= E + A^{-1}B - A^{-1}(A^{-1}+B^{-1})^{-1}(B^{-1}+A^{-1})B\\
&= E + A^{-1}B - A^{-1}B\\
&= E
\end{aligned}$$

所以

$$(A+B)^{-1} = A^{-1} - A^{-1}(A^{-1}+B^{-1})^{-1}A^{-1}$$

十一、 随机变量 ζ 的分布密度为

$$\varphi(x) = Ae^{-|x|} \quad (-\infty < x < +\infty)$$

求:系数 A, ζ 落于区间 $(0,1)$ 内的概率和 ζ 的分布函数.

解 可得

$$\begin{aligned}
1 &= \int_{-\infty}^{+\infty}\varphi(x)dx = A\left(\int_{-\infty}^{0}e^x dx + \int_{0}^{+\infty}e^{-x}dx\right)\\
&= A(1+1) = 2A
\end{aligned}$$

$$A = \frac{1}{2}$$

$$p(0<\zeta<1) = \int_0^1 \frac{1}{2}e^{-x}dx = \frac{1}{2}\left(1-\frac{1}{e}\right) \approx 0.316$$

$$F(x) = \int_{-\infty}^{x}\varphi(t)dt$$

当 $x<0$ 时

$$F(x) = \frac{1}{2}\int_{-\infty}^{x}e^t dt = \frac{1}{2}e^x$$

当 $x\geq 0$ 时

$$F(x) = \frac{1}{2}\left(\int_{-\infty}^{0}e^t dt + \int_{0}^{x}e^{-t}dt\right)$$

$$= 1 - \frac{1}{2}e^{-x}$$

于是

$$F(x) = \begin{cases} \dfrac{1}{2}e^x, & \text{当 } x<0\\ 1-\dfrac{1}{2}e^{-x}, & \text{当 } x\geq 0 \end{cases}$$

无锡轻工业学院(1982)

高等数学

一、(1) 设 $(\cos x)^y = (\sin y)^x$，求 $\dfrac{dy}{dx}$.

(2) 设 $u = \dfrac{1}{\sqrt{x^2+y^2+z^2}}$，求 $\dfrac{\partial^2 u}{\partial x^2} + \dfrac{\partial^2 u}{\partial y^2} + \dfrac{\partial^2 u}{\partial z^2}$.

(3) 求 $\displaystyle\int \dfrac{x\cos x}{\sin^3 x}dx$.

(4) 计算 $\displaystyle\int_{-\frac{\pi}{2}}^{\frac{\pi}{2}} \sqrt{\sin^2 x - \sin^4 x}\,dx$.

(5) 交换二次积分 $\displaystyle\int_0^a dy \int_{\sqrt{a^2-y^2}}^{y+a} f(x,y)dx$ 的积分次序.

解 (1) 两边取对数得
$$y\ln\cos x = x\ln\sin y$$
再求导
$$y'\ln\cos x + y\,\dfrac{-\sin x}{\cos x} = \ln\sin y + x\,\dfrac{\cos y}{\sin y}y'$$
$$y' = \dfrac{\ln\sin y + y\tan x}{\ln\cos x - x\cot y}$$

(2) 令 $r = \sqrt{x^2+y^2+z^2}$，则
$$u = \dfrac{1}{r}$$
$$\dfrac{\partial u}{\partial x} = -\dfrac{1}{r^2}\cdot\dfrac{\partial r}{\partial x} = -\dfrac{x}{r^3}$$
$$\dfrac{\partial u}{\partial y} = -\dfrac{y}{r^3}$$
$$\dfrac{\partial u}{\partial z} = -\dfrac{z}{r^3}$$
$$\dfrac{\partial^2 u}{\partial x^2} = \dfrac{\partial}{\partial x}\left(-\dfrac{x}{r^3}\right) = -\left(-3\,\dfrac{x}{r^4}\cdot\dfrac{x}{r} + \dfrac{1}{r^3}\right)$$
$$= \dfrac{1}{r^3}\left(\dfrac{3x^2}{r^2} - 1\right)$$

---
① 现为江南大学.

$$\frac{\partial^2 u}{\partial y^2} = \frac{1}{r^3}\left(\frac{3y^2}{r^2}-1\right)$$

$$\frac{\partial^2 u}{\partial z^2} = \frac{1}{r^3}\left(\frac{3z^2}{r^2}-1\right)$$

故

$$\frac{\partial^2 u}{\partial x^2}+\frac{\partial^2 u}{\partial y^2}+\frac{\partial^2 u}{\partial z^2}=\frac{1}{r^3}\left(\frac{3(x^2+y^2+z^2)}{r^2}-3\right)=0$$

(3) 可得

$$\int \frac{x\cos x}{\sin^3 x}\mathrm{d}x = -\frac{1}{2}\int x\mathrm{d}\left(\frac{1}{\sin^2 x}\right)$$

$$= -\frac{x}{2\sin^2 x}+\frac{1}{2}\int \frac{1}{\sin^2 x}\mathrm{d}x$$

$$= -\frac{x}{2}\csc^2 x - \frac{1}{2}\cot x + c$$

(4) 可得

$$\int_{-\frac{\pi}{2}}^{\frac{\pi}{2}}\sqrt{\sin^2 x - \sin^4 x}\,\mathrm{d}x = \int_{-\frac{\pi}{2}}^{\frac{\pi}{2}}\sqrt{\sin^2 x(1-\sin^2 x)}\,\mathrm{d}x$$

$$= \int_{-\frac{\pi}{2}}^{\frac{\pi}{2}}\sqrt{(\sin x\cos x)^2}\,\mathrm{d}x$$

$$= -\int_{-\frac{\pi}{2}}^{0}\sin x\cos x\,\mathrm{d}x + \int_{0}^{\frac{\pi}{2}}\sin x\cos x\,\mathrm{d}x$$

$$= -\frac{\sin^2 x}{2}\bigg|_{-\frac{\pi}{2}}^{0} + \frac{\sin^2 x}{2}\bigg|_{0}^{\frac{\pi}{2}}$$

$$= \frac{1}{2}+\frac{1}{2}$$

$$= 1$$

(5) 由图 1 知

$$\text{原式} = \int_0^a \mathrm{d}x\int_{\sqrt{a^2-x^2}}^{a}f(x,y)\mathrm{d}y + \int_a^{2a}\mathrm{d}x\int_{x-a}^{a}f(x,y)\mathrm{d}y$$

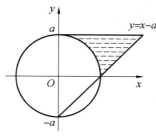

图 1

二、求微分方程 $y\mathrm{d}x + (2x+y)\mathrm{d}y = 0$ 的通解.

解 由原方程得

$$y\frac{\mathrm{d}x}{\mathrm{d}y}+2x=-y$$

按照一阶线性非齐次方程解的公式得
$$x = e^{-\int \frac{1}{y} dy} \left(-\int e^{\int \frac{2}{y} dy} dy + c \right)$$
$$= \frac{1}{y^2} \left(-\frac{y^3}{3} + c \right)$$

三、(1) 在图 2 中,求 ζ,使两曲边三角形的面积之和 $S_1 + S_2$ 最小.

(2) 求由抛物线 $y^2 = x$ 及直线 $x = 1$ 所围成的均匀薄片(面密度为1)关于直线 $y = x$ 的转动惯量.

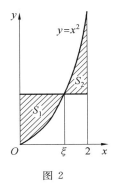

图 2

解 (1) 可得
$$S_1 = \int_0^\zeta (\zeta^2 - x^2) dx$$
$$S_2 = \int_\zeta^2 (x^2 - \zeta^2) dx$$
$$f(\zeta) = S_1 + S_2 = \frac{4}{3} \zeta^3 - 2\zeta^2 + \frac{8}{3}$$

令
$$f'(\zeta) = 4\zeta^2 - 4\zeta = 4\zeta(\zeta - 1) = 0$$

得驻点
$$\zeta = 0, \zeta = 1, f''(1) = 4 > 0$$

由于
$$f(0) = \frac{8}{3}, f(1) = 2, f(2) = \frac{16}{3}$$

所以 $\zeta = 1$ 时,$S_1 + S_2$ 最小.

(2) 在薄片上任取一点 (x, y),由点到直线距离公式,知 (x, y) 到直线 $y = x$ 的距离为
$$d = \left| \frac{-1 \cdot x + 1 \cdot y + 0}{\sqrt{1^2 + 1^2}} \right| = \frac{|y - x|}{\sqrt{2}}$$

故所求转动惯量
$$I = \iint_D d^2 dx dy = \frac{1}{2} \int_0^1 dx \int_{-\sqrt{x}}^{\sqrt{x}} (y - x)^2 dy$$
$$= \frac{44}{105}$$

四、计算 $\oint_C \dfrac{(2x-y)\mathrm{d}x + (x+2y)\mathrm{d}y}{x^2+y^2}$，其中 C 是任意一条按正向围绕原点一圈的封闭曲线.

解 如图 3 所示，在闭合曲线 C 内作一圆
$$C_r : x^2 + y^2 = r^2$$
令
$$P = \frac{2x-y}{x^2+y^2}$$
$$Q = \frac{x+2y}{x^2+y^2}$$
$$原式 = \oint_C P\mathrm{d}x + Q\mathrm{d}y$$

由格林公式
$$\oint_C P\mathrm{d}x + Q\mathrm{d}y + \oint_{C_r} P\mathrm{d}x + Q\mathrm{d}y$$
$$= \iint_D \left(\frac{\partial Q}{\partial x} - \frac{\partial P}{\partial y}\right)\mathrm{d}x\mathrm{d}y$$
$$= \iint_D \left(\frac{y^2 - x^2 - 4xy}{(x^2+y^2)^2} - \frac{y^2 - x^2 - 4xy}{(x^2+y^2)^2}\right)\mathrm{d}x\mathrm{d}y$$
$$= 0$$

故
$$原式 = \oint_C P\mathrm{d}x + Q\mathrm{d}y = -\oint_{C_r} P\mathrm{d}x + Q\mathrm{d}y$$
$$C_r : x = r\cos t, y = r\sin t$$
$$原式 = -\int_{-C_r} P\mathrm{d}x + Q\mathrm{d}y$$
$$= \int_0^{2\pi} \frac{-2r\cos t + r\sin t}{r^2} r\sin t\,\mathrm{d}t + \int_0^{2\pi} \frac{r\cos t + 2r\sin t}{r^2} r\cos t\,\mathrm{d}t$$
$$= \int_0^{2\pi} \left[(-2\cos t\sin t + \sin^2 t) + (\cos^2 t + 2\sin t\cos t)\right]\mathrm{d}t$$
$$= \int_0^{2\pi} \mathrm{d}t$$
$$= 2\pi$$

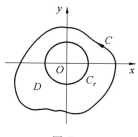

图 3

五、试证：

(1) 如果正项级数 $\sum_{n=1}^{\infty} a_n$ 收敛，那么 $\sum_{n=1}^{\infty} \sqrt{a_n a_{n+1}}$ 也收敛.

(2) 如果正项数列 a_n 单调减少，并且级数 $\sum_{n=1}^{\infty} \sqrt{a_n a_{n+1}}$ 收敛，那么 $\sum_{n=1}^{\infty} a_n$ 也收敛.

证 (1) 因为 $\sqrt{a_n a_{n+1}} \leqslant \dfrac{a_n + a_{n+1}}{2}$，而正项级数 $\sum_{n=1}^{\infty} a_n$ 收敛，故 $\sum_{n=1}^{\infty} \dfrac{a_n + a_{n+1}}{2}$ 收敛，由比较判别法知 $\sum_{n=1}^{\infty} \sqrt{a_n a_{n+1}}$ 收敛.

(2) 因为 $\{a_n\}$ 数列单调减少，则有
$$a_n \leqslant a_{n+1}, \sqrt{a_n a_{n+1}} \geqslant \sqrt{a_{n+1}^2} = a_{n+1}$$
而级数 $\sum_{n=1}^{\infty} \sqrt{a_n a_{n+1}}$ 收敛，故 $\sum_{n=1}^{\infty} a_{n+1}$ 收敛，即级数 $\sum_{n=1}^{\infty} a_n$ 收敛.

六、计算
$$\dfrac{1 + \dfrac{\pi^4}{5!} + \dfrac{\pi^8}{9!} + \dfrac{\pi^{12}}{13!} + \cdots}{\dfrac{1}{3!} + \dfrac{\pi^4}{7!} + \dfrac{\pi^8}{11!} + \dfrac{\pi^{12}}{15!} + \cdots}$$

解 令
$$p = 1 + \dfrac{\pi^4}{5!} + \dfrac{\pi^8}{9!} + \dfrac{\pi^{12}}{13!} + \cdots$$
$$q = \dfrac{1}{3!} + \dfrac{\pi^4}{7!} + \dfrac{\pi^8}{11!} + \dfrac{\pi^{12}}{15!} + \cdots$$

则
$$\pi p - \pi^3 q = \pi - \dfrac{\pi^3}{3!} + \dfrac{\pi^5}{5!} - \dfrac{\pi^7}{7!} + \cdots$$
$$= \sin \pi$$
$$= 0$$

故
$$\pi p = \pi^3 q, \dfrac{p}{q} = \pi^2$$

七、一质点从原点出发，沿坐标轴正向做直线运动，经时间 T，运动停止，所经路程为 S，即如果经时间 t，质点的位移为 $S(t)$，就有
$$S(0) = 0, S'(0) = 0$$
$$S(T) = S, S'(T) = 0$$
试证质点在某一时刻的加速度的绝对值不小于 $\dfrac{4S}{T^2}$.

证 考查 $S(t)$.

当 $S\left(\dfrac{T}{2}\right) \geqslant \dfrac{S}{2}$ 时，由泰勒公式知

$$S(t) = S(0) + S'(0)t + \frac{S''(\zeta)}{2!}t^2 \quad (0 < \zeta < t)$$

从而

$$S(t) = \frac{S''(\zeta)}{2}t^2 \quad (0 < \zeta < t)$$

$$S\left(\frac{T}{2}\right) = \frac{T^2}{8}S''(\zeta) \quad (0 < \zeta < \frac{T}{2})$$

因此

$$\frac{T^2}{8}S''(\zeta) = S\left(\frac{T}{2}\right) \geqslant \frac{S}{2}$$

即

$$S''(\zeta) \geqslant \frac{4S}{T^2}$$

当 $S\left(\frac{T}{2}\right) \leqslant \frac{S}{2}$ 时,仍由泰勒公式得

$$S(t) = S(T) + S'(T)(t-T) + \frac{S''(\zeta)}{2!}(t-T)^2 \quad (t < \zeta < T)$$

代入已知条件 $S(T) = S, S'(T) = 0$,得

$$S(t) = S + \frac{S''(\zeta)}{2}(t-T)^2 \quad (t < \zeta < T)$$

于是

$$S\left(\frac{T}{2}\right) = S + \frac{S''(\zeta)}{2}\left(-\frac{T}{2}\right)^2 \quad (\frac{T}{2} < \zeta < T)$$

故

$$S + S''(\zeta) \cdot \frac{T^2}{8} = S\left(\frac{T}{2}\right) \leqslant \frac{S}{2}$$

即

$$S''(\zeta)\frac{T^2}{8} \leqslant -\frac{S}{2}, S''(\zeta) \geqslant \frac{4S}{T^2}$$

综上所述,得证.

贵州工学院(1982)

高等数学

一、 求 $\lim\limits_{x\to 0}\dfrac{(1-e^{-3x^2})\cdot\sin^2 x}{x^4}$.

解 因为 $\lim\limits_{x\to 0}\dfrac{\sin^2 x}{x^2}=1$，又由洛必达法则知

$$\lim_{x\to 0}\frac{1-e^{-3x^2}}{x^2}=\lim_{x\to 0}\frac{6xe^{-3x^2}}{2x}=3$$

所以

$$\lim_{x\to 0}\frac{(1-e^{-3x^2})\sin^2 x}{x^4}=3$$

二、 求 $\displaystyle\int\dfrac{\sqrt{x-1}\arctan\sqrt{x-1}}{x}\mathrm{d}x$.

解 令

$$u=\sqrt{x-1},\,u^2=x-1,\,x=u^2+1,\,\mathrm{d}x=2u\mathrm{d}u$$

$$\begin{aligned}\int\frac{\sqrt{x-1}\arctan\sqrt{x-1}}{x}\mathrm{d}x&=\int\frac{u\arctan u}{u^2+1}\cdot 2u\mathrm{d}u\\&=2\int\frac{u^2\arctan u}{u^2+1}\mathrm{d}u\\&=2\int\left[1-\frac{1}{u^2+1}\right]\arctan u\mathrm{d}u\\&=2\int\arctan u\mathrm{d}u-2\int\arctan u\mathrm{d}(\arctan u)\\&=2u\arctan u-\frac{1}{2}\ln(u^2+1)-(\arctan u)^2+c\\&=2\sqrt{x-1}\arctan\sqrt{x-1}-\frac{1}{2}\ln x-\\&\quad(\arctan\sqrt{x-1})^2+c\end{aligned}$$

三、 根据定积分性质比较 $\displaystyle\int_0^1\dfrac{x}{1+x}\mathrm{d}x$ 和 $\displaystyle\int_0^1\ln(1+x)\mathrm{d}x$ 的大小.

解 设

---

① 现为贵州大学.

$$f(x)=\ln(1+x), g(x)=\frac{x}{1+x}$$

因而
$$f(0)=g(0)=0$$

$$f'(x)=\frac{1}{1+x}>\frac{1}{(1+x)^2}=g'(x) \quad (x>0)$$

故
$$f(x)>g(x) \quad (x>0)$$

根据积分性质
$$\int_0^1 f(x)\,\mathrm{d}x > \int_0^1 g(x)\,\mathrm{d}x$$

四、 求 $\oiint_S xy^2\,\mathrm{d}y\mathrm{d}z+yx^2\,\mathrm{d}x\mathrm{d}z$，其中 S 为由曲面 $x^2+y^2=2z$ 及平面 $z=2$ 所围成立体的整个界面外侧.

解 由奥氏公式
$$I=\oiint_S xy^2\,\mathrm{d}y\mathrm{d}z+yx^2\,\mathrm{d}x\mathrm{d}z+0\cdot\mathrm{d}x\mathrm{d}y$$
$$=\iiint_V (y^2+x^2)\,\mathrm{d}x\mathrm{d}y\mathrm{d}z$$

采用柱坐标(图1)，有
$$I=\iiint_V r^2\cdot r\,\mathrm{d}r\mathrm{d}\theta\mathrm{d}z$$
$$=\int_0^{2\pi}\mathrm{d}\theta\int_0^2\mathrm{d}r\int_{\frac{r^2}{2}}^2 r^3\,\mathrm{d}z$$
$$=\frac{16}{3}\pi$$

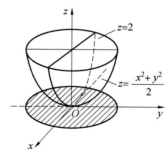

图 1

五、 x 为哪些值时，级数 $\sum_{n=1}^{\infty}\frac{x_n}{n^2}$ 收敛？

解 因

$$R = \lim_{n\to\infty}\left|\frac{a_n}{a_{n+1}}\right| = \lim_{n\to\infty}\frac{\frac{1}{n^2}}{\frac{1}{(n+1)^2}} = 1$$

所以,在$(-1,1)$内收敛.又当$p=2>1$时,p级数收敛以及绝对收敛必收敛知,当$x=-1,1$时,所给级数收敛.因此知级数$\sum_{n=1}^{\infty}\frac{x^n}{n^2}$在$(-1,1)$上收敛.

六、设

$$f(x) = \begin{cases} -\cos x, & x < \frac{\pi}{2} \\ 0, & x = \frac{\pi}{2} \\ ax^2 + b, & x > \frac{\pi}{2} \end{cases}$$

试确定a,b使$f(x)$在$x=\frac{\pi}{2}$处可导.

解 若要$f(x)$在$x=\frac{\pi}{2}$处可导,则在$x=\frac{\pi}{2}$处必须连续.因此

$$\lim_{x\to\frac{\pi}{2}^+}f(x) = a\left(\frac{\pi}{2}\right)^2 + b = 0 = f\left(\frac{\pi}{2}\right)$$

这就是说,a,b适合方程

$$a\left(\frac{\pi}{2}\right)^2 + b = 0 \qquad ①$$

又

$$f'_+\left(\frac{\pi}{2}\right) = 2\,\frac{\pi}{2}\cdot a = \pi a$$

$$f'_-\left(\frac{\pi}{2}\right) = \lim_{\Delta x\to 0}\frac{f\left(\frac{\pi}{2}+\Delta x\right)-f(0)}{\Delta x}$$

$$= \lim_{\Delta x\to 0}\frac{-\cos\left(\frac{\pi}{2}+\Delta x\right)}{\Delta x}$$

$$= \lim_{\Delta x\to 0}\frac{\sin\Delta x}{\Delta x}$$

$$= 1$$

由$f'_-\left(\frac{\pi}{2}\right)=f'_+\left(\frac{\pi}{2}\right)$得方程

$$\pi a = 1 \qquad ②$$

由方程①②知

$$a=\frac{1}{\pi},\ b=-\frac{\pi}{4}$$

七、在抛物线$y=x^2$上找出到直线$3x-4y-2=0$的距离为最短的点.

解 设(x,y)为抛物线Γ上的点. (x,y)与原点皆在直线的同一侧,所以(x,y)到直线的距离为

$$D = -\frac{3x-4y-2}{\sqrt{3^2+4^2}}$$

由$y=x^2$,有

$$D = -\frac{3x-4x^2-2}{5}$$

$$\frac{\mathrm{d}D}{\mathrm{d}x} = \frac{-1}{5}(3-8x)$$

令

$$\frac{\mathrm{d}D}{\mathrm{d}x} = 0$$

得

$$x = \frac{3}{8}, y = \frac{9}{64}$$

由图 2 可知,使 D 最小的点存在,又驻点唯一,故点 $\left(\frac{3}{8}, \frac{9}{64}\right)$ 是使 D 取最小值的点.

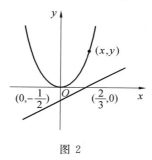

图 2

八、 λ 为何值时,线性方程组

$$\begin{cases} x_1 + 2x_2 + x_3 - \lambda x_4 = 4 \\ 3x_1 + 6x_2 - x_3 - 3x_4 = 8 \\ 5x_1 + 10x_2 + x_3 - 3x_4 = 17 \end{cases}$$

有解?并求全部解.

解 线性方程组有解的充要条件是系数矩阵 $\boldsymbol{A}$ 与增广矩阵 $\boldsymbol{B}$ 有相同的秩.考虑增广矩阵并使用对行初等变换

$$\boldsymbol{B} = \begin{pmatrix} 1 & 2 & 1 & -\lambda & 4 \\ 3 & 6 & -1 & -3 & 8 \\ 5 & 10 & 1 & -3 & 17 \end{pmatrix} \rightarrow \begin{pmatrix} 1 & 2 & 1 & -\lambda & 4 \\ 0 & 0 & -4 & 3\lambda-3 & -4 \\ 0 & 0 & -4 & 5\lambda-3 & -3 \end{pmatrix}$$

$$\rightarrow \begin{pmatrix} 1 & 2 & 1 & -\lambda & 4 \\ 0 & 0 & -4 & 3\lambda-3 & -4 \\ 0 & 0 & 0 & 2\lambda & 1 \end{pmatrix}$$

可见,当 $\lambda \neq 0$ 时,$r_A = r_B$,故有解;当 $\lambda = 0$ 时,$r_A = 2, r_B = 3, r_A \neq r_B$,故无解.

在 $\lambda \neq 0$ 时，其全部解，可如下解出：仍对行施行初等变换

$$B \to \begin{pmatrix} \frac{1}{2} & 1 & 0 & 0 & \frac{25\lambda+3}{16} \\ 0 & 0 & 1 & 0 & \frac{11\lambda-3}{8\lambda} \\ 0 & 0 & 0 & 1 & \frac{1}{2\lambda} \end{pmatrix}$$

于是得解

$$x_1 = k, \quad x_2 = \frac{25\lambda+3}{16} - \frac{1}{2}k$$

$$x_3 = \frac{11\lambda-3}{8\lambda}, \quad x_4 = \frac{1}{2\lambda}$$

其中 k 为任意数.

九、 今要设计一个用均质材料建筑的高为 h，顶面直径为 $2a$ 的旋转体形状支柱. 如果支柱顶部所受的压力为定值 p，并要求支柱每一个水平截面上的压强（包括自重所产生的压强在内）都相等，问这个支柱的侧面应是什么样的曲线绕旋转轴旋转而得的？

解 如图3所示，设曲线方程为 $y=y(x)$，顶面圆半径为 a，面积为 πa^2，压强 $k = \frac{p}{\pi a^2}$. 对任意 x 做水平截面，在此截面上的压力为

$$k\pi y^2$$

考虑与 x 截面相邻近的 $x+\mathrm{d}x$ 截面上的压力，于是有

$$k\pi y^2 + \rho \cdot \pi y^2 \cdot \mathrm{d}x = k\pi(y+\mathrm{d}y)^2$$

其中 ρ 为支柱材料密度，在忽略变阶无穷小的情况下得到方程

$$\rho y \mathrm{d}x = 2k \mathrm{d}y$$

或

$$\frac{\mathrm{d}y}{y} = \frac{\rho}{2k}\mathrm{d}x$$

积分

$$\ln y = \frac{\rho}{2k}x - \ln c$$

或

$$y = c\mathrm{e}^{\frac{\rho}{2k}x}$$

当 $x=0$ 时，$y=a$，得

$$c = a$$

所以

$$y = a\mathrm{e}^{\frac{\rho}{2k}x} = a\mathrm{e}^{\frac{\pi a^2 \rho}{2p}x}$$

十、 设齐次线性方程组

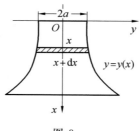

图 3

$$\begin{cases} a_{11}x_1 + a_{12}x_2 + \cdots + a_{1n}x_n = 0 \\ a_{21}x_1 + a_{22}x_2 + \cdots + a_{2n}x_n = 0 \\ \vdots \\ a_{n1}x_1 + a_{n2}x_2 + \cdots + a_{nn}x_n = 0 \end{cases} \qquad ①$$

的系数矩阵为 A,且 A 的秩为 $n-1$,用 $A_{i1},A_{i2},\cdots,A_{in}$ 分别表示 $|A|$ 中第 i 行元素 a_{i1}, $a_{i2},\cdots,a_{in}$ 的代数余子式. 证明:至少存在一个 $i_0(1\leqslant i_0\leqslant n)$ 使得 $x_1=A_{i_0 1},x_2=A_{i_0 2},\cdots$, $x_n=A_{i_0 n}$ 是方程组 ① 的一个非零解.

证 设

$$A = \begin{pmatrix} a_{11} & a_{12} & \cdots & a_{1n} \\ a_{21} & a_{22} & \cdots & a_{2n} \\ \vdots & \vdots & & \vdots \\ a_{n1} & a_{n2} & \cdots & a_{nn} \end{pmatrix}$$

用 A_{ij} 代表 a_{ij} 的代数余子式.因为矩阵 A 的秩为 $n-1$,所以 $|A|=0$ 且至少有一个代数余子式不为零,设 $A_{i_0 j_0} \neq 0$. 根据行列式的展开定理,有

$$\sum_{j=1}^n a_{ij}A_{i_0 j} = \begin{cases} 0, i \neq i_0 \\ |A|=0, i=i_0 \end{cases}$$

这些说明 $x_1=A_{i_0 1},x_2=A_{i_0 2},\cdots,x_n=A_{i_0 n}$ 是方程的一个非零解.

郑州工学院(1982)

高等数学

一、求下列极限与积分：

(1) $\lim\limits_{x \to 0} \dfrac{\sqrt{1+x\sin x} - \sqrt{\cos x}}{x^2}$.

(2) $\displaystyle\int \dfrac{x^4}{(1-x^2)^3} dx$.

(3) $\displaystyle\int_0^2 |(1-x)^9| dx$.

解 (1) 可得

$$原式 = \lim_{x \to 0} \dfrac{(\sqrt{1+x\sin x} - \sqrt{\cos x})(\sqrt{1+x\sin x} + \sqrt{\cos x})}{x^2(\sqrt{1+x\sin x} + \sqrt{\cos x})}$$

$$= \lim_{x \to 0} \dfrac{1 + x\sin x - \cos x}{x^2(\sqrt{1+x\sin x} + \sqrt{\cos x})}$$

$$= \lim_{x \to 0} \dfrac{\dfrac{1-\cos x}{x^2} + \dfrac{\sin x}{x}}{\sqrt{1+x\sin x} + \sqrt{\cos x}}$$

$$= \dfrac{\dfrac{1}{2} + 1}{2}$$

$$= \dfrac{3}{4}$$

(2) 可得

$$原式 = \int \dfrac{x^3}{4} d\left[\dfrac{1}{(1-x^2)^2}\right] = \dfrac{x^3}{4(1-x^2)^2} - \dfrac{1}{4}\int \dfrac{3x^2}{(1-x^2)^2} dx$$

$$= \dfrac{x^3}{4(1-x^2)^2} - \dfrac{3}{4}\int \dfrac{x}{2} d\left(\dfrac{1}{1-x^2}\right)$$

$$= \dfrac{x^3}{4(1-x^2)^2} - \dfrac{3}{8}\dfrac{3x}{1-x^2} + \dfrac{3}{8}\int \dfrac{1}{1-x^2} dx$$

$$= \dfrac{x^3}{4(1-x^2)^2} - \dfrac{3}{8}\dfrac{x}{(1-x^2)} + \dfrac{3}{16}\ln\left|\dfrac{1+x}{1-x}\right| + c$$

(3) 可得

---

① 现为郑州大学.

原式 $= \int_1^0 (1-x)^9 dx - \int_1^2 (1-x)^9 dx$

$= -\frac{1}{10}(1-x)^{10}\Big|_0^1 + \frac{1}{10}(1-x)\Big|_1^2$

$= \frac{1}{5}$

二、(1) 设

$$f(x,y) = \begin{cases} \dfrac{xy}{x^2+y^2}, & (x,y) \neq (0,0) \\ 0, & (x,y) = (0,0) \end{cases}$$

① 求 $f'_x(0,0), f'_y(0,0)$.

② 试问 $f(x,y)$ 在点 $(0,0)$ 处是否连续？为什么？

(2) 若函数 $u = u(r,s)$ 具有二阶连续偏导数，且

$$x = 2r - S, \quad y = r + 2S$$

求 $\dfrac{\partial^2 u}{\partial x \partial y}$.

(3) 用逐次微分法消去 $u = \varphi\left(\dfrac{x}{y}\right) + \psi(xy)$ 中的任意函数 φ 和 ψ（假定 φ, ψ 二次可微）.

解 (1)① 可得

$$f'_x(0,0) = \lim_{\Delta x \to 0} \frac{f(0+\Delta x, 0) - f(0,0)}{\Delta x}$$

$$= \lim_{\Delta x \to 0} \frac{0-0}{\Delta x}$$

$$= 0$$

由 x, y 的对称性，知

$$f'_y(0,0) = 0$$

② 因为当点 (x,y) 沿直线 $y = kx$ 而趋近于点 $(0,0)$ 时

$$\lim_{\substack{x \to 0 \\ y = kx \to 0}} \frac{xy}{x^2+y^2} = \lim_{x \to 0} \frac{kx^2}{x^2+k^2x^2} = \frac{k}{1+k^2}$$

它是随着直线的斜率 k 的不同而改变其数值的，故极限 $\lim\limits_{\substack{x \to 0 \\ y \to 0}} f(x,y)$ 不存在，因而在 $(0,0)$ 处不连续.

(2) 由于

$$\begin{cases} x = 2r - s \\ y = r + 2s \end{cases}$$

解方程组得

$$\begin{cases} r = \dfrac{1}{5}(2x+y) \\ s = \dfrac{1}{5}(2y-x) \end{cases}$$

$$\frac{\partial u}{\partial x} = \frac{\partial u}{\partial r}\frac{\partial r}{\partial x} + \frac{\partial u}{\partial s}\frac{\partial s}{\partial x}$$

$$= \frac{2}{5}\frac{\partial u}{\partial r} - \frac{1}{5}\frac{\partial u}{\partial s}$$

$$\frac{\partial^2 u}{\partial x \partial y} = \frac{\partial}{\partial y}\left(\frac{\partial u}{\partial x}\right) = \frac{\partial}{\partial r}\left(\frac{2}{5}\frac{\partial u}{\partial r} - \frac{1}{5}\frac{\partial u}{\partial s}\right)\frac{\partial r}{\partial y} +$$

$$\frac{\partial}{\partial s}\left(\frac{2}{5}\frac{\partial u}{\partial r} - \frac{1}{5}\frac{\partial u}{\partial s}\right)\frac{\partial s}{\partial y}$$

$$= \left(\frac{2}{5}\frac{\partial^2 u}{\partial r^2} - \frac{1}{5}\frac{\partial^2 u}{\partial r \partial s}\right)\frac{1}{5} +$$

$$\left(\frac{2}{5}\frac{\partial^2 u}{\partial s \partial r} - \frac{1}{5}\frac{\partial^2 u}{\partial s^2}\right)\frac{2}{5}$$

$$= \frac{1}{25}\left(2\frac{\partial^2 u}{\partial r^2} + 3\frac{\partial^2 u}{\partial r \partial s} - 2\frac{\partial^2 u}{\partial s^2}\right)$$

（3）可得

$$\frac{\partial u}{\partial x} = \frac{1}{y}\varphi' + y\psi'$$

$$\frac{\partial u}{\partial y} = -\frac{x}{y^2}\varphi' + x\psi'$$

$$\frac{\partial^2 u}{\partial x^2} = \frac{1}{y^2}\varphi'' + y^2\psi''$$

$$\frac{\partial^2 u}{\partial y^2} = \left(-\frac{x}{y^2}\right)^2\varphi'' + \frac{2x}{y^3}\varphi' + x^2\psi''$$

又因

$$x\frac{\partial u}{\partial x} - y\frac{\partial u}{\partial y} = \frac{2x}{y}\varphi'$$

$$y^2\frac{\partial^2 u}{\partial y^2} - x^2\frac{\partial^2 u}{\partial y^2} = \frac{2x}{y}\varphi'$$

由上面两式得

$$x\frac{\partial u}{\partial x} - y\frac{\partial u}{\partial y} = y^2\frac{\partial^2 u}{\partial y^2} - x^2\frac{\partial^2 u}{\partial x^2}$$

三、试描出由 $x^2 - x^4 + x^6 - \cdots + (-1)^{n-1}x^{2n} + \cdots$ 所确定的函数的图形.

解 因为

$$x^2 - x^4 + x^6 - \cdots + (-1)^{n-1}x^{2n} + \cdots = \frac{x^2}{1+x^2} \quad (|x|<1)$$

设

$$f(x) = \frac{x^2}{1+x^2} \quad (|x|<1)$$

因为

$$f(-x) = f(x)$$

所以图形关于 y 轴对称(图 1). 又因为

$$f'(x) = \frac{2x}{(1+x^2)^2}$$

$$f''(x) = \frac{2-6x^2}{(1+x^2)^3}$$

令
$$f'(x) = 0$$

得驻点
$$x = 0$$

令
$$f''(x) = 0$$

得
$$x = \pm\frac{\sqrt{3}}{3}$$

由上述结果列表 1.

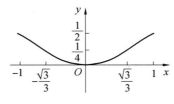

图 1

表 1

x	$(-1,-\frac{\sqrt{3}}{3})$	$-\frac{\sqrt{3}}{3}$	$(-\frac{\sqrt{3}}{3},0)$	0	$(0,\frac{\sqrt{3}}{3})$	$\frac{\sqrt{3}}{3}$	$(\frac{\sqrt{3}}{3},1)$
$f'(x)$	$-$		$-$	0	$+$		$+$
$f''(x)$	$-$	0	$+$		$+$	0	$-$
$f(x)$	↘	$\frac{1}{4}$	↘	0	↗	$\frac{1}{4}$	↗
$y=f(x)$	向下凹	拐点	向上凹	极小	向上凹	拐点	向下凹

四、 求微分方程 $y'' + 4y = 4 + \cos 2x$ 的通解.

解 对应齐次方程 $y'' + 4y = 0$ 的特征方程为
$$r^2 + 4 = 0$$
它的两个根为 $r_{1,2} = \pm 2i$,故对应齐次方程的通解为
$$Y = c_1 \cos 2x + c_2 \sin 2x$$
显然 $y'' + 4y = 4$ 的特解
$$y_1^* = 1$$
考查 $y'' + 4y = \cos 2x$,由于 $\pm 2i$ 为特征方程的根,从而设
$$y_2^* = x(A\cos 2x + B\sin 2x)$$
而

$$y^{*}_2{}' = (A+2Bx)\cos 2x + (B-2Ax)\sin 2x$$
$$y^{*}_2{}'' = 4(B-Ax)\cos 2x - 4(A+Bx)\sin 2x$$

将上述结果代入 $y''+4y=\cos 2x$ 中,得
$$-4A\sin 2x + 4B\cos x = \cos 2x$$

比较两端系数得
$$A=0, B=\frac{1}{4}$$

所以
$$y_2^* = \frac{1}{4}x\sin 2x$$

因此原非齐次方程特解为
$$y^* = y_1^* + y_2^* = 1 + \frac{1}{4}x\sin 2x$$

故原方程的通解为
$$y = Y + y^* = c_1\cos 2x + c_2\sin 2x + \frac{1}{4}x\sin 2x + 1$$

五、 将函数 $\dfrac{1}{2-3x+x^2}$ 展成 x 的幂级数,并求出收敛区间.

解 由
$$\frac{1}{2-3x+x^2} = \frac{1}{(2-x)(1-x)} = \frac{1}{1-x} - \frac{1}{2-x}$$

而
$$\frac{1}{1-x} = 1 + x + x^2 + \cdots + x^n + \cdots \quad (|x|<1)$$
$$\frac{1}{2-x} = \frac{1}{2}\frac{1}{1-\frac{x}{2}} = \frac{1}{2}\left(1 + \frac{x}{2} + \frac{x^2}{2^2} + \cdots + \frac{x^n}{2^n} + \cdots\right) \quad (|x|<2)$$

故
$$\frac{1}{2-3x+x^2} = \frac{1}{2} + \frac{3}{4}x + \frac{7}{8}x^2 + \cdots + \frac{2^{n+1}-1}{2^{n+1}}x^n + \cdots$$

收敛区间为 $(-1,1)$.

六、 设曲面 $x^2+y^2+z^2=R^2$ 及曲面 $x^2+y^2+z^2=2Rz$ 的交线为 L.

(1) 计算
$$\oint_L (e^x\cos y + 2\cos x) + (e^x\sin y - 2y\sin x)dx$$

其中 L 为正方向;

(2) 计算 $\oiint\limits_{S_1+S_2} (x^2+y^2+z^2)ds$.

解 (1) 因为
$$P = e^x\sin y - 2y\sin x$$

$$Q = e^x \cos y + 2\cos x$$
$$R = 0$$

因为
$$\frac{\partial P}{\partial y} = e^x \cos y - 2\sin x = \frac{\partial Q}{\partial x}$$

由斯托克斯公式知
$$\oint_L (e^x \cos y + 2\cos x) dy + (e^x \sin y - 2y\sin x) dx = 0$$

(2) 由题设知曲面 S_1, S_2(图 2) 分别为
$$z = \sqrt{R^2 - x^2 - y^2}$$
$$z = R - \sqrt{R^2 - x^2 - y^2}$$

因此
$$\iint_{S_1} (x^2 + y^2 + z^2) ds = \iint_{x^2+y^2 \leq \frac{3}{4}R^2} (x^2 + y^2 + R^2 - x^2 - y^2) \frac{R}{\sqrt{R^2 - x^2 - y^2}} dxdy$$
$$= R^3 \iint_{x^2+y^2 \leq \frac{3}{4}R^2} \frac{1}{\sqrt{R^2 - x^2 - y^2}} dxdy$$
$$= R^3 \int_0^{2\pi} d\theta \int_0^{\frac{\sqrt{3}}{2}R} \frac{r}{\sqrt{R^2 - r^2}} dr$$
$$= 2\pi R^3 (-\sqrt{R^2 - r^2}) \Big|_0^{\frac{\sqrt{3}}{2}R}$$
$$= \pi R^4$$

$$\iint_{S_2} (x^2 + y^2 + z^2) ds = \iint_{S_2} 2Rz \, ds = \iint_{x^2+y^2 \leq \frac{3R^2}{4}} 2R(R - \sqrt{R^2 - x^2 - y^2}) \frac{R}{\sqrt{R^2 - x^2 - y^2}} dxdy$$
$$= 2R^2 \iint_{x^2+y^2 \leq \frac{3R^2}{4}} \left(\frac{R}{\sqrt{R^2 - x^2 - y^2}} - 1 \right) dxdy$$
$$= 2R^2 \left[\iint_{x^2+y^2 \leq \frac{3R^2}{4}} \frac{R}{\sqrt{R^2 - x^2 - y^2}} dxdy - \iint_{x^2+y^2 \leq \frac{3R^2}{4}} dxdy \right]$$
$$= 2R^3 \int_0^{2\pi} d\theta \int_0^{\frac{\sqrt{3}}{2}R} \frac{r}{\sqrt{R^2 - r^2}} dr - \frac{3\pi}{2} R^4$$
$$= 4\pi R^3 (-\sqrt{R^2 - r^2}) \Big|_0^{\frac{\sqrt{3}}{2}R} - \frac{3\pi}{2} R^4$$
$$= \frac{\pi}{2} R^4$$

所以
$$\oiint_{S_1+S_2} (x^2 + y^2 + z^2) ds = \iint_{S_1} (x^2 + y^2 + z^2) ds + \iint_{S_2} (x^2 + y^2 + z^2) ds$$

$$= \frac{3}{2}\pi R^4$$

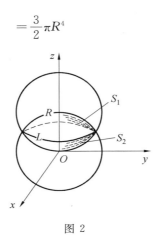

图 2

七、用铁皮做两个圆柱形罐头盒(带盖),其容积之和为 V,其中一个的容积为另一个的一半,试问如何选择尺寸才使用料最省?所用材料需多少?

解 设两个圆柱形罐头盒底半径分别为 r 和 R,高分别为 h 和 H,因而其容积分别为
$$V_1 = \pi r^2 h, \quad V_2 = \pi R^2 H$$
$$V_1 + V_2 = V, \quad V_1 = \frac{1}{2}V_2$$

故得
$$V = 3V_1 = 3\pi r^2 h, \quad h = \frac{V}{3\pi r^2}$$
$$V = \frac{3}{2}V_2 = \frac{3}{2}\pi R^2 H, \quad H = \frac{2V}{3\pi R^2}$$

设表面积为 S,则目标函数
$$S = 2\pi rh + 2\pi r^2 + 2\pi RH + 2\pi R^2$$
$$= 2\pi(r^2 + R^2) + \frac{2}{3}V\left(\frac{1}{r} + \frac{2}{R}\right)$$
$$\frac{\partial S}{\partial r} = 4\pi r - \frac{2V}{3r^2} = 0$$

得
$$r = \sqrt[3]{\frac{V}{6\pi}}$$
$$\frac{\partial S}{\partial R} = 4\pi R - \frac{4V}{3R^2} = 0$$

得
$$R = \sqrt[3]{\frac{V}{3\pi}}$$

由于驻点仅有一个,且最小值一定存在,故按下列尺寸

$$\begin{cases} r = \sqrt[3]{\dfrac{V}{6\pi}} \\ h = \dfrac{\sqrt[3]{36}}{3} \dfrac{V}{\sqrt[3]{\pi V^2}} \end{cases}$$

$$\begin{cases} R = \sqrt[3]{\dfrac{V}{3\pi}} \\ H = \dfrac{2}{3}\sqrt[3]{6}\, \dfrac{V}{\sqrt[3]{\pi V^2}} \end{cases}$$

选择最省料,所需材料为
$$S = \sqrt[3]{6\pi V^2} + 2\sqrt[3]{3\pi V^2}$$

八、证明:(1) 若 $f(x)$ 在 $[a,b]$ 上连续,且无零点,则 $f(x)$ 在 $[a,b]$ 上恒为正(负).

(2) 若 $u_{n+1} = \sqrt{u_n + 1}$,$u_1 = 1$,试证:

① 序列 $\{u_n\}$ 的极限存在.

② $\lim\limits_{n\to\infty} u_n = \dfrac{1+\sqrt{5}}{2}$.

证 (1)(反证法)假设 $f(x)$ 在 $[a,b]$ 上不恒为正(负),则存在 $x_1, x_2 \in [a,b]$,使 $f(x_1)$ 与 $f(x_2)$ 异号,不妨设 $f(x_1) < 0, f(x_2) > 0$.

由于 $f(x)$ 在 $[a,b]$ 上连续,自然在 $[x_1, x_2]$ 上连续,由介值定理知在 (x_1, x_2) 内至少有一点 ζ 使
$$f(\zeta) = 0 \quad (a < \zeta < b)$$
这与题设无零点矛盾,故得证.

(2)① 因为
$$\begin{cases} u_{n+1} = \sqrt{u_n + 1} \\ u_1 = 1 \end{cases}$$
首先用数学归纳法证明序列 $\{u_n\}$ 为单调增加的,事实上
$$u_1 = 1, u_2 = \sqrt{u_1 + 1} = \sqrt{2}$$
$$u_3 = \sqrt{u_2 + 1} = \sqrt{\sqrt{2} + 1} > \sqrt{2} = u_1$$
设 $u_n > u_{n-1}$,则
$$u_{n+1} = \sqrt{u_n + 1} > \sqrt{u_{n-1} + 1} = u_n$$
所以 $\{u_n\}$ 单调增加.

再证序列 $\{u_n\}$ 有界
$$u_1 = 1, u_2 = \sqrt{2}$$
于是
$$u_3 = \sqrt{\sqrt{2} + 1} < \sqrt{2} + 1$$
设 $u_{n-1} < \sqrt{2} + 1$,则有
$$u_n = \sqrt{u_{n-1} + 1} < \sqrt{1 + \sqrt{2} + 1} < \sqrt{1 + 2\sqrt{2} + 2}$$

$$=\sqrt{2}+1$$

故 $\{u_n\}$ 有界.

综上所述，$\{x_n\}$ 单调有界，故必有极限.

② 设
$$\lim_{n\to\infty} u_n = A$$
而
$$u_{n+1}^2 = u_n + 1$$
故
$$\lim_{n\to\infty} u_{n+1}^2 = \lim_{n\to\infty}(u_n+1)$$
即
$$A^2 = A + 1$$
所以解得
$$A = \frac{1}{2} \pm \frac{\sqrt{5}}{2}$$
但是 $\{u_n\}$ 为单调增加的，且 $u_1 = 1 > 0$，故极限 A 不会取负值，从而
$$A = \frac{1+\sqrt{5}}{2}$$

北京轻工业学院[①](1982)

高等数学

一、(1) 求 $\lim\limits_{x\to 0}(1+x+x^2)^{\frac{2}{\sin x}}$.

(2) 求 $\int_0^{\frac{3}{2}\pi}\sqrt{1+\sin 2x}\,\mathrm{d}x$.

(3) 若 $y=\lambda^2\sin\lambda$,其中 λ 为非零常数,求 $\dfrac{\mathrm{d}y}{\mathrm{d}\lambda}$.

(4) 求 $\lim\limits_{n\to\infty}n^2\sum\limits_{k=1}^{n}\dfrac{1}{k^3+n^3}$.

(5) 求 $\iint\limits_{S}(xy+z^2)\mathrm{d}S$,其中 S 为半球面 $z=\sqrt{8-x^2-y^2}$ 位于圆柱面 $x^2+y^2=4$ 内的部分.

解 (1) 可得

$$\text{原式}=\lim_{x\to 0}\left[(1+x+x^2)^{\frac{1}{x+x^2}}\right]^{\frac{2(x+x^2)}{\sin x}}=\mathrm{e}^2$$

(2) 可得

$$\begin{aligned}\text{原式}&=\int_0^{\frac{3}{2}\pi}|\sin x+\cos x|\,\mathrm{d}x\\&=\int_0^{\frac{3}{4}\pi}(\sin x+\cos x)\mathrm{d}x+\int_{\frac{3}{4}\pi}^{\frac{3}{2}\pi}-(\sin x+\cos x)\mathrm{d}x\\&=(\sin x-\cos x)\Big|_0^{\frac{3}{4}\pi}+(\cos x-\sin x)\Big|_{\frac{3}{4}\pi}^{\frac{3}{2}\pi}\\&=2(\sqrt{2}+1)\end{aligned}$$

(3) 可得

$$\frac{\mathrm{d}y}{\mathrm{d}\lambda}=2t\sin\lambda+\lambda^2\cos\lambda$$

(4) 可得

$$\text{原式}=\lim_{n\to\infty}\sum_{k=1}^{n}\frac{1}{1+\left(\frac{k}{n}\right)^3}\frac{1}{n}=\int_0^1\frac{\mathrm{d}x}{1+x^3}$$

---

① 现为北京工商大学.

$$= \int_0^1 \frac{\frac{1}{3}}{1+x}dx - \frac{1}{3}\int_0^1 \frac{x-2}{1-x+x^2}dx$$

$$= \left[\frac{1}{3}\ln(1+x) - \frac{1}{6}\ln(1-x+x^2) + \frac{1}{\sqrt{3}}\arctan\frac{2x-1}{\sqrt{3}}\right]\Big|_0^1$$

$$= \frac{1}{3}\ln 2 + \frac{\pi}{3\sqrt{3}}$$

(5) 可得

$$\iint_S (xy+z^2)dS = \iint_{x^2+y^2\leqslant 4}(xy+8-x^2-y^2)\sqrt{1+z_x'^2+z_y'^2}dxdy$$

$$= \int_0^{2\pi}\int_0^2 (r^2\sin\theta\cos\theta + 8 - r^2)\frac{8}{\sqrt{8-r^2}}rdrd\theta$$

$$= 8\int_0^2 (8-r^2)\frac{r}{\sqrt{8-r^2}}dr\int_0^{2\pi}d\theta$$

$$= -8\pi\int_0^2 \sqrt{8-r^2}\,d(8-r^2)$$

$$= -8\pi\frac{2}{3}(8-r^2)^{\frac{3}{2}}\Big|_0^2$$

$$= \frac{16\pi}{3}(16\sqrt{2}-8)$$

$$= \frac{128\pi}{3}(2\sqrt{2}-1)$$

二、(1) 若 $f(x) = \begin{cases}\ln(1+x^2)^{\frac{2}{x}}, x\neq 0\\ 0, x=0\end{cases}$.

① 求 $f'(0)$.

② 问 $f'(x)$ 在 $x=0$ 处连续否? 为什么?

(2) 解微分方程组

$$\begin{cases}\frac{d^2x}{dt^2} + 2\frac{dy}{dt} - x = 0\\ \frac{dx}{dt} + y = 0\end{cases}$$

(3) 设有幂级数 $P(x) = \frac{x^2}{2\cdot 5} + \frac{x^3}{3\cdot 5^2} + \cdots + \frac{x^n}{n\cdot 5^{n-1}} + \cdots$

① 求其收敛域.

② 求和函数 $P(x)$ (不考虑端点处).

(4) 对于在区间 $[0,+\infty)$ 上的函数 $y=e^x+\sin x$, 试证其具有连续可导的反函数 $x=\phi(y)$, 并求 $\frac{dx}{dy}$.

(5) 设曲面方程 $F(z-ax, z-by) = 0$, 其中 $F(u,v)$ 具有连续的一阶偏导数, 且 $F_u' + F_v' \neq 0$.

① 试证 $b\dfrac{\partial z}{\partial x}+a\dfrac{\partial z}{\partial y}=ab$.

② 问 $F(z-ax,z-by)=0$ 表示什么曲面？为什么？

解 (1)① 可得

$$f'(0)=\lim_{x\to 0}\dfrac{\ln(1+x^2)^{\frac{2}{x}}}{x}$$

$$=\lim_{x\to 0}\dfrac{2\ln(1+x^2)}{x^2}$$

$$=\lim_{x\to 0}\dfrac{\dfrac{4x}{1+x^2}}{2x}$$

$$=2$$

② 当 $x\neq 0$ 时

$$f'(x)=\dfrac{4}{1+x^2}-\dfrac{2\ln(1+x^2)}{x^2}$$

而

$$\lim_{x\to 0}f'(x)=2=f'(0)$$

因此 $f'(x)$ 在 $x=0$ 处连续.

(2) 由第二个方程得

$$\dfrac{dy}{dt}=-\dfrac{d^2x}{dt^2}$$

代入第一个方程,得

$$\dfrac{d^2x}{dt^2}+x=0$$

解出

$$x=c_1\cos t+c_2\sin t$$

因此

$$y=-\dfrac{dx}{dt}=c_1\sin t-c_2\cos t$$

故原方程组的解为

$$\begin{cases}x=c_1\cos t+c_2\sin t\\ y=c_1\sin t-c_2\cos t\end{cases}$$

(3)① $P(x)=\sum\limits_{n=2}^{\infty}\dfrac{5}{n}\left(\dfrac{x}{5}\right)^n$,其收敛半径为

$$\lim_{n\to\infty}\dfrac{\dfrac{1}{n5^{n-1}}}{\dfrac{1}{(n+1)5^n}}=5$$

且

$$P(5)=\sum_{n=2}^{\infty}\dfrac{5}{n}$$

发散,而
$$P(-5) = \sum_{n=2}^{\infty} (-1)^n \frac{5}{n}$$
收敛,故 $P(x)$ 的收敛域为 $[-5,5]$.

② 当 $x \in (-5,5)$ 时,有
$$P'(x) = \sum_{n=2}^{\infty} \left(\frac{x}{5}\right)^{n-1}$$
$$= \frac{\frac{x}{5}}{1-\frac{x}{5}}$$
$$= \frac{x}{5-x}$$
故
$$P(x) = \int_0^x \frac{x}{5-x} \mathrm{d}x = -x - 5\ln\frac{5-x}{5}$$

(4) 函数 $y = \mathrm{e}^x + \sin x$ 的导函数
$$y' = \mathrm{e}^x + \cos x$$
在 $x \in [0, +\infty)$ 时恒为正,且 $y(x)$ 连续可导,因此存在连续可导的反函数 $x = \phi(y)$,且
$$\frac{\mathrm{d}x}{\mathrm{d}y} = \frac{1}{\frac{\mathrm{d}y}{\mathrm{d}x}} = \frac{1}{\mathrm{e}^x + \cos x}$$

(5)① 对方程 $F = 0$ 两边分别关于 x 及 y 求偏导数,得
$$F'_u \left(\frac{\partial z}{\partial x} - a\right) + F'_v \frac{\partial z}{\partial x} = 0$$
$$F'_u \frac{\partial z}{\partial y} + F'_v \left(\frac{\partial z}{\partial y} - b\right) = 0$$
将第一个等式乘上 b,第二个等式乘上 a,再相加,得
$$\left(b \frac{\partial z}{\partial x} + a \frac{\partial z}{\partial y}\right)(F'_u + F'_v) = ab(F'_u + F'_v)$$
因为 $F'_u + F'_v \neq 0$,故
$$b \frac{\partial z}{\partial x} + a \frac{\partial z}{\partial y} = ab$$
即
$$b \frac{\partial z}{\partial x} + a \frac{\partial z}{\partial y} - ab = 0$$

② 由 ① 知 $F(z-ax, z-by) = 0$ 表示这样的曲面,该曲面上任何一点处的法向量 $\left(\frac{\partial z}{\partial x}, \frac{\partial z}{\partial y}, -1\right)$ 总是垂直于常向量 (b, a, ab),或者说,该曲面上任何一点处的切平面总是平行于常向量 (b, a, ab).

三、(1) 若 $f'(u)$ 在 $[-1,1]$ 上连续,求

$$\int_0^\pi [f(\cos x)\cos x - f'(\cos x)\sin^2 x]dx$$

(2) 若 $\int_0^y e^{-\frac{1}{2}y^2}dy + 4x + 5 = 0$,求证

$$y'' - yy'^2 = 0$$

(3) 求心脏线 $\rho = a(1-\cos\theta)$ 在 $\theta = \frac{3}{4}\pi$ 所对应的点处的切线方程.

(4) 一质量均匀分布的半圆形薄板,其总质量为 M,圆的半径为 R,又在过其圆心且垂直于该半圆面的直线上,有一质量为 m 的质点,此质点至圆心的距离为 h,试求质点对此半圆板的引力.

解 (1) 可得

$$原式 = \int_0^\pi f(\cos x)\cos x dx - \int_0^\pi f'(\cos x)\sin^2 x dx$$
$$= f(\cos x)\sin x \Big|_0^\pi -$$
$$\int_0^\pi f'(\cos x)(-\sin x)\sin x dx - \int_0^\pi f'(\cos x)\sin^2 x dx$$
$$= 0$$

(2) 对

$$\int_0^y e^{-\frac{1}{2}y^2}dy + 4x + 5 = 0$$

两边关于 x 求导,得

$$e^{-\frac{1}{2}y^2}y' + 4 = 0$$

因此

$$y' = -4e^{\frac{1}{2}y^2}$$

而

$$y'' = -4e^{\frac{1}{2}y^2} \cdot y \cdot y' = yy'^2$$

故

$$y'' - yy'^2 = 0$$

(3) 心脏线的参数方程可写为

$$\begin{cases} x = \rho\cos\theta = a\cos\theta - a\cos^2\theta \\ y = \rho\sin\theta = a\sin\theta - a\cos\theta\sin\theta \end{cases} \quad (0 \leqslant \theta \leqslant 2\pi)$$

当 $\theta = \frac{3}{4}\pi$ 时

$$x = -\frac{a}{2}(1+\sqrt{2})$$

$$y = \frac{a}{2}(1+\sqrt{2})$$

$$x' = -\frac{a}{2}(2+\sqrt{2})$$

$$y' = -\frac{a}{\sqrt{2}}$$

因此心脏线在 $\theta = \frac{3}{4}\pi$ 所对应点处的切线方程为

$$\frac{x + \frac{a}{2}(1+\sqrt{2})}{-\frac{a}{2}(2+\sqrt{2})} = \frac{y - \frac{a}{2}(1+\sqrt{2})}{-\frac{a}{\sqrt{2}}}$$

(4) 引力 $\mathrm{d}F$ 的三个分量分别为(其中 $r^2 = x^2 + y^2$)

$$\mathrm{d}F_z = \mathrm{d}F \cdot \frac{-h}{\sqrt{h^2+r^2}} = -\frac{2kmMh}{\pi R^2 (h^2+r^2)^{\frac{3}{2}}}\mathrm{d}x\mathrm{d}y$$

$$\mathrm{d}F_x = \mathrm{d}F \frac{r}{\sqrt{h^2+r^2}} \frac{x}{r} = \frac{2kmM}{\pi R^2 (h^2+r^2)^{\frac{3}{2}}} x\mathrm{d}x\mathrm{d}y$$

$$\mathrm{d}F_y = \mathrm{d}F \frac{r}{\sqrt{h^2+r^2}} \frac{y}{r} = \frac{2kmM}{\pi R^2 (h^2+r^2)^{\frac{3}{2}}} y\mathrm{d}x\mathrm{d}y$$

因此, 引力 F 的三个分量分别为

$$F_z = \iint_{\substack{x^2+y^2 \leqslant R^2 \\ x \geqslant 0}} \mathrm{d}F_z = \int_{-\frac{\pi}{2}}^{\frac{\pi}{2}} \int_0^R -\frac{2kmMh}{\pi R^2} \frac{r}{(h^2+r^2)^{\frac{3}{2}}} \mathrm{d}r\mathrm{d}\theta$$

$$= \frac{2kmMh}{R^2} \frac{1}{(h^2+r^2)^{\frac{1}{2}}}\Big|_0^R$$

$$= \frac{2kmMh}{R^2}\left[\frac{1}{(h^2+R^2)^{\frac{1}{2}}} - \frac{1}{h}\right]$$

$$F_x = \iint_{\substack{x^2+y^2 \leqslant R^2 \\ x \geqslant 0}} \mathrm{d}F_x = \int_{-\frac{\pi}{2}}^{\frac{\pi}{2}} \int_0^R \frac{2mMk}{\pi R^2} \frac{r^2 \cos\theta}{(h^2+r^2)^{\frac{3}{2}}} \mathrm{d}r\mathrm{d}\theta$$

$$= \frac{4kmM}{\pi R^2} \int_0^R \frac{r^2 \mathrm{d}r}{(h^2+r^2)^{\frac{3}{2}}}$$

$$= \frac{4kmM}{\pi R^2}\left(\ln\frac{h}{\sqrt{h^2+R^2}-R} - \frac{R}{\sqrt{R^2+h^2}}\right)$$

$$F_y = \iint_{\substack{x^2+y^2 \leqslant R^2 \\ x \geqslant 0}} \mathrm{d}F_y = 0$$

大连轻工业学院(1982)

高等数学

一、(1) 设 $f\left(x+y, \dfrac{y}{x}\right)=x^{2}-y^{2}$,求 $f(x,y)$.

(2) 判断 $\phi(x)=\displaystyle\int_{0}^{x^{2}} t\arctan t\,\mathrm{d}t$ 当 $x\to 0$ 时是无穷小的阶数.

(3) 计算 $\displaystyle\int \dfrac{\mathrm{d}x}{\sqrt{1+\mathrm{e}^{x}}}$.

(4) 若已知 $\displaystyle\int_{0}^{\infty}\dfrac{\sin x}{x}\mathrm{d}x=\dfrac{\pi}{2}$,计算 $\displaystyle\int_{0}^{\infty}\dfrac{\sin^{2}x}{x^{2}}\mathrm{d}x$.

(5) 求圆族 $x^{2}+(y-c)^{2}=c^{2}$ 的正交曲线族.

解 (1) 由

$$f\left(x+y, \dfrac{y}{x}\right)=x^{2}-y^{2}=(x+y)^{2}\dfrac{x-y}{x+y}=(x+y)^{2}\dfrac{1-\dfrac{y}{x}}{1+\dfrac{y}{x}}$$

故

$$f(x,y)=x^{2}\dfrac{1-y}{1+y}$$

(2) 由

$$\phi(x)=\int_{0}^{x^{2}} t\arctan t\,\mathrm{d}t$$

$$=\dfrac{1}{2}(1+t^{2})\arctan t\bigg|_{0}^{x^{2}}-\dfrac{1}{2}\int_{0}^{x^{2}}\mathrm{d}t$$

$$=\dfrac{1}{2}\arctan x^{2}+\dfrac{1}{2}x^{2}\arctan x^{2}-\dfrac{1}{2}x^{2}$$

$$=\dfrac{1}{2}\left(x^{2}-\dfrac{x^{6}}{3}+o(x^{9})\right)+\dfrac{1}{2}x^{2}(x^{2}+o(x^{5}))-\dfrac{1}{2}x^{2}$$

$$=\dfrac{1}{2}x^{4}+o(x^{5})$$

因此当 $x\to 0$ 时,$\phi(x)$ 是 4 阶无穷小.

(3) 令 $1+\mathrm{e}^{x}=t$,则 $x=\ln(t-1)$,而原式化为

---

① 现为大连工业大学.

$$\int \frac{1}{\sqrt{t}(t-1)} dt = 2\int \frac{d\sqrt{t}}{t-1} = \int \left(\frac{1}{\sqrt{t}-1} - \frac{1}{\sqrt{t}+1}\right) d\sqrt{t}$$
$$= \ln \frac{\sqrt{t}-1}{\sqrt{t}+1} + c$$

因此
$$原式 = \ln \frac{\sqrt{1+e^x}-1}{\sqrt{1+e^x}+1} + c$$

(4) 可得
$$\int_0^\infty \frac{\sin^2 x}{x^2} dx = -\int_0^\infty \sin^2 x\, d\left(\frac{1}{x}\right)$$
$$= 0 + \int_0^\infty \frac{1}{x} d(\sin^2 x)$$
$$= \int_0^\infty \frac{\sin 2x}{x} dx$$
$$= \int_0^\infty \frac{\sin 2x}{2x} d(2x)$$
$$= \frac{\pi}{2}$$

(5) 设要求的正交曲线族为 $y = y(x, c_1)$,(x, y) 是其中任意一条曲线上的任一点,所给圆族中必有一个圆周经过点 (x, y),不妨设其为
$$x^2 + (y - c_0)^2 = c_0^2$$

因此
$$c_0 = \frac{x^2 + y^2}{2y}$$

且该圆在点 (x, y) 的切线斜率为
$$y'_x = -\frac{x}{y - c_0} = -\frac{2xy}{y^2 - x^2}$$

所以与此圆在点 (x, y) 正交的曲线在同一点的切线斜率应为
$$y'_x = \frac{y^2 - x^2}{2xy}$$

这是一齐次型一阶微分方程,不难解得通解为
$$y^2 + x^2 = 2c_1 x$$

或
$$y + (x - c_1)^2 = c_1^2$$

其中 c_1 为任意常数. 这就得出了与已给圆族正交的曲线族,它也是一个圆族.

二、(下列二题任选一题)

(1) 设方程 $x = S(u,v), y = t(u,v), z = w(u,v)$,定义 z 为 x 和 y 的函数,求 $\frac{\partial z}{\partial x}$.

(2) 设 $u = u(x,y)$ 及 $v = v(x,y)$ 可微,且满足

$$\frac{\partial u}{\partial x}=\frac{\partial v}{\partial y}, \frac{\partial u}{\partial y}=-\frac{\partial v}{\partial x}$$

试证明将 x,y 换成极坐标后,有

$$\frac{\partial u}{\partial r}=\frac{1}{r}\frac{\partial v}{\partial \theta}, \frac{\partial v}{\partial r}=-\frac{1}{r}\frac{\partial u}{\partial \theta}$$

成立.

解 (1) 由

$$\begin{cases}\dfrac{\partial z}{\partial u}=\dfrac{\partial z}{\partial x}\dfrac{\partial x}{\partial u}+\dfrac{\partial z}{\partial y}\dfrac{\partial y}{\partial u}\\ \dfrac{\partial z}{\partial v}=\dfrac{\partial z}{\partial x}\dfrac{\partial x}{\partial v}+\dfrac{\partial z}{\partial y}\dfrac{\partial y}{\partial v}\end{cases}$$

解出

$$\frac{\partial z}{\partial x}=\begin{vmatrix}\dfrac{\partial z}{\partial u}&\dfrac{\partial y}{\partial u}\\ \dfrac{\partial z}{\partial v}&\dfrac{\partial y}{\partial v}\end{vmatrix}\bigg/\begin{vmatrix}\dfrac{\partial x}{\partial u}&\dfrac{\partial y}{\partial u}\\ \dfrac{\partial x}{\partial v}&\dfrac{\partial y}{\partial v}\end{vmatrix}$$

$$=\frac{\dfrac{\partial y}{\partial v}}{\dfrac{\partial x}{\partial u}\dfrac{\partial y}{\partial v}-\dfrac{\partial x}{\partial v}\dfrac{\partial y}{\partial u}}\frac{\partial u}{\partial z}-$$

$$\frac{\dfrac{\partial y}{\partial u}}{\dfrac{\partial x}{\partial u}\dfrac{\partial y}{\partial v}-\dfrac{\partial x}{\partial v}\dfrac{\partial y}{\partial u}}\frac{\partial z}{\partial v}$$

(2) 首先,易知

$$\frac{\partial u}{\partial r}=\frac{\partial u}{\partial x}\frac{\partial x}{\partial r}+\frac{\partial u}{\partial y}\frac{\partial y}{\partial r}$$

$$=\cos\theta\frac{\partial u}{\partial x}+\sin\theta\frac{\partial u}{\partial y}$$

$$\frac{\partial u}{\partial \theta}=\frac{\partial u}{\partial x}\frac{\partial x}{\partial \theta}+\frac{\partial u}{\partial y}\frac{\partial y}{\partial \theta}$$

$$=-r\sin\theta\frac{\partial u}{\partial x}+r\cos\theta\frac{\partial u}{\partial y}$$

类似可得

$$\frac{\partial v}{\partial r}=\cos\theta\frac{\partial v}{\partial x}+\sin\theta\frac{\partial v}{\partial y}$$

$$\frac{\partial v}{\partial \theta}=-r\sin\theta\frac{\partial v}{\partial x}+r\cos\theta\frac{\partial v}{\partial y}$$

将 $\dfrac{\partial u}{\partial x}=\dfrac{\partial v}{\partial y}, \dfrac{\partial u}{\partial y}=-\dfrac{\partial v}{\partial x}$ 代入,可得

$$\frac{\partial u}{\partial r}=\cos\theta\frac{\partial v}{\partial y}-\sin\theta\frac{\partial v}{\partial x}$$

$$=\frac{1}{r}\left(-r\sin\theta\frac{\partial v}{\partial x}+r\cos\theta\frac{\partial v}{\partial y}\right)$$

$$= \frac{1}{r} \frac{\partial v}{\partial \theta}$$

$$\frac{\partial v}{\partial r} = -\cos\theta \frac{\partial u}{\partial y} + \sin\theta \frac{\partial u}{\partial x}$$

$$= -\frac{1}{r}\left(-r\sin\theta \frac{\partial u}{\partial x} + r\cos\theta \frac{\partial u}{\partial y}\right)$$

$$= -\frac{1}{r} \frac{\partial u}{\partial \theta}$$

三、求曲线 $\begin{cases} x^2 + y^2 + z^2 = 6 \\ x + y + z = 0 \end{cases}$ 在点 $(1, -2, 1)$ 处的切线方程.

解 设

$$F(x, y, z) = x^2 + y^2 + z^2 - 6 = 0$$
$$G(x, y, z) = x + y + z = 0$$

则

$$\left.\begin{vmatrix} F_y & F_z \\ G_y & G_z \end{vmatrix}\right|_{(1,-2,1)} = \left.\begin{vmatrix} 2y & 2z \\ 1 & 1 \end{vmatrix}\right|_{(1,-2,1)} = -6$$

$$\left.\begin{vmatrix} F_z & F_x \\ G_z & G_x \end{vmatrix}\right|_{(1,-2,1)} = \left.\begin{vmatrix} 2z & 2x \\ 1 & 1 \end{vmatrix}\right|_{(1,-2,1)} = 0$$

$$\left.\begin{vmatrix} F_x & F_y \\ G_x & G_y \end{vmatrix}\right|_{(1,-2,1)} = \left.\begin{vmatrix} 2x & 2y \\ 1 & 1 \end{vmatrix}\right|_{(1,-2,1)} = 6$$

故要求的切线方程为

$$\frac{x-1}{-6} = \frac{z-1}{6}, \quad y + 2 = 0$$

亦即

$$\begin{cases} x + z = 2 \\ y + 2 = 0 \end{cases}$$

四、计算曲线积分

$$\int_{\widehat{AB}} (x^2 - yz)dx + (y^2 - xz)dy + (z^2 - xy)dz$$

其中 $\widehat{AB}$ 为螺线 $x = \cos\phi, y = \sin\phi, z = \phi$, 由 $A(1, 0, 0)$ 到 $B(1, 0, 2\pi)$ 一段.

解 可得

$$原式 = \int_0^{2\pi}[(\cos^2\phi - \phi\sin\phi)(-\sin\phi) + (\sin^2\phi - \phi\cos\phi)\cos\phi + \phi^2 - \sin\phi\cos\phi]d\phi$$

$$= -\int_0^{2\pi}\cos^2\phi\sin\phi\,d\phi + \int_0^{2\pi}\sin^2\phi\cos\phi\,d\phi + \int_0^{2\pi}\phi(\sin^2\phi - \cos^2\phi)d\phi +$$

$$\int_0^{2\pi}\phi^2 d\phi - \int_0^{2\pi}\sin\phi\cos\phi\,d\phi$$

$$= -\int_0^{2\pi}\phi\cos 2\phi\,d\phi + \int_0^{2\pi}\phi^2 d\phi$$

$$= -\frac{1}{2}\phi\sin 2\phi\Big|_0^{2\pi} + \frac{1}{2}\int_0^{2\pi}\sin 2\phi\,d\phi + \int_0^{2\pi}\phi^2 d\phi$$

$$= \frac{8\pi^3}{3}$$

五、计算

$$\iint_S xz^2 \, dy\,dz + (x^2 y - z^3) \, dz\,dx + (2xy + y^2 z) \, dx\,dy$$

其中 S 是 $z = \sqrt{a^2 - x^2 - y^2}$ 和 $z = 0$ 所围半球区域整个边界之外侧.

解 利用奥氏公式,可将原积分化为

$$\iiint_V (x^2 + y^2 + z^2) \, dx\,dy\,dz$$

其中 V 为半球 $x^2 + y^2 + z^2 \leqslant a^2, z \geqslant 0$. 采用球坐标,则

$$原式 = \int_0^{\frac{\pi}{2}} \int_0^{2\pi} \int_0^a r^2 \cdot r^2 \sin\theta \, dr\,d\phi\,d\theta$$

$$= \frac{a^5}{5} \cdot 2\pi \cdot 1$$

$$= \frac{2\pi a^5}{5}$$

六、(下列二题任选一题)

(1) 已知微分方程 $(6y + x^2 y^2) \, dx + (8x + x^3 y) \, dy = 0$ 具有 $y^3 f(x)$ 形的积分因子,试求出 $f(x)$ 并解出微分方程的通解.

(2) 求微分方程 $y'' + a^2 y = e^x$ 的通解(其中 a 为常数).

解 (1) 将原方程两边乘上 $y^3 f(x)$,则有

$$[6y^4 f(x) + x^2 y^5 f(x)] \, dx + (8xy^3 + x^3 y^4) f(x) \, dy = 0 \qquad ①$$

设

$$M = 6y^4 f(x) + x^2 y^5 f(x)$$
$$N = 8xy^3 f(x) + x^3 y^4 f(x)$$

令

$$\frac{\partial M}{\partial y} \equiv \frac{\partial N}{\partial x}$$

可得

$$xf'(x) = 2f(x)$$

解出

$$f(x) = x^2$$

因此

$$M = 6x^2 y^4 + x^4 y^5$$
$$N = 8x^3 y^3 + x^5 y^4$$

且方程 ① 是全微分方程. 设该方程左端是某函数 $u = u(x, y)$ 的全微分,则

$$M = \frac{\partial u}{\partial x}, N = \frac{\partial u}{\partial y}$$

从而

$$u(x,y) = \int (6x^2 y^4 + x^4 y^5)\,dx + \phi(y)$$
$$= 2x^3 y^4 + \frac{1}{5}x^5 y^5 + \phi(y)$$

为使 $\dfrac{\partial u}{\partial y} = N$，应有
$$8x^3 y^3 + x^5 y^4 + \phi'(y) = 8x^3 y^3 + x^5 y^4$$

即
$$\phi'(y) = 0$$
$$\phi(y) = c$$

这样得到原方程的通解 $2x^3 y^4 + \dfrac{1}{5}x^5 y^5 = c$.

(2) 特征方程为
$$r^2 + a^2 = 0$$

解得 $r_{1,2} = \pm a\mathrm{i}$. 因此原方程所对应的齐次方程的通解为
$$y = c_1 \cos ax + c_2 \sin ax$$

令 $y = A\mathrm{e}^x$，代入原方程可得
$$A(1 + a^2) = 1$$
$$A = \frac{1}{1 + a^2}$$

因此原方程的通解为
$$y = c_1 \cos ax + c_2 \sin ax + \frac{\mathrm{e}^x}{1 + a^2}$$

七、试将函数 $f(x) = x^2$ 在 $[-\pi, \pi]$ 上展为傅里叶级数.

解 因为
$$a_0 = \frac{2}{\pi}\int_0^\pi x^2\,dx = \frac{2\pi^2}{3}$$
$$a_n = \frac{2}{\pi}\int_0^\pi x^2 \cos nx\,dx \quad (n > 0)$$
$$= \frac{2}{\pi} x^2 \frac{\sin nx}{n}\Big|_0^\pi - \frac{4}{n\pi}\int_0^\pi x\sin nx\,dx$$
$$= \frac{4}{n\pi} x \frac{\cos nx}{n}\Big|_0^\pi - \frac{4}{n^2\pi}\int_0^\pi \cos nx\,dx$$
$$= (-1)^n \frac{4}{n^2}$$

又因为 $f(x) = x^2$ 是偶函数，所以 $b_n = 0\,(n = 1, 2, \cdots)$. 因此得到 $f(x) = x^2$ 在 $[-\pi, \pi]$ 上的傅里叶展开式
$$f(x) = x^2 = \frac{\pi^2}{3} + 4\sum_{n=1}^{\infty} (-1)^n \frac{\cos nx}{n^2} \quad (-\pi \leqslant x \leqslant \pi)$$

八、问 λ 取何值时方程组
$$\begin{cases} 2x_1 - x_2 + x_3 + x_4 = 1 \\ x_1 + 2x_2 - x_3 + 4x_4 = 2 \\ x_1 + 7x_2 - 4x_3 + 11x_4 = \lambda \end{cases}$$
有解（不必求解）.

解 先写出原方程组的系数矩阵 A 和增广矩阵 B
$$A = \begin{pmatrix} 2 & -1 & 1 & 1 \\ 1 & 2 & -1 & 4 \\ 1 & 7 & -4 & 11 \end{pmatrix}$$
$$B = \begin{pmatrix} 2 & -1 & 1 & 1 & 1 \\ 1 & 2 & -1 & 4 & 2 \\ 1 & 7 & -4 & 11 & \lambda \end{pmatrix}$$

将两矩阵的第一行减去第二行乘上 2，将第三行减去第二行得
$$A = \begin{pmatrix} 0 & -5 & 3 & -7 \\ 1 & 2 & -1 & 4 \\ 0 & 5 & -3 & 7 \end{pmatrix}$$
$$B = \begin{pmatrix} 0 & -5 & 3 & -7 & -3 \\ 1 & 2 & -1 & 4 & 2 \\ 0 & 5 & -3 & 7 & \lambda-2 \end{pmatrix}$$

易知 A 的秩是 2，为使原方程组有解，必须使 B 的秩也是 2，即应有
$$\lambda - 2 = 3$$
$$\lambda = 5$$

九、进行四次独立试验，在每次试验中，事件 A 出现的概率为 0.3，如果事件 A 出现不少于 2 次事件 B 出现的概率为 1，如果事件 A 出现 1 次事件 B 出现的概率为 0.6，如果 A 不出现则 B 亦不出现，求事件 B 出现的概率.

解 设 $A_i (i=1,2,3,4)$ 表示事件 A 出现 i 次，A_5 表示事件 A 不出现，则由全概率公式得
$$\begin{aligned} P(B) &= \sum_{i=1}^{5} P(B \mid A_i) P(A_i) \\ &= 0.6 \times 0.3 + 1 \times 0.3^2 + 1 \times 0.3^3 + \\ &\quad 1 \times 0.3^4 + 0 \times 0.7 \\ &= 0.305\,1 \end{aligned}$$
即 B 出现的概率为 $0.305\,1$.

南京林产工业学院(1982)

高等数学

一、填空题.

(1) $\lim\limits_{x \to 0} (1 - \sin 2x + 3x^2)^{\frac{1}{x}} = $ _____ .

(2) $\lim\limits_{n \to +\infty} \sum\limits_{k=1}^{n} \dfrac{1}{n+k} = $ _____ $= $ _____ .

(3) $f(x)$ 的导数存在且连续，则 $\int \lim\limits_{h \to 0} \dfrac{f(x+h) - f(x-h)}{h} \mathrm{d}x = $ _____ $= $ _____ .

(4) $\dfrac{\mathrm{d}}{\mathrm{d}x} \int_{-x^2}^{x} f(x) \mathrm{d}x = $ _____ .

(5) $\sum\limits_{n=2}^{\infty} (-1)^{n+1} \cdot \dfrac{x^n}{n} = $ _____ 在区间 _____ 成立.

解 (1) e^{-2}.

(2) $\int_0^1 \dfrac{1}{1+x} \mathrm{d}x, \ln 2$.

(3) $\int 2f'(x) \mathrm{d}x, 2f(x) + c$.

(4) $f(x) + 2x \cdot f(-x^2)$.

(5) $\ln(1+x) - x, -1 < x \leqslant 1$.

二、计算下列各题.

(1) $\lim\limits_{x \to 0} \dfrac{\tan x - \sin x}{\mathrm{e}^{\sin 3x} - 1}$.

(2) $y = x^{a^{-x}}$，求 $\mathrm{d}y$.

(3) $\int_{-\frac{\pi}{4}}^{\frac{\pi}{2}} \cos x \sqrt{1 - \sin^2 x} \, \mathrm{d}x$.

(4) $\int_{x^2 + y^2 = ax} \sqrt{x^2 + y^2} \, \mathrm{d}s$.

(5) $\iint\limits_{\substack{x^2+y^2 \leqslant 1 \\ x \geqslant 0, y \geqslant 0}} \sqrt{\dfrac{1 - (x^2+y^2)}{1 + x^2 + y^2}} \, \mathrm{d}x \mathrm{d}y$.

---

① 现为南京林业大学.

解 (1) 可得

$$\lim_{x\to 0}\frac{\tan x-\sin x}{e^{\sin 3x}-1}=\lim_{x\to 0}\frac{\tan x-\sin x}{\sin^3 x}=\lim_{x\to 0}\frac{\sec^2 x-\cos x}{3\sin^2 x\cdot\cos x}$$

$$=\lim_{x\to 0}\frac{1-\cos^3 x}{3\sin^2 x}\cdot\frac{1}{\cos^3 x}$$

$$=\lim_{x\to 0}\frac{-3\cos^2 x\cdot(-\sin x)}{3\cdot 2\cdot\sin x\cdot\cos x}$$

$$=\frac{1}{2}$$

(2) 因为

$$\ln y=a^{-x}\cdot\ln x$$

$$\frac{1}{y}y'=a^{-x}\cdot\frac{1}{x}+\ln x\cdot a^{-x}\ln a\cdot(-1)$$

所以

$$dy=x^{a^{-x}}\cdot a^{-x}\left(\frac{1}{x}-\ln a\cdot\ln x\right)dx$$

(3) 可得

$$\int_{-\frac{\pi}{4}}^{\frac{\pi}{2}}\cos x\cdot\sqrt{1-\sin^2 x}\,dx=\int_{-\frac{\pi}{4}}^{\frac{\pi}{2}}\cos^2 x\,dx=\frac{3}{8}\pi+\frac{1}{4}$$

(4) 由曲线 $x^2+y^2=ax$ 的参数方程

$$\begin{cases}x=a\cos^2\theta\\ y=a\cos\theta\sin\theta\end{cases}\quad\left(-\frac{\pi}{2}\leqslant\theta\leqslant\frac{\pi}{2}\right)$$

得

$$ds=\sqrt{x'^2+y'^2}\,d\theta=a\,d\theta$$

$$\sqrt{x^2+y^2}=a\cos\theta$$

所以

$$\int_{x^2+y^2=ax}\sqrt{x^2+y^2}\,ds=\int_{-\frac{\pi}{2}}^{\frac{\pi}{2}}a\cos\theta\cdot a\,d\theta=2a^2$$

(5) 采用极坐标,有

$$\iint_{\substack{x^2+y^2\leqslant 1\\ x\geqslant 0,y\geqslant 0}}\sqrt{\frac{1-x^2-y^2}{1+x^2+y^2}}\,dxdy=\int_0^{\frac{\pi}{2}}d\theta\int_0^1\sqrt{\frac{1-r^2}{1+r^2}}\,r\,dr$$

考虑积分

$$\int_0^1\sqrt{\frac{1-r^2}{1+r^2}}\,r\,dr$$

令

$$z=\sqrt{\frac{1-r^2}{1+r^2}}$$

$$r^2=\frac{1-z^2}{1+z^2}$$

$$2r\mathrm{d}r = \frac{-4z\mathrm{d}z}{(1+z^2)^2}$$

$r=0$ 时, $z=1$; $r=1$ 时, $z=0$. 所以

$$\int_0^1 \sqrt{\frac{1-r^2}{1+r^2}} r\mathrm{d}r = \int_1^0 z \cdot \frac{-2z\mathrm{d}z}{(1+z^2)^2} = 2\int_0^1 \frac{z^2+1-1}{(1+z^2)^2}\mathrm{d}z$$

$$= 2\left[\int_0^1 \frac{1}{1+z^2}\mathrm{d}z - \int_0^1 \frac{1}{(1+z^2)^2}\mathrm{d}z\right]$$

$$= 2\left[\arctan z \Big|_0^1 - \left(\frac{z}{2(1+z^2)} + \frac{1}{2}\arctan z\right)\Big|_0^1\right]$$

$$= 2\left[\frac{\pi}{4} - \left(\frac{1}{4} + \frac{\pi}{8}\right)\right]$$

$$= \frac{\pi}{4} - \frac{1}{2}$$

代入即求出原积分值

$$\iint\limits_{\substack{x^2+y^2\leqslant 1 \\ x\geqslant 0, y\geqslant 0}} \sqrt{\frac{1-x^2-y^2}{1+x^2+y^2}} \mathrm{d}x\mathrm{d}y = \frac{\pi}{8}(\pi-2)$$

三、(1) 利用级数, 求 $f(x) = x\arctan x - \ln(1+x^2)^{\frac{1}{2}}$ 在 $x=0$ 处的 n 阶导数.

(2) 将 $f(x) = \begin{cases} 1+\dfrac{2x}{\pi}, -\pi \leqslant x < 0 \\ 1-\dfrac{2x}{\pi}, 0 \leqslant x < \pi \end{cases}$ 展开成傅里叶级数.

解 (1) 可得

$$f'(x) = \frac{x}{1+x^2} + \arctan x - \frac{x}{1+x^2} = \arctan x$$

$$f''(x) = \frac{1}{1+x^2} = 1 - x^2 + x^4 + \cdots + (-1)^n x^{2n} + \cdots \quad (-1 < x < 1)$$

在收敛区间内连续求二次积分即得 $f(x)$ 的幂级数展开式

$$f'(x) = \int_0^x f''(x)\mathrm{d}x = x - \frac{1}{3}x^3 + \frac{1}{5}x^5 + \cdots + \frac{(-1)^n}{2n+1}x^{2n+1} + \cdots$$

$$f(x) = \frac{1}{2}x^2 - \frac{1}{3\cdot 4}x^4 + \frac{1}{5\cdot 6}x^6 + \cdots + \frac{(-1)^n \cdot x^{2n+2}}{(2n+1)\cdot(2n+2)} + \cdots \quad (-1 < x < 1)$$

根据函数的幂级数展开式的唯一性我们有

$$f^{(2k)}(0) = \frac{(-1)^{k-1}}{(2k-1)\cdot 2k}$$

$$f^{(2k-1)}(0) = 0 \quad (k=1,2,\cdots)$$

(2) 如图 1 所示, 由欧拉公式可求得傅里叶系数

$$a_0 = \frac{1}{\pi}\int_{-\pi}^{\pi} f(x)\mathrm{d}x = 0$$

$$a_n = \frac{1}{\pi}\int_{-\pi}^{\pi} f(x)\cos nx\,\mathrm{d}x$$

$$= \frac{2}{\pi}\int_0^\pi \left(1 - \frac{2}{\pi}x\right)\cos nx\,\mathrm{d}x$$

$$= \frac{4}{n^2\pi^2}(-1)^n$$

$$b_n = \frac{1}{\pi}\int_{-\pi}^\pi f(x)\sin nx\,\mathrm{d}x = 0 \quad (n=1,2,\cdots)$$

于是,属于 $f(x)$ 的傅里叶级数为

$$f(x) \sim \frac{4}{\pi^2}\sum_{n=1}^\infty \frac{(-1)^n}{n^2}\cos nx$$

因 $f(x)$ 在 $[-\pi,\pi]$ 内连续且满足狄利克雷(Dirichlet)定理条件,且 $f(-\pi) = \lim\limits_{x\to\pi}f(x)$,故有

$$f(x) = \frac{4}{\pi^2}\sum_{n=1}^\infty \frac{(-1)^n}{n^2}\cos nx \quad (-\pi \leqslant x < \pi)$$

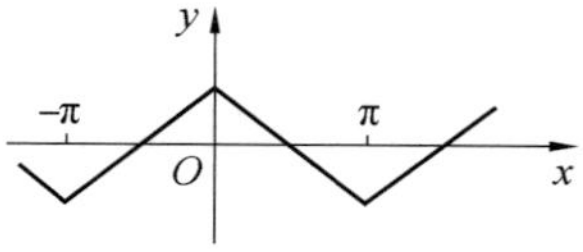

图 1

四、求 $y'' + y = x^2 + x\cos x$ 的通解.

解 (1) 求对应的齐次方程的通解

$$y'' + y = 0$$

特征方程 $r^2 + 1 = 0$,特征根 $r = \pm\mathrm{i}$.
所以对应的齐次方程的通解为

$$Y = A\cos x + B\sin x$$

(2) 求非齐次方程的某一特解.
考虑非齐次方程

$$y'' + y = x^2$$
$$y'' + y = x\cos x$$

若 y_1^*, y_2^* 分别为上述二方程的解,则 $y^* = y_1^* + y_2^*$ 必为所给非齐次方程的解.因为特征根为 $\pm\mathrm{i}$,故令

$$y_1^* = a_1 x^2 + b_1 x + c_1$$
$$y_2^* = x[(cx+d)\cos x + (ex+f)\sin x]$$

代入即可定出 $a_1, b_1, c_1, c, d, e, f$,从而得

$$y_1^* = x^2 - 2$$
$$y_2^* = \frac{1}{4}x(x\sin x + \cos x)$$

故所给方程的通解为

$$y = A\cos x + B\sin x + x^2 - 2 + \frac{1}{4}x(x\sin x + \cos x)$$

五、$u = f(x, y)$,而 $x = r\cos\theta, y = r\sin\theta$,求证
$$\frac{\partial^2 u}{\partial x^2} + \frac{\partial^2 u}{\partial y^2} = \frac{\partial^2 u}{\partial r^2} + \frac{1}{r^2}\frac{\partial^2 u}{\partial \theta^2} + \frac{1}{r}\frac{\partial u}{\partial r}$$

证 $u = f[r\cos\theta, r\sin\theta]$ 是函数 $u = f(x, y)$ 与 $x = r\cos\theta, y = r\sin\theta$ 的复合函数. 根据复合函数的求偏导数公式,有

$$\frac{\partial u}{\partial r} = \frac{\partial u}{\partial x} \cdot \frac{\partial x}{\partial r} + \frac{\partial u}{\partial y} \cdot \frac{\partial y}{\partial r} = \frac{\partial u}{\partial x}\cos\theta + \frac{\partial u}{\partial y}\sin\theta$$

$$\frac{\partial^2 u}{\partial r^2} = \cos\theta\left(\frac{\partial^2 u}{\partial x^2}\cos\theta + \frac{\partial^2 u}{\partial x \partial y}\sin\theta\right) + \sin\theta\left(\frac{\partial^2 u}{\partial y \partial x}\cos\theta + \frac{\partial^2 u}{\partial y^2}\sin\theta\right)$$

$$= \cos^2\theta\frac{\partial^2 u}{\partial x^2} + 2\sin\theta\cos\theta\frac{\partial^2 u}{\partial x \partial y} + \sin^2\theta\frac{\partial^2 u}{\partial y^2}$$

$$\frac{\partial u}{\partial \theta} = \frac{\partial u}{\partial x} \cdot \frac{\partial x}{\partial \theta} + \frac{\partial u}{\partial y} \cdot \frac{\partial y}{\partial \theta}$$

$$= -r\sin\theta\frac{\partial u}{\partial x} + r\cos\theta\frac{\partial u}{\partial y}$$

$$\frac{\partial^2 u}{\partial \theta^2} = -\left[r\cos\theta\frac{\partial u}{\partial x} + r\sin\theta\left((-r\sin\theta)\frac{\partial^2 u}{\partial x^2} + r\cos\theta\frac{\partial^2 u}{\partial x \partial y}\right)\right] + $$

$$\left[-r\sin\theta\frac{\partial u}{\partial y} + r\cos\theta\left((-r\sin\theta)\frac{\partial^2 u}{\partial y \partial x} + r\cos\theta\frac{\partial^2 u}{\partial y^2}\right)\right]$$

注意到 $\sin^2\theta + \cos^2\theta = 1$,即得到所要证明的等式

$$\frac{\partial^2 u}{\partial r^2} + \frac{1}{r^2}\frac{\partial^2 u}{\partial \theta^2} + \frac{1}{r}\frac{\partial u}{\partial r} = \frac{\partial^2 u}{\partial x^2} + \frac{\partial^2 u}{\partial y^2}$$

六、求证抛物线形边板,应在 $\frac{h}{3}$ 处下锯,方可得到最大面积的长方形板(如图2阴影部分).

解 选取坐标系如图3,并设抛物线方程
$$y^2 = 2px \quad (p > 0)$$
设在 x 处下锯,则所得的面积
$$A = 2(h - x) \cdot \sqrt{2px}$$
$$\frac{\mathrm{d}A}{\mathrm{d}x} = 2\left[-\sqrt{2px} + (h - x) \cdot \frac{p}{\sqrt{2px}}\right]$$

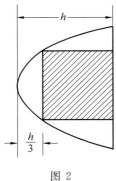
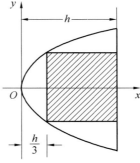

图 2   图 3

令 $\dfrac{dA}{dx}=0$,得 $x=\dfrac{h}{3}$. 由图 3 易知 A 在 $(0,h)$ 内存在最大值,同时驻点只有一个,所以 $x=\dfrac{h}{3}$ 是使 A 取得最大值的点. 亦即在 $x=\dfrac{h}{3}$ 处下锯所得的长方形板的面积最大.

七、(下列两题任选一题)

(1) 设 $f_i(x)(i=1,2,3)$ 在 $[a,b]$ 上可微,求证在 a,b 之间存在一点 c,使

$$\begin{vmatrix} f_1(a) & f_1(b) & f_1(x) \\ f_2(a) & f_2(b) & f_2(x) \\ f_3(a) & f_3(b) & f_3(x) \end{vmatrix}$$

在 c 处的导数等于零.

(2) 由

$$A=\begin{pmatrix} 1 & 1 & 1 & -2 & 3 \\ 2 & -1 & 2 & 2 & 6 \\ 3 & 2 & -3 & -4 & -9 \\ 4 & 3 & -2 & -6 & -6 \end{pmatrix}$$

$$B=\begin{pmatrix} 1 \\ 2 \\ 3 \\ 4 \end{pmatrix}$$

$$X=\begin{pmatrix} x \\ y \\ z \\ u \\ v \end{pmatrix}$$

$AX=B$,求 X.

证 (1) 注意到:在 $[a,b]$ 上可微,必在 $[a,b]$ 上连续;行列式行列互换其值不变的事实后,其证法完全同于陕西机械学院题二(2).

(2) 将矩阵方程化成方程组

$$\begin{cases} x+y+z-2u+3v=1 \\ 2x-y+2z+2u+6v=2 \\ 3x+2y-3z-4u-9v=3 \\ 4x+3y-2z-6u-6v=4 \end{cases}$$

考虑增广矩阵,并施初等变换得

$$C=\begin{pmatrix} 1 & 1 & 1 & -2 & 3 & 1 \\ 2 & -1 & 2 & 2 & 6 & 2 \\ 3 & 2 & -3 & -4 & -9 & 3 \\ 4 & 3 & -2 & -6 & -6 & 4 \end{pmatrix} \rightarrow \begin{pmatrix} 1 & 1 & 1 & -2 & 3 & 1 \\ 0 & -3 & 0 & 6 & 0 & 0 \\ 0 & -1 & -6 & 2 & -18 & 0 \\ 0 & -1 & -6 & 2 & -18 & 0 \end{pmatrix}$$

$$\rightarrow \begin{pmatrix} 1 & 1 & 1 & -2 & 3 & 1 \\ 0 & 1 & 0 & -2 & 0 & 0 \\ 0 & 0 & -6 & 0 & -18 & 0 \\ 0 & 0 & -6 & 0 & -18 & 0 \end{pmatrix}$$

$$\rightarrow \begin{pmatrix} 1 & 0 & 1 & 0 & 3 & 1 \\ 0 & 1 & 0 & -2 & 0 & 0 \\ 0 & 0 & 1 & 0 & 3 & 0 \\ 0 & 0 & 1 & 0 & 3 & 0 \end{pmatrix}$$

$$\rightarrow \begin{pmatrix} 1 & 0 & 0 & 0 & 0 & 1 \\ 0 & 1 & 0 & -2 & 0 & 0 \\ 0 & 0 & 1 & 0 & 3 & 0 \\ 0 & 0 & 1 & 0 & 3 & 0 \end{pmatrix}$$

因此方程组的解是
$$x=1, y=2u, z=-3v, u=u, v=v$$

未知矩阵
$$\boldsymbol{X} = \begin{pmatrix} 1 \\ 2u \\ -3v \\ u \\ v \end{pmatrix}$$

其中,u,v 任意.

一机部机械研究院(1982)

高等数学

一、 设
$$\phi(x,u) = \left(\frac{x-1}{u-1}\right)^{\frac{u}{x-u}} \quad (\text{其中}(x-1)(u-1) > 0, x \neq u)$$

函数 $f(x)$ 定义为
$$f(x) = \lim_{u \to x} \phi(x,u)$$

试求函数 $f(x)$ 的连续区间和间断点,并求 $f(x)$ 在其间断点的左右极限,画出 $f(x)$ 的草图.

解 先求
$$\lim_{u \to x} \ln \phi(x,u) = \lim_{u \to x} \frac{u[\ln(x-1) - \ln(u-1)]}{x-u}$$
$$= \lim_{u \to x} \frac{\ln(x-1) - \ln(u-1) + \dfrac{u}{u-1}}{-1}$$
$$= \frac{x}{x-1}$$

于是
$$f(x) = \lim_{u \to x} \phi(x,u) = e^{\frac{x}{x-1}}$$

其间断点是 $x=1$,连续区间是 $(-\infty, 1), (1, +\infty)$,左极限
$$\lim_{x \to 1-0} e^{\frac{x}{x-1}} = 0$$

右极限
$$\lim_{x \to 1+0} e^{\frac{x}{x-1}} = +\infty$$

又因 $x > 1$ 时,$e^{\frac{x}{x-1}} > 1$,故直线 $x=1$ 是 $f(x)$ 右方图形的垂直渐近线. 因
$$f'(x) = -e^{\frac{x}{x-1}} \frac{1}{(x-1)^2} < 0$$

所以 $f(x)$ 单调下降. 再由
$$\lim_{x \to \pm\infty} e^{\frac{x}{x-1}} = \lim_{x \to \pm\infty} e^{\frac{1}{1-\frac{1}{x}}} = e$$

---

① 原一机部系统下列研究所皆用此试卷:北京自动化研究所,郑州机械研究所,北京机电研究所,沈阳铸造研究所,北京标准化研究所,武汉材料保护研究所,上海材料研究所,哈尔滨焊接研究所.

可见 $y=e$ 是它的水平渐近线. 综上讨论,可以画出 $y=f(x)$ 的图形如图 1 所示.

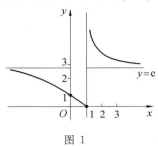

图 1

二、求下列微分方程的通解：

(1) $y' = \dfrac{1}{x+2y}$.

(2) $y'' - 3y' + 2y = 16x + \sin 2x + e^{2x}$.

解 （1）将所给方程改写成
$$\frac{dx}{dy} - x = 2y$$
这是一个一阶线性方程,故
$$x = e^{\int dy}\left(\int 2y e^{-\int dy} dy + c\right)$$
$$= e^y\left(2\int y e^{-y} + c\right)$$
而
$$\int y e^{-y} dy = -\int y de^{-y} = -y e^{-y} + \int e^{-y} dy$$
$$= -e^{-y}(1+y)$$
所以
$$x = -2(1+y) + ce^y$$

（2）特征方程为 $k^2 - 3k + 2 = (k-1)(k-2) = 0$,故特征根是 $k=1, k=2$,所以,相应齐次方程的通解为
$$Y = c_1 e^x + c_2 e^{2x}$$
下面再分别求
$$y'' - 3y' + 2y = 16x \qquad \text{①}$$
$$y'' - 3y' + 2y = \sin 2x \qquad \text{②}$$
$$y'' - 3y' + 2y = e^{2x} \qquad \text{③}$$
的一个特解.

① 因 0 不是特征根,可设 $y_1 = b_0 x + b_1$,有 $y'_1 = b_0, y''_1 = 0$,代入方程①,得
$$2b_0 x + 2b_1 - 3b_0 = 16x$$
解之得
$$b_0 = 8, b_1 = 12$$
故

$$y_1 = 8x + 12$$

② 因 2i 不是特征根，设
$$y_2 = D_1 \cos 2x + D_2 \sin 2x$$

则
$$y'_2 = -2D_1 \sin 2x + 2D_2 \cos 2x$$
$$y''_2 = -4D_1 \cos 2x - 4D_2 \sin 2x$$

代入方程 ② 得
$$-4D_1 \cos 2x - 4D_2 \sin 2x - 6D_2 \cos 2x + 6D_1 \sin 2x + 2D_1 \cos 2x + 2D_2 \sin 2x = \sin 2x$$

即
$$-(6D_2 + 2D_1)\cos 2x + (6D_1 - 2D_2)\sin 2x = \sin 2x$$

比较两边系数，得
$$3D_2 + D_1 = 0, 6D_1 - 2D_2 = 1$$

解之得
$$D_1 = \frac{3}{20}, D_2 = -\frac{1}{20}$$

故
$$y_2 = \frac{1}{20}(3\cos 2x - \sin 2x)$$

③ 因 2 是特征方程的单根，可设 $y_3 = Bx\mathrm{e}^{2x}$，则
$$y'_3 = B(1 + 2x)\mathrm{e}^{2x}, y''_3 = 4B(1 + x)\mathrm{e}^{2x}$$

代入方程 ③ 得
$$[4B(1+x) - 3B(1+2x) + 2Bx]\mathrm{e}^{2x} = \mathrm{e}^{2x}$$

即
$$B\mathrm{e}^{2x} = \mathrm{e}^{2x}$$

故
$$B = 1$$

所以
$$y_3 = x\mathrm{e}^{2x}$$

综上讨论，得原方程的通解为
$$y = c_1 \mathrm{e}^x + c_2 \mathrm{e}^{2x} + 8x + 12 + \frac{1}{20}(3\cos 2x - \sin x) + x\mathrm{e}^{2x}$$

三、把函数 $f(x) = x^2 (0 < x < 2\pi)$，展为傅里叶级数，并证明
$$1 + \frac{1}{2^2} + \frac{1}{3^2} + \cdots + \frac{1}{n^2} + \cdots = \frac{\pi^2}{6}$$

即 $\sum_{n=1}^{\infty} \frac{1}{n^2} = \frac{\pi^2}{6}$.

解 因为
$$a_0 = \frac{1}{\pi}\int_0^{2\pi} x^2 \mathrm{d}x = \frac{8}{3}\pi^2$$

$$a_n = \frac{1}{\pi}\int_0^{2\pi} x^2 \cos nx\, dx = \frac{1}{\pi}\left(\frac{x^2}{n}\sin nx + \frac{2x}{n^2}\cos nx - \frac{2}{n^3}\sin nx\right)\Big|_0^{2\pi}$$
$$= \frac{4}{n^2}$$
$$b_n = \frac{1}{\pi}\int_0^{2\pi} x^2 \sin nx\, dx = \frac{1}{\pi}\left(-\frac{x^2}{n}\cos nx + \frac{2x}{n^2}\sin nx + \frac{2}{n^2}\cos nx\right)\Big|_0^{2\pi}$$
$$= -\frac{4\pi}{n^2}$$

所以,由收敛定理,有
$$x^2 = \frac{4\pi^2}{3} + 4\sum_{n=1}^{\infty}\left(\frac{\cos nx}{n^2} - \frac{\pi}{n}\sin nx\right) \quad (0 < x < 2\pi)$$

在区间的端点 $x = 0, 2\pi$,级数收敛于
$$\frac{f(0+0) + f(2\pi-0)}{2} = 2\pi^2$$

即
$$2\pi^2 = \frac{4\pi^2}{3} + 4\sum_{n=1}^{\infty}\frac{1}{n^2}$$

所以
$$\sum_{n=1}^{\infty}\frac{1}{n^2} = \frac{\pi^2}{6}$$

四、空间 yOz 平面上的直线 $z = y(\geqslant 0)$ 绕 z 轴旋转一周,生成旋转曲面,求此曲面被柱面 $z^2 = 2x$ 所割下部分的曲面面积.

解 所得旋转曲面是锥面 $z = \sqrt{x^2 + y^2}$,两曲面的交线
$$\begin{cases} z = \sqrt{x^2 + y^2} \\ z^2 = 2x \end{cases}$$

在平面 $z = 0$ 上的投影是圆 $2x = x^2 + y^2$,即 $(x-1)^2 + y^2 = 1$. 由 $z = \sqrt{x^2 + y^2}$,得
$$\frac{\partial z}{\partial x} = \frac{x}{\sqrt{x^2 + y^2}}, \frac{\partial z}{\partial y} = \frac{y}{\sqrt{x^2 + y^2}}$$

故所求曲面面积为
$$S = \iint_D \sqrt{1 + \left(\frac{\partial z}{\partial x}\right)^2 + \left(\frac{\partial z}{\partial y}\right)^2}\, dx dy$$
$$= \iint_D \sqrt{2}\, dx dy$$
$$= \sqrt{2}\,\pi \quad (D: (x-1)^2 + y^2 \leqslant 1)$$

五、计算下列积分:

(1) $\int_C 2y\, dx + (3x + y^3)\, dy$,$C$ 是上半圆周 $x^2 + y^2 - x = 0$ 沿逆时针方向.

(2) $\iint_S xy\, dydz + yz\, dzdx + zx\, dxdy$,$S$ 是球面 $x^2 + y^2 + z^2 = 1$ 的第一卦限部分的外侧.

解 (1) 如图 2 所示,考虑由 C 及直径 OA 组成的闭路 $l = C + OA$,由格林公式,有

$$\int_C 2y\mathrm{d}x + (3x + y^3)\mathrm{d}y = \oint_C 2y\mathrm{d}x + (3x + y^3)\mathrm{d}y + \int_{OA} 2y\mathrm{d}x + (3x^2 + y^3)\mathrm{d}y$$

$$= \iint_D (3-2)\mathrm{d}x\mathrm{d}y + 0$$

$$= \frac{1}{2}\pi\left(\frac{1}{2}\right)^2$$

$$= \frac{\pi}{8}$$

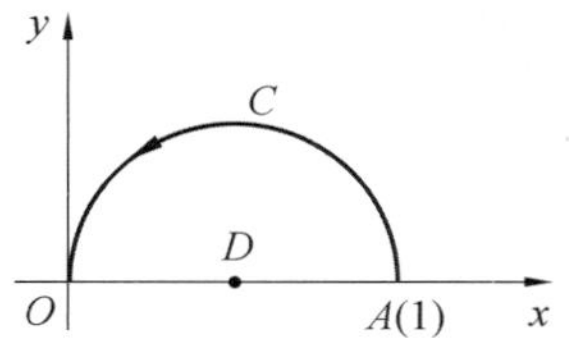

图 2

(2) 把曲面 S 补上三个坐标面 $S_1: z=0$; $S_2: x=0$; $S_3: y=0$,就构成一个封闭曲面 Σ, Σ 所围体即是在第一卦限的八分之一单位球 V. 由高斯公式,有

$$\iint_S xy\mathrm{d}y\mathrm{d}z + yz\mathrm{d}z\mathrm{d}x + zx\mathrm{d}x\mathrm{d}y$$

$$= \oiint_\Sigma - \iint_{S_1} - \iint_{S_2} - \iint_{S_3}$$

$$= \iiint_V (y+z+x)\mathrm{d}x\mathrm{d}y\mathrm{d}z - 0 - 0 - 0$$

由对称性,易见

$$\iiint_V (y+z+x)\mathrm{d}x\mathrm{d}y\mathrm{d}z = 3\iiint_V z\mathrm{d}x\mathrm{d}y\mathrm{d}z$$

利用球坐标,得

所求积分 $= 3\int_0^{\frac{\pi}{2}} \cos\theta \mathrm{d}\theta \int_0^{\frac{\pi}{2}} \sin^2\varphi \mathrm{d}\varphi \int_0^1 r^3 \mathrm{d}r$

$$= \frac{3}{4}\int_0^{\frac{\pi}{2}} \frac{1}{2}(1-\cos 2\varphi)\mathrm{d}\varphi$$

$$= \frac{3}{16}\pi$$

六、(1) 质量为 2 g 的一质点 P 在 x 轴上运动,受一力吸引,趋向原点 O,此力的数值为 $8x$. 又受一阻力作用,其数值是速度值的 8 倍,设初始静止位置在 $x=10$ 处,求任一时刻此质点位置与时间的函数关系.

(2) 试确定一种曲线 l,使图 3 中的三角形 $\triangle PQT$ 的面积为常数,图中 P 是曲线 l 上任一点,Q 是点 P 在 x 轴上的垂足,T 是切线 PT 与 x 轴的交点.

(3) 当 $0 < x < +\infty$ 时,求证 $x^u \leqslant 1 - u + ux$ (其中 u 为常数,且 $0 < u < 1$).

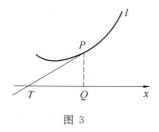

图 3

解 (1) 因引力为 $-8x$,阻力为 $-8\dfrac{\mathrm{d}x}{\mathrm{d}t}$,由牛顿(Newton)定律,得

$$2\dfrac{\mathrm{d}^2 x}{\mathrm{d}t^2}=-8x-8\dfrac{\mathrm{d}x}{\mathrm{d}t}$$

即

$$\dfrac{\mathrm{d}^2 x}{\mathrm{d}t^2}+4\dfrac{\mathrm{d}x}{\mathrm{d}t}+4x=0$$

其特征方程为 $k^2+4k+4=(k+2)^2=0$,$k=2$ 为二重根,故方程的通解为

$$x=\mathrm{e}^{-2t}(c_1+c_2 t)$$

运动的初始条件为

$$x(0)=10,\ x'(0)=0$$

由此得 $c_1=10,c_2=20$,所以

$$x(t)=10\mathrm{e}^{-2t}(1+2t)$$

(2) 设 $P(x,y)$ 是曲线 l 上任一点,则点 Q 的坐标为 $(x,0)$. 曲线 l 在点 P 处的切线方程为

$$\eta-y=y'(\zeta-x)$$

当 $\eta=0$ 时,$\zeta=x+\dfrac{y}{y'}$,即点 T 的坐标为 $\left(x+\dfrac{y}{y'},0\right)$. 由所设条件,$\triangle PQT$ 的面积为常数(设为 k),即有

$$\dfrac{1}{2}\left[x-\left(x+\dfrac{y}{y'}\right)\right]y=k$$

即

$$2ky'=y^2$$

亦即

$$\mathrm{d}x=\dfrac{2k\mathrm{d}y}{y^2}$$

所以

$$x=-\dfrac{2k}{y}+c\quad (c\text{ 为任意常数})$$
$$y(x-c)=-2k$$

这是一族双曲线.

(3) 设

$$f(x)=x^u-1+u-ux\quad (0<x<+\infty)$$

由
$$f'(x) = ux^{u-1} - u = u(x^{u-1} - 1) = 0$$
求得驻点
$$x = 1$$
又
$$f''(x) = u(u-1)x^{u-1}$$
故
$$f''(1) < 0$$
所以 $f(1) = 0$ 为 $f(x)$ 的唯一极大值.

这就证得 $f(x) \leqslant 0$,即
$$x^u \leqslant 1 - u + ux \quad (0 < x < +\infty)$$

工程数学

一、试述随机事件 A 的频率的意义,以及它与事件的概率的关系,并用算式表示这个关系.

解 设随机事件 A 在 n 次试验中出现了 r 次,则比值 r/n 称为 n 次试验中事件 A 出现的频率,当 n 逐渐增大时,则频率在概率 P 附近摆动. 这个关系可由伯努利(Bernoulli)大数定理表示

$$\lim_{n \to \infty} P\left\{ \left| \frac{r}{n} - p \right| < \varepsilon \right\} = 1$$

二、已给方程组

$$\begin{cases} ax_1 + x_2 + x_3 + x_4 = a \\ x_1 + ax_2 + x_3 + x_4 = a \\ x_1 + x_2 + ax_3 + x_4 = a \\ x_1 + x_2 + x_3 + ax_4 = a \end{cases} \quad ①$$

试求 a 为何值时,方程组 ① 有唯一解;有无穷多组解;没有解.

解 方程组的系数行列式

$$|A| = \begin{vmatrix} a & 1 & 1 & 1 \\ 1 & a & 1 & 1 \\ 1 & 1 & a & 1 \\ 1 & 1 & 1 & a \end{vmatrix} = (a+3) \begin{vmatrix} 1 & 1 & 1 & 1 \\ 1 & a & 1 & 1 \\ 1 & 1 & a & 1 \\ 1 & 1 & 1 & a \end{vmatrix}$$

$$= (a+3) \begin{vmatrix} 1 & 1 & 1 & 0 \\ 1 & a & 1 & 0 \\ 1 & 1 & a & 0 \\ 1 & 1 & 1 & a-1 \end{vmatrix}$$

$$= (a+3)(a-1) \begin{vmatrix} 1 & 1 & 1 \\ 1 & a & 1 \\ 1 & 1 & a \end{vmatrix}$$

$$= (a+3)(a-1) \begin{vmatrix} 1 & 1 & 0 \\ 1 & a & 0 \\ 1 & 1 & a-1 \end{vmatrix}$$

$$= (a+3)(a-1)^2 \begin{vmatrix} 1 & 1 \\ 1 & a \end{vmatrix}$$

$$= (a+3)(a-1)^3$$

(1) 当 $a \neq 1, a \neq -3$ 时，$|A| \neq 0$，由克莱姆规则，可知方程组有唯一解.

(2) 当 $a = 1$ 时，方程组 ① 的四个方程完全一样，故方程组 ① 有无穷多组解.

(3) 当 $a = -3$，$|A| = 0$，故方程组 ① 的系数矩阵的秩小于 4，而方程组 ① 的增广矩阵中的子行列式

$$\begin{vmatrix} -3 & 1 & 1 & -3 \\ 1 & -3 & 1 & -3 \\ 1 & 1 & -3 & -3 \\ 1 & 1 & 1 & -3 \end{vmatrix} = -3 \begin{vmatrix} -3 & 1 & 1 & 1 \\ 1 & -3 & 1 & 1 \\ 1 & 1 & -3 & 1 \\ 1 & 1 & 1 & 1 \end{vmatrix}$$

$$= -3 \begin{vmatrix} -3 & 1 & 1 & 4 \\ 1 & -3 & 1 & 0 \\ 1 & 1 & -3 & 0 \\ 1 & 1 & 1 & 0 \end{vmatrix} -$$

$$(-3)4 \begin{vmatrix} 1 & -3 & 1 \\ 1 & 1 & -3 \\ 1 & 1 & 1 \end{vmatrix}$$

$$= 12 \begin{vmatrix} 4 & -3 & 1 \\ 0 & 1 & -3 \\ 0 & 1 & 1 \end{vmatrix}$$

$$= 12 \times 16 \neq 0$$

故方程组 ① 的增广矩阵的秩为 4，因而方程组 ① 无解.

三、设平面稳定流动的复势为 $f(z) = \dfrac{1}{z}$，试求流线的方程及其曲线图形，用箭头标出流动的方向，并说明确定方向的理由.

解 由已给复势

$$f(z) = \frac{1}{z} = \frac{1}{x + \mathrm{i}y} = \frac{x}{x^2 + y^2} - \mathrm{i}\frac{y}{x^2 + y^2}$$

得流线方程 $\dfrac{-y}{x^2 + y^2} = k$（常数），即

$$x^2 + \left(y + \frac{1}{2k}\right)^2 = \left(\frac{1}{2k}\right)^2$$

这是圆心在 y 轴上，且与 x 轴相切于原点的圆族.

流动速度

$$V = \overline{f'(z)} = \overline{\frac{-1}{z^2}} = \frac{-1}{\overline{z}^2} = \frac{-1}{(x^2-y^2) - \mathrm{i}(2xy)}$$
$$= \frac{-[(x^2-y^2)\mathrm{i}(2+xy)]}{(x^2-y^2)^2 + 4x^2y^2}$$

其分量
$$V_x = \frac{-(x^2-y^2)}{(x^2-y^2)^2 + 4x^2y^2}$$
$$V_y = \frac{-2xy}{(x^2-y^2)^2 + 4x^2y^2}$$

(1) 当 $x>0, y>0$, 且 $x<y$ 时, $V_x>0, V_y<0$. 因此, 在满足上述条件的区域内, V 的方向在圆的切线方向, 且指向顺时针方向.

(2) 当 $x>0, y<0$, 且 $x^2>y^2$ 时, $V_x<0, V_y>0$. 因此, 在满足这个条件的区域内, V 的方向在圆的切线方向, 且指向逆时针方向. 余类推. (图 4)

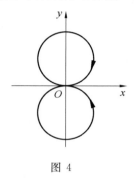

图 4

四、试证: $w = \sin z$ 把 z 平面上半带形区域 $y>0, -\frac{\pi}{2} < x < \frac{\pi}{2}$ 变到 w 平面上半平面.

证 因
$$w = \sin z = \sin(x + \mathrm{i}y) = \sin x \cos \mathrm{i}y + \cos x \sin \mathrm{i}y$$
$$= \sin x \operatorname{ch} y + \mathrm{i}\cos x \operatorname{sh} y = u + \mathrm{i}v$$

(1) 半带域 (图 5) 的边界: $x = -\frac{\pi}{2}$ $(0 \leqslant y \leqslant +\infty)$, 将变为 $u = -\operatorname{ch} y, v = 0$, 这是 w 平面上的半直线 $u \leqslant -1, v = 0$, 其对应方向如图 6 所示.

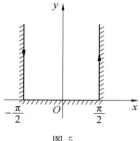

图 5

(2) 半带域的边界：$y=0\left(-\dfrac{\pi}{2}\leqslant x\leqslant\dfrac{\pi}{2}\right)$，将变为 $u=\sin x,v=0$，这是 w 平面的 u 轴上的一段直线 $-1\leqslant u\leqslant 1,v=0$. 对应方向如图 6 所示.

(3) 半带域的边界：$x=\dfrac{\pi}{2}(0\leqslant y\leqslant+\infty)$，将变为 $u=\text{ch } y,v=0$，这是 w 平面上 u 轴的一部分：$u\geqslant 1,v=0$，对应方向如图 6 所示.

由上讨论，依边界对应原则，$w=\sin z$ 把上半带域变成上半 w 平面.

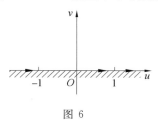

图 6

五、试导出方程

$$\frac{\partial^2 u}{\partial t^2}=a^2\frac{\partial^2 u}{\partial x^2}$$

$$u\big|_{t=0}=\varphi(x)\quad (a\text{ 为常数})$$

$$\frac{\partial u}{\partial t}\bigg|_{t=0}=\psi(x)$$

的朗倍尔的解的表达式，并说明这解的物理意义.

解 作替换

$$\zeta=x+at$$
$$\eta=x-at$$

则

$$\frac{\partial u}{\partial x}=\frac{\partial u}{\partial \zeta}\frac{\partial \zeta}{\partial x}+\frac{\partial u}{\partial \eta}\frac{\partial \eta}{\partial x}=\frac{\partial u}{\partial \zeta}+\frac{\partial u}{\partial \eta}$$

$$\frac{\partial^2 u}{\partial x^2}=\frac{\partial^2 u}{\partial \zeta^2}+2\frac{\partial^2 u}{\partial \zeta\partial\eta}+\frac{\partial^2 u}{\partial \eta^2}$$

同法

$$\frac{\partial u}{\partial t}=\frac{\partial u}{\partial \zeta}\frac{\partial \zeta}{\partial t}+\frac{\partial u}{\partial \eta}\frac{\partial \eta}{\partial t}=a\left(\frac{\partial u}{\partial \zeta}-\frac{\partial u}{\partial \eta}\right)$$

$$\frac{\partial^2 u}{\partial t^2}=a^2\left(\frac{\partial^2 u}{\partial \zeta^2}-2\frac{\partial^2 u}{\partial \zeta\partial\eta}+\frac{\partial^2 u}{\partial \eta^2}\right)$$

于是原方程变为

$$\frac{\partial^2 u}{\partial \zeta\partial\eta}=0$$

对 η 积分得

$$\frac{\partial u}{\partial \zeta}=f(\zeta)$$

再对 ζ 积分得

$$u = \int f(\zeta)\mathrm{d}\zeta + f_2(\eta) = f_1(\zeta) + f_2(\eta)$$

这里 f_1, f_2 分别是 ζ, η 的任意函数,代回原变量,得原方程的通解为

$$u = f_1(x+at) + f_2(x-at) \qquad ①$$

将初始条件代入,得

$$f_1(x) + f_2(x) = \varphi(x) \qquad ②$$
$$af'_1(x) - af'_2(x) = \psi(x)$$

后一式积分,得

$$af_1(x) - af_2(x) = \int_0^x \psi(\zeta)\mathrm{d}\zeta + c \qquad ③$$

由式 ②③ 得

$$f_1(x) = \frac{1}{2}\varphi(x) + \frac{1}{2a}\int_0^x \psi(\zeta)\mathrm{d}\zeta + \frac{c}{2}$$

$$f_2(x) = \frac{1}{2}\varphi(x) - \frac{1}{2a}\int_0^x \psi(\zeta)\mathrm{d}\zeta - \frac{c}{2}$$

再代入通解 ①,得

$$u(x,t) = \frac{1}{2}[\varphi(x+at) + \varphi(x-at)] + \frac{1}{2a}\int_{x-at}^{x+at} \psi(\zeta)\mathrm{d}\zeta$$

解的物理意义可就通解 ① 说明如下:

先考虑通解 ① 中的第二项 $u_2 = f_2(x-at)$,在时刻 $t=0$,$u_2 = f_2(x)$ 它是 $x-u$ 平面上的一条曲线;当 $t = t_0$ 时,$u = f_2(x-at_0)$ 在 $x-u$ 平面上所代表的曲线是 $t=0$ 时的曲线 $u = f(x)$,向右平移了 at_0. 因此,$f_2(x-at)$ 表示一个以速度 a 沿 x 轴正方向传播的波(右行波). 同样,$u_1 = f_1(x+at)$ 表示一个以速度 a 沿 x 负方向传播的波(左行波). 而通解 ① 则是两个左、右行波的迭加.

六、试用拉普拉斯变换解下列方程

$$\frac{\partial w}{\partial x} + x\frac{\partial w}{\partial t} = 0 \qquad ①$$

$$w(x,0) = 0, w(0,t) = t \quad (t \geqslant 0)$$

解 设 $L(w(x,t)) = W(x,s)$,对方程 ① 两边作拉普拉斯变换,得

$$\frac{\mathrm{d}}{\mathrm{d}x}W(x,s) + x[sw - w(x,0)] = 0$$

即 $\frac{\mathrm{d}W}{W} = -xs\,\mathrm{d}x$,解之得

$$W = c\mathrm{e}^{-\frac{1}{2}x^2 s} \qquad ②$$

由 $w(0,t) = t$,两边作拉普拉斯变换,得

$$W(0,s) = \frac{1}{s^2}$$

代入式 ② 得 $c = \frac{1}{s^2}$,即

$$W(x,s) = \frac{1}{s^2}\mathrm{e}^{-\frac{1}{2}x^2 s}$$

因 $L^{-1}\left(\dfrac{1}{s^2}\right)=t$, 于是由延迟定理, 有

$$w(x,t)=L^{-1}[W(x,s)]=h\left(t-\dfrac{1}{2}x^2\right)\left(t-\dfrac{1}{2}x^2\right)$$

这里 $h(t)$ 是单位函数

$$h(t)=\begin{cases}1, t>0\\ 0, t<0\end{cases}$$

海军工程学院[①](1983)

一、(1) 设 $a \gg b > 0$ 且 $x(t)$ 是微分方程 $\dfrac{\mathrm{d}x}{\mathrm{d}t} = ax - bx^2$ 的适合 $t=0$ 时 $x = x_0$ 的解. 求证 $\lim\limits_{t \to +\infty} x(t) = \dfrac{a}{b}$.

(2) 判定级数 $\sum\limits_{n=1}^{\infty} \dfrac{1}{n\sqrt[n]{n}}$ 的敛散性.

证 (1) 解微分方程得

$$t = \int_{x_0}^{x} \frac{\mathrm{d}x}{x(a-bx)} = \frac{1}{a}\int_{x_0}^{x} \frac{\mathrm{d}x}{x} + \frac{b}{a}\int_{x_0}^{x} \frac{\mathrm{d}x}{a-bx}$$
$$= \left(\frac{1}{a}\ln\frac{x}{a-bx}\right)\bigg|_{x_0}^{x} = \frac{1}{a}\ln\left(\frac{x}{a-bx}\bigg/\frac{x_0}{a-bx_0}\right)$$

解出 x 得

$$x(t) = \frac{aA\mathrm{e}^{at}}{1 + bA\mathrm{e}^{at}}$$

其中

$$A = \frac{x_0}{a - bx_0}$$

故

$$\lim_{t \to +\infty} x(t) = \lim_{t \to +\infty} \frac{aA\mathrm{e}^{at}}{1 + bA\mathrm{e}^{at}} = \frac{a}{b}$$

(2) 因为 $\lim\limits_{n \to \infty} \sqrt[n]{n} = 1$,所以存在 $M > 0$,对任何 n 有 $\sqrt[n]{n} < M$.
$\dfrac{1}{n\sqrt[n]{n}} > \dfrac{1}{Mn}$,因为 $\sum\limits_{n=1}^{\infty} \dfrac{1}{n}$ 发散,所以原级数发散.

二、(1) 若 $\Phi(x,y,z) = x^2 yz^3$,$\mathbf{A} = xz\mathbf{i} - y^2\mathbf{j} + 2x^2 z\mathbf{k}$,求 $\nabla\Phi$,$\nabla \cdot \mathbf{A}$,$\nabla \times \mathbf{A}$,$\mathrm{div}(\Phi\mathbf{A})$,$\mathrm{rot}(\Phi\mathbf{A})$.

(2) 试求力 $\mathbf{F}(x,y) = (3y^2 + 2)\mathbf{i} + 16x\mathbf{j}$ 将一质点沿椭圆 $b^2 x^2 + y^2 = b^2$ 的上半从 $(-1,0)$ 移到 $(1,0)$ 所作的功. 怎样的椭圆(即 b 为何值时)所做的功最小?

解 (1) 可得

$$\nabla\Phi = \frac{\partial \Phi}{\partial x}\mathbf{i} + \frac{\partial \Phi}{\partial y}\mathbf{j} + \frac{\partial \Phi}{\partial z}\mathbf{k}$$
$$= 2xyz^3\mathbf{i} + x^2 z^3\mathbf{j} + 3x^2 yz^2\mathbf{k}$$

---

① 现为海军工程大学.

$$\nabla \cdot \boldsymbol{A} = \frac{\partial A_x}{\partial x} + \frac{\partial A_y}{\partial y} + \frac{\partial A_z}{\partial z} = z - 2y + 2x^2$$

(A_x, A_y, A_z 分别表示 $\boldsymbol{A}$ 在直坐标中的三个分量)

$$\nabla \times \boldsymbol{A} = \begin{vmatrix} \boldsymbol{i} & \boldsymbol{j} & \boldsymbol{k} \\ \frac{\partial}{\partial x} & \frac{\partial}{\partial y} & \frac{\partial}{\partial z} \\ x^3 y z^4 & -x^2 y^3 z^3 & 2x^4 y z^4 \end{vmatrix} = (x - 4xz)\boldsymbol{j}$$

$$\Phi\boldsymbol{A} = x^3 y z^4 \boldsymbol{i} - x^2 y^3 z^3 \boldsymbol{j} + 2x^4 y z^4 \boldsymbol{k}$$

$$\operatorname{div}(\Phi\boldsymbol{A}) = 3x^2 y z^4 - 3x^2 y^2 z^3 + 8x^4 y z^3$$

$$\operatorname{rot}(\Phi\boldsymbol{A}) = \begin{vmatrix} \boldsymbol{i} & \boldsymbol{j} & \boldsymbol{k} \\ \frac{\partial}{\partial x} & \frac{\partial}{\partial y} & \frac{\partial}{\partial z} \\ x^3 y z^4 & -x^2 y^3 z^3 & 2x^4 y z^4 \end{vmatrix}$$

$$= (2x^4 y^4 + 3x^2 y^3 z^2)\boldsymbol{i} - (8x^3 y z^4 - 4x^3 y z^3)\boldsymbol{j} - (2xy^3 z^3 - x^3 z^4)\boldsymbol{k}$$

(2) 令

$$\begin{cases} x = \cos\theta \\ y = b\sin\theta \end{cases} \quad (0 \leqslant \theta \leqslant \pi)$$

$$W = \int_{(-1,0)}^{(1,0)} \boldsymbol{F} \cdot d\boldsymbol{l} = \int_{(-1,0)}^{(1,0)} (3y^2 + z)dx + 16x\,dy$$

$$= \int_\pi^0 (3b^2\sin^2\theta + 2)d\cos\theta + 16\int_\pi^0 b\cos\theta\,d\sin\theta$$

$$= 3b^2\int_0^\pi \sin^3\theta\,d\theta + 2\int_0^\pi \sin\theta\,d\theta - 16b\int_0^\pi \cos^2\theta\,d\theta$$

$$= 4b^2 - 8\pi b + 4$$

由 $\frac{\partial w}{\partial b} = 0$,得 $8b - 8\pi = 0$,解出 $b = \pi$,即为所求.

三、若在偏微分方程 $\frac{\partial^2 u}{\partial x^2} + \frac{\partial^2 u}{\partial y^2} = 0$ 中,u 可以表为 $r = \sqrt{x^2 + y^2}$ 的函数,$u = f(r)$. 求证:此时偏微分方程可化为常微分方程 $\frac{d^2 u}{dr^2} + \frac{1}{r}\frac{du}{dr} = 0$,并求出 $u = f(r)$ 的表达式.

证 因为

$$\frac{\partial u}{\partial x} = \frac{du}{dr}\frac{\partial r}{\partial x} = \frac{x}{r}\frac{du}{dr}$$

$$\frac{\partial^2 u}{\partial x^2} = \frac{x^2}{r^2}\frac{d^2 u}{dr^2} + \frac{r - \frac{x^2}{r}}{r^2}\frac{du}{dr}$$

$$= \frac{x^2}{r^2}\frac{d^2 u}{dr^2} + \frac{r^2 - x^2}{r^3}\frac{du}{dr}$$

同理

$$\frac{\partial^2 u}{\partial y^2} = \frac{y^2}{r^2}\frac{d^2 u}{dr^2} + \frac{r^2 - y^2}{r^3}\frac{du}{dr}$$

故
$$\frac{\partial^2 u}{\partial x^2} + \frac{\partial^2 u}{\partial y^2} = 0$$

化为
$$\frac{d^2 u}{dr^2} + \frac{1}{r}\frac{du}{dr} = 0$$

再化为
$$\frac{1}{r}\frac{d}{dr}\left(r\frac{du}{dr}\right) = 0$$

解之可得 $u = c_1 \ln \frac{1}{r} + c_2$,其中,$c_1, c_2$ 为任意常数.

四、证明:对于 $0 \leqslant x \leqslant \pi$,有
$$x(\pi - x) = \frac{\pi^2}{6} - \left(\frac{\cos 2x}{1^2} + \frac{\cos 4x}{2^2} + \cdots + \frac{\cos 2nx}{n^2} + \cdots\right)$$

证 因为 $x(\pi - x)$ 在 $[0, \pi]$ 上连续,且 $f(\pi - 0) = f(0)$,所以
$$\frac{1}{2}[f(x+0) + f(x-0)] = f(x)$$

从而
$$x(\pi - x) = \frac{a_0}{2} + \sum_{n=1}^{\infty} a_n \cos nx$$
$$a_n = \frac{2}{\pi}\int_0^\pi x(\pi - x)dx = \frac{2}{\pi}\left(\frac{\pi^3}{2} - \frac{\pi^3}{3}\right) = \frac{\pi^2}{3}$$
$$a_n = \frac{2}{\pi}\int_0^\pi x(\pi - x)\cos nx\,dx$$
$$= \frac{2}{\pi}\left[\frac{\pi}{n^2}(\cos n\pi - 1) - \frac{2\pi}{n^2}\cos n\pi\right]$$
$$= -\frac{2}{n^2}[(-1)^n + 1] = \begin{cases} -\dfrac{4}{n^2}, \text{当 } n \text{ 为偶数} \\ 0, \text{当 } n \text{ 为奇数} \end{cases}$$

所以
$$x(\pi - x) = \frac{\pi^2}{6} - \left(\frac{\cos 2x}{1^2} + \frac{\cos 4x}{2^2} + \cdots + \frac{\cos 2nx}{n^2} + \cdots\right)$$

五、设 R 是以抛物柱面 $z = 4 - x^2$ 和平面 $x = 0, y = 0, y = 6, z = 0$ 为边界围成的区域. 求:R 的体积,R 的质量中心(若密度 ρ 为常数).

解 如图 1 所示 R 的体积等于
$$V = \iiint_R dv = \int_0^6 dy \iint_{D_{xz}} dx\,dz$$
$$= \int_0^6 dy \int_0^2 dx \int_0^{4-x^2} dz$$
$$= 6\int_0^2 (4 - x^2)dx$$

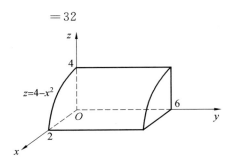

图 1

设质量中心为 $(\bar{x},\bar{y},\bar{z})$，由 R 的对称性知
$$\bar{y}=3$$
$$\bar{x}=\frac{1}{32}\iiint_R x\,dv=\frac{1}{32}\int_0^6 dy\int_0^2 x\,dx\int_0^{4-x^2} dz$$
$$=\frac{3}{16}\int_0^2 x(4-x^2)\,dx=\frac{3}{4}$$
$$\bar{z}=\frac{1}{32}\iiint_R z\,dv=\frac{1}{32}\int_0^6 dy\int_0^2 dx\int_0^{4-x^2} z\,dz$$
$$=\frac{3}{16}\int_0^2 \frac{1}{2}(4-x^2)^2\,dx$$
$$=\frac{2}{5}$$

故质心为 $\left(\frac{3}{4},3,\frac{2}{5}\right)$.

六、设各项均不为 0 的两个数列 $\{a_n\}$ 及 $\{b_n\}$ 都发散于正无穷大.

(1) 试问，数列 $\{a_n-b_n\}$ 能否发散于正无穷大. 举例说明.

(2) 当 $\{a_n-b_n\}$ 收敛于 c 时，试分别求出两数列 $\left\{\dfrac{b_n}{a_n}\right\}$ 及 $\left\{\dfrac{a_n^2}{b_n}-\dfrac{b_n^2}{a_n}\right\}$ 的极限.

解 (1) 数列 $\{a_n-b_n\}$ 不一定发散于正无穷大，例如取 $a_n=n+1$，$b_n=n$，则 $\{n+1-n\}$ 收敛于 1.

(2) 可得
$$\lim_{n\to\infty}\frac{b_n}{a_n}=\lim_{n\to\infty}\left(\frac{b_n-a_n}{a_n}+1\right)=1$$
$$\lim_{n\to\infty}\left(\frac{a_n^2}{b_n}-\frac{b_n^2}{a_n}\right)=\lim_{n\to\infty}\frac{a_n^3-b_n^3}{a_n b_n}$$
$$=\lim_{n\to\infty}\left[(a_n-b_n)\left(\frac{a_n}{b_n}+1+\frac{b_n}{a_n}\right)\right]$$
$$=3c$$

七、设 $f(x)$ 是可微的，且
$$F(x)=f(|x|)+\sum_{n=0}^{\infty}x^2 f(x)\left(\frac{\sin x+2}{x^2+\sin x+2}\right)^n$$

试问：若 $F(x)$ 在 $x=0$ 处连续，$f(x)$ 应满足怎样的条件.

解 令
$$S(x) = \sum_{n=0}^{\infty} x^2 f(x) \left(\frac{\sin x + 2}{x^2 + \sin x + 2} \right)^n$$

因为当 $x \neq 0$ 时，有不等式
$$\left| \frac{\sin x + 2}{x^2 + \sin x + 2} \right| < 1$$

所以
$$S(x) = \frac{x^2 f(x)}{1 - \dfrac{\sin x + 2}{x^2 + \sin x + 2}} = f(x)(x^2 + \sin x + 2) \quad (x \neq 0)$$

故
$$\lim_{x \to 0} S(x) = \lim_{x \to 0} [f(x)(x^2 + \sin x + 2)] = 2f(0)$$

而 $S(0) = 0$，为了使 $S(x)$ 在 $x=0$ 处连续，必须有 $f(0)=0$，由假设知，$f(|x|)$ 在 $x=0$ 处连续，所以 $f(0)=0$ 即为 $F(x)$ 在 $x=0$ 处连续所要求的条件.

八、设 $f(x)$ 是连续的奇函数.

(1) 试证：$F(x) = \int_0^{2\pi} |t-x| f(t) \mathrm{d}t$ 是偶函数.

(2) 求 $\lim\limits_{x \to 0} \dfrac{\int_0^{2x} |t-x| \sin t \mathrm{d}t}{|x|^3}$.

证 (1) 因为
$$F(-x) = \int_0^{-2\pi} |t+x| f(t) \mathrm{d}t$$
$$\xlongequal{t=-u} -\int_0^{2\pi} |x-u| f(-u) \mathrm{d}u$$
$$= \int_0^{2\pi} |u-x| f(u) \mathrm{d}u$$
$$= F(x)$$

即 $F(x)$ 为偶函数.

(2) 可得
$$\lim_{x \to 0} \frac{1}{|x|^3} \int_0^{2x} |t-x| \sin t \mathrm{d}t = \lim_{x \to 0} \frac{1}{x^2} \int_0^{2x} \left| \frac{t-x}{x} \right| \sin t \mathrm{d}t$$
$$= \lim_{x \to 0} \frac{1}{x^2} \int_0^{2x} \left| 1 - \frac{t}{x} \right| \sin t \mathrm{d}t$$
$$\xlongequal{t=xu} \lim_{x \to 0} \frac{1}{x^2} \int_0^2 |1-u| x \sin xu \mathrm{d}u$$
$$= \lim_{x \to 0} \frac{1}{x} \int_0^2 |1-u| \sin xu \mathrm{d}u$$
$$= \int_0^2 \left(|1-u| \lim_{x \to 0} \frac{\sin xu}{x} \right) \mathrm{d}u$$

$$= \int_0^2 u|1-u|\,du$$
$$= \int_0^1 u(1-u)\,du + \int_1^2 u(u-1)\,du$$
$$= 1$$

九、 设有一旋转面形状的反射镜. 光线从旋转轴上一定点出发, 经过镜面反射后, 到达轴上另一定点. 试求镜面的形状. (只要求列出微分方程.)

解 如图 2 所示, 取 x 轴做旋转轴, 问题可简化为 xOr 平面上的问题, 设两定点的距离为 $2c$, $M(x,r)$ 为曲线上一动点, 则有

$$\tan\theta = -\frac{1}{r'} \quad (r' = -\frac{dr}{dx})$$

$$\tan\theta_1 = \frac{r}{x-c}, \tan\theta_2 = \frac{r}{x+c}$$

$$\tan\alpha = \tan(\theta-\theta_2) = \frac{\tan\theta - \tan\theta_2}{1+\tan\theta\cdot\tan\theta_2}$$

$$= \frac{\dfrac{1}{r'} - \dfrac{r}{x+c}}{1 - \dfrac{r}{r'(x+c)}}$$

$$= -\frac{rr'+x+c}{xr'+cr'-r}$$

$$\tan\beta = \tan(\theta_1-\theta) = \frac{\tan\theta_1 - \tan\theta}{1+\tan\theta\tan\theta_1}$$

$$= \frac{\dfrac{r}{x-c} + \dfrac{1}{r'}}{1 - \dfrac{r}{r'(x-c)}}$$

$$= \frac{rr'+x-c}{xr'-cr'-r}$$

由题设知 $\tan\alpha = \tan\beta$, 故

$$-\frac{rr'+x+c}{xr'+cr'-r} = \frac{rr'+x-c}{xr'-cr'-r}$$

为了避免复杂的乘法运算, 可用比例性质化简, 得

$$\frac{cr'}{xr'-r} = \frac{rr'+x}{c}$$

$$xrr'^2 - r^2r' + x^2r' - xr - c^2r' = 0$$

$$xrr'^2 + (x^2-r^2-c^2)r' - xr = 0$$

十、 有一水槽, 在时刻 t, 每单位时间流入的水量为 $g(t)$, 且在时刻 t, 每单位时间流出的水量与该时刻的贮水量成正比, 其比例常数为 2.

(1) 列出表示 $y(t)$ 与 $g(t)$ 间关系的微分方程.

(2) 设 $t \geqslant 0$ 时, $g(t) = p$ (p 为正数), 又已知 $y(0)=0$, 求 $y(t)$.

(3) 设

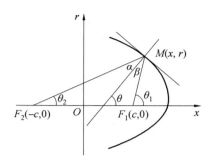

图 2

$$g(t)=\begin{cases}p,\text{当 }0\leqslant t<t_0\\0,\text{当 }t\geqslant t_0\end{cases}$$

又已知,$y(0)=0,y(1)=\mathrm{e}^2-1,y(3)=1$,求正常数 p 及 t_0 的值.

解 (1) 设在时刻 t 的贮水量为 $y(t)$,因为在 $[t,t+\Delta t]$ 时间内 $y(t)$ 的增量 Δy 等于在 Δt 时间内流入的水量减去流出的水量,故

$$y(t+\Delta t)-y(t)=g(t)\Delta t-2y(t)\Delta t$$

得

$$y'(t)=-2y(t)+g(t)$$

(2) 解定解问题

$$\begin{cases}y'+2y=p\\y(0)=0\end{cases}$$

通解

$$y(t)=c\mathrm{e}^{-2t}+\frac{p}{2}$$

由 $y(0)=0$ 得,$c=\dfrac{-p}{2}$,故

$$y(t)=\frac{p}{2}(1-\mathrm{e}^{-2t})$$

(3) 由题设可得如下两定解问题的解:

$$(\mathrm{I})\begin{cases}y'+2y=p,0<t<t_0\\y(0)=0\end{cases}$$

$$y_1(t)=\frac{p}{2}(1-\mathrm{e}^{-2t})$$

$$(\mathrm{II})\begin{cases}y'+2y=0,t>t_0\\y(t_0)=\dfrac{p}{2}(1-\mathrm{e}^{-2t_0})\end{cases}\quad(y(t_0)\text{ 为 }t_0\text{ 时存水量})$$

通解

$$y_2(t)=c\mathrm{e}^{-2t}$$

由初始条件得

$$y_2(t_0)=c\mathrm{e}^{-2t_0}$$

而
$$y_2(t_0) = y(t_0) = \frac{p}{2}(1 - e^{-2t_0})$$

故
$$c = \frac{p}{2}(e^{2t_0} - 1)$$

所以
$$y_2(t) = \frac{p}{2}(e^{2t_0} - 1)e^{-2t}$$

综合两解有
$$y(t) = \begin{cases} y_1(t) = \frac{p}{2}(1 - e^{-2t}), & \text{当 } 0 \leqslant t < t_0 \text{ 时} \\ y_2(t) = \frac{p}{2}(e^{2t_0} - 1)e^{-2t}, & \text{当 } t \geqslant t_0 \text{ 时} \end{cases}$$

由定 p 及 t_0 的条件知,$1 < t_0 < 3$,由 $y(1) = e^2 - 1$,得
$$\frac{p}{2}(1 - e^{-2}) = e^2 - 1$$

故 $p = 2e^2$,再将 $p = 2e^2$ 代入 $y_2(t)$ 中得
$$y_2(t) = e^2(e^{2t_0} - 1)e^{-2t} \quad (t \geqslant t_0)$$

由 $y(3) = 1$,得
$$e^2(e^{2t_0} - 1)e^{-6} = 1$$

故
$$e^{2t_0} = e^4 + 1$$

即有
$$t_0 = \frac{1}{2}\ln(e^4 + 1)$$

大连海运学院(1983)

一、(1) 证明:若 $f(x)$ 在 $(-\infty,+\infty)$ 内连续,且 $\lim\limits_{x\to\infty} f(x)$ 存在,则 $f(x)$ 必有界.

(2) 讨论函数

$$f(x)=\begin{cases}\left(\dfrac{(1+x)^{\frac{1}{x}}}{e}\right)^{\frac{1}{x}}, & \text{当 } x>0 \text{ 时}\\ e^{-\frac{1}{2}}, & \text{当 } x\leqslant 0 \text{ 时}\end{cases}$$

在点 $x=0$ 处的连续性.

证 (1) 设

$$\lim_{x\to\infty} f(x)=A$$

即对于任意给定的正数 ε,存在 $X>0$,使当 $|x|>X$ 时,都有

$$|f(x)-A|\leqslant \varepsilon$$

从而

$$|f(x)|-|A|\leqslant \varepsilon \quad (|x|>X)$$

即

$$|f(x)|\leqslant |A|+\varepsilon \quad (|x|>X)$$

又 $f(x)$ 在闭区间 $[-X,X]$ 上连续,闭区间由上连续函数的性质知 $f(x)$ 在 $[-X,X]$ 内有界,设

$$|f(x)|\leqslant B \quad (x\in[-X,X])$$

综合上述,$|f(x)|\leqslant \max\{|A|+\varepsilon, B\}, x\in(-\infty,+\infty)$ 证毕.

(2) 由

$$\lim_{x\to 0^+} f(x)=\lim_{x\to 0^+}\left[\frac{(1+x)^{\frac{1}{x}}}{e}\right]^{\frac{1}{x}}=\lim_{x\to 0^+} e^{\frac{1}{x}\left[\frac{1}{x}\ln(1+x)-1\right]}$$

而

$$\lim_{x\to 0^+}\frac{1}{x}\left[\frac{1}{x}\ln(1+x)-1\right]=\lim_{x\to 0^+}\frac{1}{x^2}\left[\left(x-\frac{x^2}{2}+\frac{x^3}{3}-\cdots\right)-1\right]=-\frac{1}{2}$$

故

$$\lim_{x\to 0^+} f(x)=e^{-\frac{1}{2}}=\lim_{x\to 0^-} f(x)$$

而 $f(0)=e^{-\frac{1}{2}}$,所以 $f(x)$ 在 $x=0$ 处连续.

二、(1) 证明不等式:$x>0$ 时

$$x-\frac{x^2}{2}<\ln(1+x)<x$$

---

① 现为大连海事大学.

(2) 求 $I(x) = \int_3^x (x-1)(x-2)^2 \, dx$ 的极值点与极值.

证 (1) 先证
$$x - \frac{x^2}{2} < \ln(1+x)$$

由于 $x = 0$ 时
$$x - \frac{x^2}{2} = \ln(1+x) = 0$$

$$\left[\ln(1+x) - \left(x - \frac{x^2}{2}\right)\right]'_x = \frac{1}{1+x} - 1 + x = \frac{x^2}{1+x} > 0 \quad (x > 0)$$

故 $x > 0$ 时
$$x - \frac{x^2}{2} < \ln(1+x)$$

再证 $\ln(1+x) < x$.

由于 $x = 0$ 时
$$\ln(1+x) = x = 0$$
$$[\ln(1+x) - x]'_x = \frac{1}{1+x} - 1 < 0 \quad (x > 0)$$

故当 $x > 0$ 时
$$\ln(1+x) < x$$

综合上述有
$$x - \frac{x^2}{2} < \ln(1+x) < x \quad (x > 0)$$

(2) 由
$$I'(x) = (x-1)(x-2)^2$$

故 $I(x)$ 有稳定点 $x = 1, x = 2$,又
$$I''(1) = -2x(x-2)\big|_{x=1} = 2$$

故 $x = 1$ 为极小值点
$$I''(2) = -2x(x-2)\big|_{x=2} = 0$$

而
$$I'''(2) = (-2x^2 + 4x)'\big|_{x=2} = (-4x+4)\big|_{x=2}$$
$$= -4 \neq 0$$

故 $x = 2$ 为拐点,极小值
$$I(1) = \int_3^1 (x-1)(x-2)^2 \, dx$$
$$\xrightarrow{x-1=u} \int_2^0 (u^3 - 2u^2 + u) \, du$$
$$= \left(\frac{1}{4}u^4 - \frac{2}{3}u^3 + \frac{u^2}{2}\right)\bigg|_2^0$$
$$= \frac{2}{3}$$

三、求下列积分.

(1) $\int \dfrac{\sqrt{x(x+1)}}{\sqrt{x}+\sqrt{x+1}}\,dx$.

(2) $\int \dfrac{x\arcsin x}{(1-x^2)\sqrt{1-x^2}}\,dx$.

(3) $\int_{-2}^{3} |x^2-1|\,dx$.

解 (1) 由

$$I = \int \dfrac{\sqrt{x(x+1)}}{\sqrt{x}+\sqrt{x+1}}\,dx$$

$$= -\int (\sqrt{x}-\sqrt{x+1})\sqrt{x(x+1)}\,dx$$

$$= -\int x\sqrt{x+1}\,dx + \int (x+1)\sqrt{x}\,dx$$

而

$$\int x\sqrt{x+1}\,dx \xrightarrow{x+1=u^2} \int 2(u^2-1)u^2\,du$$

$$= \dfrac{2}{5}u^5 - \dfrac{2}{3}u^3 + C_1$$

$$= \dfrac{2}{5}(x+1)^{\frac{5}{2}} - \dfrac{2}{3}(x+1)^{\frac{3}{2}} + C_1$$

$$\int (x+1)\sqrt{x}\,dx \xrightarrow{x=u^2} \int 2(u^2+1)u^2\,du$$

$$= \dfrac{2}{5}u^5 + \dfrac{2}{3}u^3 + C_2$$

$$= \dfrac{2}{5}x^{\frac{5}{2}} + \dfrac{2}{3}x^{\frac{3}{2}} + C_2$$

所以

$$\int \dfrac{\sqrt{x(x+1)}}{\sqrt{x}+\sqrt{x+1}}\,dx = \dfrac{2}{5}\left[-(x+1)^{\frac{5}{2}} + x^{\frac{5}{2}}\right] + \dfrac{2}{3}\left[x^{\frac{3}{2}} + (x+1)^{\frac{3}{2}}\right] + C$$

(2) $\int \dfrac{x\arcsin x}{(1-x^2)\sqrt{1-x^2}}\,dx = \dfrac{\arcsin x}{\sqrt{1-x^2}} - \int \dfrac{dx}{1-x^2} = \dfrac{\arcsin x}{\sqrt{1-x^2}} + \dfrac{1}{2}\ln\dfrac{1-x}{1+x}$.

(3) $\int_{-2}^{3} |x^2-1|\,dx = \int_{-2}^{-1}(x^2-1)\,dx + \int_{-1}^{1}(1-x^2)\,dx + \int_{1}^{3}(x^2-1)\,dx = \left(\dfrac{1}{3}x^3 - x\right)\Big|_{-2}^{-1} + 2\left(x - \dfrac{x^3}{3}\right)\Big|_{0}^{1} + \left(\dfrac{x^3}{3} - x\right)\Big|_{1}^{3} = \dfrac{28}{3}$.

四、设半径为 a 的球面上各点处的密度等于这点到铅垂直径的距离的平方. 试求球面的质量.

解 $M = \iint_{S}(x^2+y^2)\,ds = \int_{0}^{2\pi}d\varphi \int_{0}^{\pi} a^2\sin^2\theta\, a^2\sin\theta\,d\theta = 2\pi a^4 \int_{0}^{\pi}\sin^3\theta\,d\theta = \dfrac{8}{3}\pi a^4$.

五、将函数 $f(x) = x^2$ 展成以 2π 为周期的傅里叶级数: (1) 在 $[0,\pi]$ 上按余弦展开.

(2) 在 $[0, 2\pi]$ 上展开.

利用这些展开式,求级数:$\sum\limits_{n=1}^{\infty}\dfrac{1}{n^2}$,$\sum\limits_{n=1}^{\infty}\dfrac{(-1)^{n+1}}{n^2}$,$\sum\limits_{n=1}^{\infty}\dfrac{1}{(2n-1)^2}$ 之和.

解 (1) 因为
$$f(x) \sim \frac{a_0}{2} + \sum_{n=1}^{\infty} a_n \cos nx$$
$$a_0 = \frac{2}{\pi}\int_0^{\pi} x^2 \, dx = \frac{2}{3}\pi^2$$
$$a_n = \frac{2}{\pi}\int_0^{\pi} x^2 \cos nx \, dx$$
$$= \frac{2}{\pi}\left(\frac{1}{n}x^2 \sin nx \Big|_0^{\pi} - \frac{2}{n}\int_0^{\pi} x\sin nx \, dx\right)$$
$$= -\frac{4}{n\pi}\left(-\frac{1}{n}x\cos nx \Big|_0^{\pi} + \frac{1}{n}\int_0^{\pi} \cos nx \, dx\right)$$
$$= \frac{4}{n^2}(-1)^n \quad (n=1,2\cdots)$$

所以
$$f(x) \sim \frac{1}{3}\pi^2 + 4\sum_{n=1}^{\infty}(-1)^n\frac{\cos nx}{n^2} = x^2 \quad (x \in [0,\pi]) \qquad ①$$

(2) 因为
$$f(x) \sim \frac{a_0}{2} + \sum_{n=1}^{\infty}(a_n\cos nx + b_n\sin nx)$$
$$a_0 = \frac{1}{\pi}\int_0^{2\pi} x^2 \, dx = \frac{8}{3}\pi^2$$
$$a_n = \frac{1}{\pi}\int_0^{2\pi} x^2\cos nx \, dx$$
$$= \frac{1}{\pi}\left(\frac{1}{n}x^2\sin nx \Big|_0^{2\pi} - \frac{2}{n}\int_0^{2\pi} x\sin nx \, dx\right) -$$
$$\frac{2}{n\pi}\left(-\frac{x}{n}\cos nx \Big|_0^{2\pi} + \frac{1}{n}\int_0^{2\pi}\cos nx \, dx\right)$$
$$= -\frac{2}{n\pi}\left(-\frac{2\pi}{n} + \frac{1}{n^2}\sin nx \Big|_0^{2\pi}\right)$$
$$= \frac{4}{n^2} \quad (n=1,2,\cdots)$$
$$b_n = \frac{1}{\pi}\int_0^{2\pi} x^2 \sin nx \, dx$$
$$= \frac{1}{\pi}\left(-\frac{x^2}{n}\cos nx \Big|_0^{2\pi} + \frac{2}{n}\int_0^{2\pi} x\cos nx \, dx\right)$$
$$= \frac{1}{\pi}\left\{-\frac{4}{n}\pi^2 + \frac{2}{n}\left[\frac{x}{n}\sin nx \Big|_0^{2\pi} - \frac{1}{n}\int_0^{2\pi}\sin nx \, dx\right]\right\}$$
$$= -\frac{4}{n}\pi \quad (n=1,2,\cdots)$$

所以
$$f(x) \sim \frac{4}{3}\pi^2 + 4\sum_{n=1}^{\infty}\left(\frac{1}{n^2}\cos nx - \frac{1}{n}\pi\sin nx\right) = \begin{cases} x^2, 0 < x < 2\pi \\ 2\pi^2, x = 0, 2\pi \end{cases}$$

由式 ①,令 $x = \pi$ 得
$$\frac{1}{3}\pi^2 + 4\sum_{n=1}^{\infty}\frac{1}{n^2} = \pi^2$$

所以
$$\sum_{n=1}^{\infty}\frac{1}{n^2} = \frac{1}{6}\pi^2 \qquad ②$$

令 $x = 0$ 得
$$\frac{1}{3}\pi^2 - 4\sum_{n=1}^{\infty}\frac{(-1)^{n+1}}{n^2} = 0$$

所以
$$\sum_{n=1}^{\infty}\frac{(-1)^{n+1}}{n^2} = \frac{1}{12}\pi^2$$

又
$$\sum_{n=1}^{\infty}\frac{1}{n^2} = \sum_{n=1}^{\infty}\frac{1}{(2n-1)^2} + \sum_{n=1}^{\infty}\frac{1}{(2n)^2} - \sum_{n=1}^{\infty}\frac{1}{(2n-1)^2} + \frac{1}{4}\sum_{n=1}^{\infty}\frac{1}{n^2}$$

故由式 ② 得
$$\sum_{n=1}^{\infty}\frac{1}{(2n-1)^2} = \frac{3}{4}\sum_{n=1}^{\infty}\frac{1}{n^2} = \frac{3}{4}\cdot\frac{\pi^2}{6} = \frac{1}{8}\pi^2$$

六、设 $u_n(x), n = 1, 2, \cdots$ 为 $[a,b]$ 上的连续函数,$\sum_{n=1}^{\infty}u_n(x)$ 在 $[a,b]$ 上一致收敛.

试证: $s(x) = \sum_{n=1}^{\infty}u_n(x)$ 也是 $[a,b]$ 上的连续函数.

证 只要证 $\lim_{x \to x_0}[s(x) - s(x_0)] = 0$.

对于任意 $x_0 \in [a,b]$ 及 $\varepsilon > 0$,因 $\sum_{n=1}^{\infty}u_n(x)$ 在 $[a,b]$ 上一致收敛,故存在 N,使
$$\left|\sum_{k=1}^{N}u_k(x) - s(x)\right| < \frac{\varepsilon}{3} \quad (x \in [a,b])$$

又 $s_N(x) = \sum_{k=1}^{N}u_k(x)$ 在 x_0 处连续,所以有 $\delta > 0$,使当 $|x - x_0| < \delta, x \in [a,b]$ 时
$$|s_N(x) - s_N(x_0)| < \frac{\varepsilon}{3}$$

于是当 $|x - x_0| < \delta, x \in [a,b]$ 时
$$|s(x) - s(x_0)| \leqslant |s(x) - s_N(x)| + |s_N(x) - s_N(x_0)| + |s_N(x_0) - s(x_0)|$$
$$< \frac{\varepsilon}{3} + \frac{\varepsilon}{3} + \frac{\varepsilon}{3}$$

$$=\varepsilon$$

证毕.

七、观测表明：沉淀池内微粒在液体中下落时所受的阻力与下落速度的平方成正比. 设微粒进入池内时竖直速度为零.

试求：(1) 在时间 t 内微粒下落多少距离？

(2) 若池长为 L，液体的水平速度为 V，且所有微粒都必须沉淀到池底. 液体的最大容许深度是多少？（提示：$\text{th}\,\Phi = \dfrac{e^{\Phi}-e^{-\Phi}}{e^{\Phi}+e^{-\Phi}} = \dfrac{\text{sh}\,\Phi}{\text{ch}\,\Phi}$）

解 (1) 应用牛顿第二定律

$$m\frac{dv}{dt} = mg - \mu v^2, \quad v(0) = 0 \quad (\mu \text{ 为比例系数})$$

即 $\dfrac{m}{\mu} \cdot \dfrac{dv}{\dfrac{mg}{\mu} - v^2} = dt$，积分得

$$\frac{1}{2}\sqrt{\frac{m}{\mu g}} \ln \frac{\sqrt{\dfrac{mg}{\mu}} + v}{\sqrt{\dfrac{mg}{\mu}} - v} = t + c$$

由 $v(0) = 0$ 得

$$c = 0$$

故

$$v(t) = \sqrt{\frac{mg}{\mu}} \, \frac{e^{2\sqrt{\frac{g\mu}{m}}t} - 1}{e^{2\sqrt{\frac{g\mu}{m}}t} + 1} = \sqrt{\frac{mg}{\mu}} \, \text{th}\left(\sqrt{\frac{g\mu}{m}}\, t\right) dt$$

在时间 t 内下落距离为

$$h = \int_0^t v(t)\,dt - \int_0^t \sqrt{\frac{mg}{\mu}} \, \text{th}\left(\sqrt{\frac{g\mu}{m}}\, t\right) dt$$

$$= \sqrt{\frac{mg}{\mu}} \int_0^t \frac{\text{sh}\sqrt{\dfrac{g\mu}{m}}t}{\text{ch}\sqrt{\dfrac{g\mu}{m}}t}\,dt - \frac{m}{\mu} \ln \text{ch}\, t\sqrt{\frac{g\mu}{m}}$$

(2) 由题意，最大容许深度为

$$H = \frac{m}{\mu} \ln \frac{L}{V}\sqrt{\frac{g\mu}{m}}$$

八、(1) 用正交线性变换化二次型 $f = x_1^2 - 2x_2^2 - 2x_3^2 - 4x_1x_2 + 4x_1x_3 + 8x_2x_3$ 为标准型，并写出所施行的正交变换.

(2) 设在向量组 $\boldsymbol{\alpha}_1, \boldsymbol{\alpha}_2, \cdots, \boldsymbol{\alpha}_r$ 中，$\boldsymbol{\alpha}_1 \neq \boldsymbol{0}$，且每一个 $\boldsymbol{\alpha}_r$ 都不能用其前 $r-1$ 个向量的线性组合表示.

试证：$\boldsymbol{\alpha}_1, \boldsymbol{\alpha}_2, \cdots, \boldsymbol{\alpha}_r$ 线性无关.

解 (1) 此二次型的矩阵为

$$A = \begin{pmatrix} 1 & -2 & 2 \\ -2 & -2 & 4 \\ 2 & 4 & -2 \end{pmatrix}$$

由方程

$$|A - \lambda E| = \begin{vmatrix} 1-\lambda & -2 & 2 \\ -2 & -2-\lambda & 4 \\ 2 & 4 & -2-\lambda \end{vmatrix} = 0$$

解得特征值

$$\lambda_1 = \lambda_2 = 2, \lambda_3 = -7$$

属于 $\lambda_1 = \lambda_2 = 2$ 的特征向量 $x = (x_1, x_2, x_3)$ 可由下列方程组解得

$$(A - 2E)x = 0$$

即

$$\begin{cases} -x_1 - 2x_2 + 2x_3 = 0 \\ -2x_1 - 4x_2 + 4x_3 = 0 \\ 2x_1 + 4x_2 - 4x_3 = 0 \end{cases}$$

解得特征向量

$$x = \begin{pmatrix} -2x_2 + 2x_3 \\ x_2 \\ x_3 \end{pmatrix} = x_2 \begin{pmatrix} -2 \\ 1 \\ 0 \end{pmatrix} + x_3 \begin{pmatrix} 2 \\ 0 \\ 1 \end{pmatrix}$$

令 $x_2 = 1, x_3 = 0$,并标准化即得属于 λ_1 的特征向量

$$c_1 = \frac{1}{\sqrt{5}} \begin{pmatrix} -2 \\ 1 \\ 0 \end{pmatrix}$$

取 x 与 c_1 正交,即内积 $\langle x, c_1 \rangle = 0$,得

$$x = \begin{pmatrix} \frac{1}{2} x_2 \\ x_2 \\ \frac{5}{4} x_2 \end{pmatrix}$$

标准化得属于 λ_2 且与 c_1 正交的单位向量

$$c_2 = \frac{4}{3\sqrt{5}} \begin{pmatrix} \frac{1}{2} \\ 1 \\ \frac{5}{4} \end{pmatrix}$$

当 $\lambda = -7$ 时,相应的特征向量由方程组

$$(A + 7E)x = 0$$

即

$$\begin{cases} 8x_1 - 2x_2 + 2x_3 = 0 \\ -2x_1 + 5x_2 + 4x_3 = 0 \\ 2x_1 + 4x_2 + 5x_3 = 0 \end{cases}$$

解得,$x_1 = -\dfrac{1}{2}x_3, x_2 = -x_3$,故属于$\lambda_3$的特征向量为

$$\boldsymbol{x} = \begin{pmatrix} -\dfrac{1}{2} \\ -1 \\ 1 \end{pmatrix}$$

x_3 取单位向量得

$$\boldsymbol{c}_3 = \dfrac{2}{3}\begin{pmatrix} -\dfrac{1}{2} \\ -1 \\ 1 \end{pmatrix}$$

所以,正交矩阵

$$\boldsymbol{C} = \begin{pmatrix} -\dfrac{2}{\sqrt{5}} & \dfrac{2}{3\sqrt{5}} & -\dfrac{1}{3} \\ \dfrac{1}{\sqrt{5}} & \dfrac{4}{3\sqrt{5}} & -\dfrac{2}{3} \\ 0 & \dfrac{\sqrt{5}}{3} & \dfrac{2}{3} \end{pmatrix}$$

$$\boldsymbol{\Lambda} = \boldsymbol{C}'\boldsymbol{A}\boldsymbol{C} = \begin{pmatrix} 2 & 0 & 0 \\ 0 & 2 & 0 \\ 0 & 0 & -7 \end{pmatrix}$$

$$f = 2\xi_1^2 + 2\xi_2^2 - 7\xi_3^2$$

其中

$$\boldsymbol{\xi} = \boldsymbol{C}'\boldsymbol{x}$$

即

$$\begin{cases} \xi_1 = -\dfrac{2}{\sqrt{5}}x_1 + \dfrac{1}{\sqrt{5}}x_2 \\ \xi_2 = \dfrac{2}{3\sqrt{5}}x_1 + \dfrac{4}{3\sqrt{5}}x_2 + \dfrac{\sqrt{5}}{3}x_3 \\ \xi_3 = -\dfrac{1}{3}x_1 - \dfrac{2}{3}x_2 + \dfrac{2}{3}x_3 \end{cases}$$

(2) 若存在一组常数 $c_1, c_2, \cdots, c_r$ 使得

$$c_1\boldsymbol{\alpha}_1 + c_2\boldsymbol{\alpha}_2 + \cdots + c_r\boldsymbol{\alpha}_r = \boldsymbol{0} \qquad ①$$

成立,则由假设要有 $c_r = 0$,否则

$$\boldsymbol{\alpha}_r = -\dfrac{c_1}{c_r}\boldsymbol{\alpha}_1 - \cdots - \dfrac{c_{r-1}}{c_r}\boldsymbol{\alpha}_{r-1}$$

即 $\boldsymbol{\alpha}_r$ 是其前面 $r-1$ 个向量 $\boldsymbol{\alpha}_1, \cdots, \boldsymbol{\alpha}_{r-1}$ 的线性组合，这与题设矛盾，故 $c_r = 0$，因此式 ① 变为

$$c_1 \boldsymbol{\alpha}_1 + c_2 \boldsymbol{\alpha}_2 + \cdots + c_{r-1} \boldsymbol{\alpha}_{r-1} = \boldsymbol{0}$$

同理可证，$c_{r-1} = 0$. 依次类推，最后可得 $c_1 \boldsymbol{\alpha}_1 = \boldsymbol{0}$，而 $\boldsymbol{\alpha}_1 \neq \boldsymbol{0}$，故 $c_1 = 0$，因此

$$c_1 = c_2 = \cdots = c_r = 0$$

这表明向量组 $\boldsymbol{\alpha}_1, \boldsymbol{\alpha}_2, \cdots, \boldsymbol{\alpha}_r$ 线性无关，证毕.

九、设 D 为从复平面去掉点 0 以及负实轴所剩下的域，对于以 D 域内的 1 为起点，a 为终点的曲线 C.

试证：$\int_C \dfrac{\mathrm{d}z}{z} = \ln a$.

证 设

$$a = \xi + \mathrm{i}\eta$$
$$z = x + \mathrm{i}y \quad (-\pi < \arg z < \pi)$$
$$\frac{1}{z} = u + \mathrm{i}v$$

其中

$$u = \frac{x}{x^2 + y^2}, \quad v = -\frac{y}{x^2 + y^2}$$

在指出的单连域中 u, v 满足柯西 — 黎曼方程，即

$$\frac{\partial u}{\partial x} = \frac{\partial v}{\partial y} = \frac{y^2 - x^2}{(x^2 + y^2)^2}, \quad \frac{\partial u}{\partial y} = -\frac{\partial v}{\partial x} = -\frac{2xy}{(x^2 + y^2)^2}$$

故函数 $\dfrac{1}{z}$ 在上述域中解析，因此积分与路径无关，取积分路线如图 1 中折线 $C = C_1 + C_2$，线段 C_1 与 y 轴平行，线段 C_2 与 x 轴平行，则

$$\begin{aligned}
\int_C \frac{1}{z} \mathrm{d}z &= \int_{C_1 + C_2} \frac{1}{z} \mathrm{d}z = \int_{C_1 + C_2} u\,\mathrm{d}x - v\,\mathrm{d}y + \mathrm{i} \int_{C_1 + C_2} v\,\mathrm{d}x + u\,\mathrm{d}y \\
&= \int_0^\eta \frac{y}{1 + y^2} \mathrm{d}y + \int_1^\xi \frac{x}{x^2 + \eta^2} \mathrm{d}x + \\
&\quad \mathrm{i}\left(\int_0^\eta \frac{1}{1 + y^2} \mathrm{d}y - \int_1^\xi \frac{\eta}{x^2 + \eta^2} \mathrm{d}x \right) \\
&= \frac{1}{2}\ln(1 + \eta^2) + \frac{1}{2}\ln(\xi^2 + \eta^2) - \frac{1}{2}\ln(1 + \eta^2) + \\
&\quad \mathrm{i}\left(\arctan^{-1} \eta - \arctan^{-1} \frac{\xi}{\eta} + \arctan^{-1} \frac{1}{\eta} \right) \\
&= \ln \sqrt{\xi^2 + \eta^2} + \mathrm{i} \arctan^{-1} \frac{\eta}{\xi} \\
&= \ln |a| + \mathrm{i} \arg a \\
&= \ln a
\end{aligned}$$

或，由于函数 $\dfrac{1}{z}$ 在上述域中解析，而其原函数为 $\ln Z$，故

$$\int_C \frac{1}{z}\mathrm{d}z = \int_1^a \frac{1}{z}\mathrm{d}z = \ln a - \ln 1 = \ln a$$

证毕.

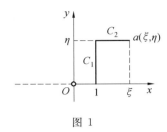

图 1

刘培杰数学工作室
已出版(即将出版)图书目录——高等数学

书　　名	出版时间	定价	编号
距离几何分析导引	2015—02	68.00	446
大学几何学	2017—01	78.00	688
关于曲面的一般研究	2016—11	48.00	690
近世纯粹几何学初论	2017—01	58.00	711
拓扑学与几何学基础讲义	2017—04	58.00	756
物理学中的几何方法	2017—06	88.00	767
几何学简史	2017—08	28.00	833
微分几何学历史概要	2020—07	58.00	1194
解析几何学史	2022—03	58.00	1490
曲面的数学	2024—01	98.00	1699
复变函数引论	2013—10	68.00	269
伸缩变换与抛物旋转	2015—01	38.00	449
无穷分析引论(上)	2013—04	88.00	247
无穷分析引论(下)	2013—04	98.00	245
数学分析	2014—04	28.00	338
数学分析中的一个新方法及其应用	2013—01	38.00	231
数学分析例选:通过范例学技巧	2013—01	88.00	243
高等代数例选:通过范例学技巧	2015—06	88.00	475
基础数论例选:通过范例学技巧	2018—09	58.00	978
三角级数论(上册)(陈建功)	2013—01	38.00	232
三角级数论(下册)(陈建功)	2013—01	48.00	233
三角级数论(哈代)	2013—06	48.00	254
三角级数	2015—07	28.00	263
超越数	2011—03	18.00	109
三角和方法	2011—03	18.00	112
随机过程(Ⅰ)	2014—01	78.00	224
随机过程(Ⅱ)	2014—01	68.00	235
算术探索	2011—12	158.00	148
组合数学	2012—04	28.00	178
组合数学浅谈	2012—03	28.00	159
分析组合学	2021—09	88.00	1389
丢番图方程引论	2012—03	48.00	172
拉普拉斯变换及其应用	2015—02	38.00	447
高等代数.上	2016—01	38.00	548
高等代数.下	2016—01	38.00	549
高等代数教程	2016—01	58.00	579
高等代数引论	2020—07	48.00	1174
数学解析教程.上卷.1	2016—01	58.00	546
数学解析教程.上卷.2	2016—01	38.00	553
数学解析教程.下卷.1	2017—04	48.00	781
数学解析教程.下卷.2	2017—06	48.00	782
数学分析.第1册	2021—03	48.00	1281
数学分析.第2册	2021—03	48.00	1282
数学分析.第3册	2021—03	28.00	1283
数学分析精选习题全解.上册	2021—03	38.00	1284
数学分析精选习题全解.下册	2021—03	38.00	1285
数学分析专题研究	2021—11	68.00	1574
函数构造论.上	2016—01	38.00	554
函数构造论.中	2017—06	48.00	555
函数构造论.下	2016—09	48.00	680
函数逼近论(上)	2019—02	98.00	1014
概周期函数	2016—01	48.00	572
变叙的项的极限分布律	2016—01	18.00	573
整函数	2012—08	18.00	161
近代拓扑学研究	2013—04	38.00	239
多项式和无理数	2008—01	68.00	22
密码学与数论基础	2021—01	28.00	1254

刘培杰数学工作室
已出版(即将出版)图书目录——高等数学

书　　名	出版时间	定　价	编号
模糊数据统计学	2008—03	48.00	31
模糊分析学与特殊泛函空间	2013—01	68.00	241
常微分方程	2016—01	58.00	586
平稳随机函数导论	2016—03	48.00	587
量子力学原理.上	2016—01	38.00	588
图与矩阵	2014—08	40.00	644
钢丝绳原理:第二版	2017—01	78.00	745
代数拓扑和微分拓扑简史	2017—06	68.00	791
半序空间泛函分析.上	2018—06	48.00	924
半序空间泛函分析.下	2018—06	68.00	925
概率分布的部分识别	2018—07	68.00	929
Cartan 型单模李超代数的上同调及极大子代数	2018—07	38.00	932
纯数学与应用数学若干问题研究	2019—03	98.00	1017
数理金融学与数理经济学若干问题研究	2020—07	98.00	1180
清华大学"工农兵学员"微积分课本	2020—09	48.00	1228
力学若干基本问题的发展概论	2023—04	58.00	1262
Banach 空间中前后分离算法及其收敛效率	2023—06	98.00	1670
受控理论与解析不等式	2012—05	78.00	165
不等式的分拆降维降幂方法与可读证明(第 2 版)	2020—07	78.00	1184
石焕南文集:受控理论与不等式研究	2020—09	198.00	1198
实变函数论	2012—06	78.00	181
复变函数论	2015—08	38.00	504
非光滑优化及其变分分析	2014—01	48.00	230
疏散的马尔科夫链	2014—01	58.00	266
马尔科夫过程论基础	2015—01	28.00	433
初等微分拓扑学	2012—07	18.00	182
方程式论	2011—03	38.00	105
Galois 理论	2011—03	18.00	107
古典数学难题与伽罗瓦理论	2012—11	58.00	223
伽罗华与群论	2014—01	28.00	290
代数方程的根式解及伽罗瓦理论	2011—03	28.00	108
代数方程的根式解及伽罗瓦理论(第二版)	2015—01	28.00	423
线性偏微分方程讲义	2011—03	18.00	110
几类微分方程数值方法的研究	2015—05	38.00	485
分数阶微分方程理论与应用	2020—05	95.00	1182
N 体问题的周期解	2011—03	28.00	111
代数方程式论	2011—05	18.00	121
线性代数与几何:英文	2016—06	58.00	578
动力系统的不变量与函数方程	2011—07	48.00	137
基于短语评价的翻译知识获取	2012—02	48.00	168
应用随机过程	2012—04	48.00	187
概率论导引	2012—04	18.00	179
矩阵论(上)	2013—06	58.00	250
矩阵论(下)	2013—06	48.00	251
对称锥互补问题的内点法:理论分析与算法实现	2014—08	68.00	368
抽象代数:方法导引	2013—06	38.00	257
集论	2016—01	48.00	576
多项式理论研究综述	2016—01	38.00	577
函数论	2014—11	78.00	395
反问题的计算方法及应用	2011—11	28.00	147
数阵及其应用	2012—02	28.00	164
绝对值方程—折边与组合图形的解析研究	2012—07	48.00	186
代数函数论(上)	2015—07	38.00	494
代数函数论(下)	2015—07	38.00	495

刘培杰数学工作室
已出版(即将出版)图书目录——高等数学

书　名	出版时间	定　价	编号
偏微分方程论:法文	2015—10	48.00	533
时标动力学方程的指数型二分性与周期解	2016—04	48.00	606
重刚体绕不动点运动方程的积分法	2016—05	68.00	608
水轮机水力稳定性	2016—05	48.00	620
Lévy噪音驱动的传染病模型的动力学行为	2016—05	48.00	667
时滞系统:Lyapunov泛函和矩阵	2017—05	68.00	784
粒子图像测速仪实用指南:第二版	2017—08	78.00	790
数域的上同调	2017—08	98.00	799
图的正交因子分解(英文)	2018—01	38.00	881
图的度因子和分支因子:英文	2019—09	88.00	1108
点云模型的优化配准方法研究	2018—07	58.00	927
锥形波入射粗糙表面反散射问题理论与算法	2018—03	68.00	936
广义逆的理论与计算	2018—07	58.00	973
不定方程及其应用	2018—12	58.00	998
几类椭圆型偏微分方程高效数值算法研究	2018—08	48.00	1025
现代密码算法概论	2019—05	98.00	1061
模形式的p-进性质	2019—06	78.00	1088
混沌动力学:分形、平铺、代换	2019—06	48.00	1109
微分方程,动力系统与混沌引论:第3版	2020—05	65.00	1144
分数阶微分方程理论与应用	2020—05	95.00	1187
应用非线性动力系统与混沌导论:第2版	2021—05	58.00	1368
非线性振动,动力系统与向量场的分支	2021—06	55.00	1369
遍历理论引论	2021—11	46.00	1441
动力系统与混沌	2022—05	48.00	1485
Galois上同调	2020—04	138.00	1131
毕达哥拉斯定理:英文	2020—03	38.00	1133
模糊可拓多属性决策理论与方法	2021—06	98.00	1357
统计方法和科学推断	2021—10	48.00	1428
有关几类种群生态学模型的研究	2022—04	98.00	1486
加性数论:典型基	2022—05	48.00	1491
加性数论:反问题与和集的几何	2023—08	58.00	1672
乘性数论:第三版	2022—05	38.00	1528
交替方向乘子法及其应用	2022—08	98.00	1553
结构元理论及模糊决策应用	2022—09	98.00	1573
随机微分方程和应用:第二版	2022—12	48.00	1580
吴振奎高等数学解题真经(概率统计卷)	2012—01	38.00	149
吴振奎高等数学解题真经(微积分卷)	2012—01	68.00	150
吴振奎高等数学解题真经(线性代数卷)	2012—01	58.00	151
高等数学解题全攻略(上卷)	2013—06	58.00	252
高等数学解题全攻略(下卷)	2013—06	58.00	253
高等数学复习纲要	2014—01	18.00	384
数学分析历年考研真题解析.第一卷	2021—04	28.00	1288
数学分析历年考研真题解析.第二卷	2021—04	28.00	1289
数学分析历年考研真题解析.第三卷	2021—04	28.00	1290
数学分析历年考研真题解析.第四卷	2022—09	68.00	1560
超越吉米多维奇.数列的极限	2009—11	48.00	58
超越普里瓦洛夫.留数卷	2015—01	28.00	437
超越普里瓦洛夫.无穷乘积与它对解析函数的应用卷	2015—05	28.00	477
超越普里瓦洛夫.积分卷	2015—06	18.00	481
超越普里瓦洛夫.基础知识卷	2015—06	28.00	482
超越普里瓦洛夫.数项级数卷	2015—07	38.00	489
超越普里瓦洛夫.微分、解析函数、导数卷	2018—01	48.00	852
统计学专业英语(第三版)	2015—04	68.00	465
代换分析:英文	2015—07	38.00	499

刘培杰数学工作室
已出版（即将出版）图书目录——高等数学

书　名	出版时间	定　价	编号
历届美国大学生数学竞赛试题集.第一卷(1938—1949)	2015—01	28.00	397
历届美国大学生数学竞赛试题集.第二卷(1950—1959)	2015—01	28.00	398
历届美国大学生数学竞赛试题集.第三卷(1960—1969)	2015—01	28.00	399
历届美国大学生数学竞赛试题集.第四卷(1970—1979)	2015—01	18.00	400
历届美国大学生数学竞赛试题集.第五卷(1980—1989)	2015—01	28.00	401
历届美国大学生数学竞赛试题集.第六卷(1990—1999)	2015—01	28.00	402
历届美国大学生数学竞赛试题集.第七卷(2000—2009)	2015—08	18.00	403
历届美国大学生数学竞赛试题集.第八卷(2010—2012)	2015—01	18.00	404
超越普特南试题：大学数学竞赛中的方法与技巧	2017—04	98.00	758
历届国际大学生数学竞赛试题集(1994—2020)	2021—01	58.00	1252
历届美国大学生数学竞赛试题集(全3册)	2023—10	168.00	1693
全国大学生数学夏令营数学竞赛试题及解答	2007—03	28.00	15
全国大学生数学竞赛辅导教程	2012—07	28.00	189
全国大学生数学竞赛复习全书(第2版)	2017—05	58.00	787
历届美国大学生数学竞赛试题集	2009—03	88.00	43
前苏联大学生数学奥林匹克竞赛题解(上编)	2012—04	28.00	169
前苏联大学生数学奥林匹克竞赛题解(下编)	2012—04	38.00	170
大学生数学竞赛讲义	2014—09	28.00	371
大学生数学竞赛教程——高等数学(基础篇、提高篇)	2018—09	128.00	968
普林斯顿大学数学竞赛	2016—06	38.00	669
考研高等数学高分之路	2020—10	45.00	1203
考研高等数学基础必刷	2021—01	45.00	1251
考研概率论与数理统计	2022—06	58.00	1522
越过211,刷到985：考研数学二	2019—10	68.00	1115
初等数论难题集(第一卷)	2009—05	68.00	44
初等数论难题集(第二卷)(上、下)	2011—02	128.00	82,83
数论概貌	2011—03	18.00	93
代数数论(第二版)	2013—08	58.00	94
代数多项式	2014—06	38.00	289
初等数论的知识与问题	2011—02	28.00	95
超越数论基础	2011—03	28.00	96
数论初等教程	2011—03	28.00	97
数论基础	2011—03	18.00	98
数论基础与维诺格拉多夫	2014—03	18.00	292
解析数论基础	2012—08	28.00	216
解析数论基础(第二版)	2014—01	48.00	287
解析数论问题集(第二版)(原版引进)	2014—05	88.00	343
解析数论问题集(第二版)(中译本)	2016—04	88.00	607
解析数论基础(潘承洞,潘承彪著)	2016—07	98.00	673
解析数论导引	2016—07	58.00	674
数论入门	2011—03	38.00	99
代数数论入门	2015—03	38.00	448
数论开篇	2012—07	28.00	194
解析数论引论	2011—03	48.00	100
Barban Davenport Halberstam 均值和	2009—01	40.00	33
基础数论	2011—03	28.00	101
初等数论100例	2011—05	18.00	122
初等数论经典例题	2012—07	18.00	204
最新世界各国数学奥林匹克中的初等数论试题(上、下)	2012—01	138.00	144,145
初等数论(Ⅰ)	2012—01	18.00	156
初等数论(Ⅱ)	2012—01	18.00	157
初等数论(Ⅲ)	2012—01	28.00	158

刘培杰数学工作室
已出版(即将出版)图书目录——高等数学

书　　名	出版时间	定　价	编号
Gauss,Euler,Lagrange 和 Legendre 的遗产:把整数表示成平方和	2022—06	78.00	1540
平面几何与数论中未解决的新老问题	2013—01	68.00	229
代数数论简史	2014—11	28.00	408
代数数论	2015—09	88.00	532
代数、数论及分析习题集	2016—11	98.00	695
数论导引提要及习题解答	2016—01	48.00	559
素数定理的初等证明. 第2版	2016—09	48.00	686
数论中的模函数与狄利克雷级数(第二版)	2017—11	78.00	837
数论:数学导引	2018—01	68.00	849
域论	2018—04	68.00	884
代数数论(冯克勤　编著)	2018—04	68.00	885
范氏大代数	2019—02	98.00	1016
高等算术:数论导引:第八版	2023—04	78.00	1689
新编640个世界著名数学智力趣题	2014—01	88.00	242
500个最新世界著名数学智力趣题	2008—06	48.00	3
400个最新世界著名数学最值问题	2008—09	48.00	36
500个世界著名数学征解问题	2009—06	48.00	52
400个中国最佳初等数学征解老问题	2010—01	48.00	60
500个俄罗斯数学经典老题	2011—01	28.00	81
1000个国外中学物理好题	2012—04	48.00	174
300个日本高考数学题	2012—05	38.00	142
700个早期日本高考数学试题	2017—02	88.00	752
500个前苏联早期高考数学试题及解答	2012—05	28.00	185
546个早期俄罗斯大学生数学竞赛题	2014—03	38.00	285
548个来自美苏的数学好问题	2014—11	28.00	396
20所苏联著名大学早期入学试题	2015—02	18.00	452
161道德国工科大学生必做的微分方程习题	2015—05	28.00	469
500个德国工科大学生必做的高数习题	2015—06	28.00	478
360个数学竞赛问题	2016—08	58.00	677
德国讲义日本考题.微积分卷	2015—04	48.00	456
德国讲义日本考题.微分方程卷	2015—04	38.00	457
二十世纪中叶中、英、美、日、法、俄高考数学试题精选	2017—06	38.00	783
博弈论精粹	2008—03	58.00	30
博弈论精粹.第二版(精装)	2015—01	88.00	461
数学 我爱你	2008—01	28.00	20
精神的圣徒　别样的人生——60位中国数学家成长的历程	2008—09	48.00	39
数学史概论	2009—06	78.00	50
数学史概论(精装)	2013—03	158.00	272
数学史选讲	2016—01	48.00	544
斐波那契数列	2010—02	28.00	65
数学拼盘和斐波那契魔方	2010—07	38.00	72
斐波那契数列欣赏	2011—01	28.00	160
数学的创造	2011—02	48.00	85
数学美与创造力	2016—01	48.00	595
数海拾贝	2016—01	48.00	590
数学中的美	2011—02	38.00	84
数论中的美学	2014—12	38.00	351
数学王者　科学巨人——高斯	2015—01	28.00	428
振兴祖国数学的圆梦之旅:中国初等数学研究史话	2015—06	98.00	490
二十世纪中国数学史料研究	2015—10	48.00	536
数字谜、数阵图与棋盘覆盖	2016—01	58.00	298
时间的形状	2016—01	38.00	556
数学发现的艺术:数学探索中的合情推理	2016—07	58.00	671
活跃在数学中的参数	2016—07	48.00	675

刘培杰数学工作室
已出版(即将出版)图书目录——高等数学

书　名	出版时间	定　价	编号
格点和面积	2012—07	18.00	191
射影几何趣谈	2012—04	28.00	175
斯潘纳尔引理——从一道加拿大数学奥林匹克试题谈起	2014—01	28.00	228
李普希兹条件——从几道近年高考数学试题谈起	2012—10	18.00	221
拉格朗日中值定理——从一道北京高考试题的解法谈起	2015—10	18.00	197
闵科夫斯基定理——从一道清华大学自主招生试题谈起	2014—01	28.00	198
哈尔测度——从一道冬令营试题的背景谈起	2012—08	28.00	202
切比雪夫逼近问题——从一道中国台北数学奥林匹克试题谈起	2013—04	38.00	238
伯恩斯坦多项式与贝齐尔曲面——从一道全国高中数学联赛试题谈起	2013—03	38.00	236
卡塔兰猜想——从一道普特南竞赛试题谈起	2013—06	18.00	256
麦卡锡函数和阿克曼函数——从一道前南斯拉夫数学奥林匹克试题谈起	2012—08	18.00	201
贝蒂定理与拉姆贝克莫斯尔定理——从一个拣石子游戏谈起	2012—08	18.00	217
皮亚诺曲线和豪斯道夫分球定理——从无限集谈起	2012—08	18.00	211
平面凸图形与凸多面体	2012—10	28.00	218
斯坦因豪斯问题——从一道二十五省市自治区中学数学竞赛试题谈起	2012—07	18.00	196
纽结理论中的亚历山大多项式与琼斯多项式——从一道北京市高一数学竞赛试题谈起	2012—07	28.00	195
原则与策略——从波利亚"解题表"谈起	2013—04	38.00	244
转化与化归——从三大尺规作图不能问题谈起	2012—08	28.00	214
代数几何中的贝祖定理(第一版)——从一道 IMO 试题的解法谈起	2013—08	18.00	193
成功连贯理论与约当块理论——从一道比利时数学竞赛试题谈起	2012—04	18.00	180
素数判定与大数分解	2014—08	18.00	199
置换多项式及其应用	2012—10	18.00	220
椭圆函数与模函数——从一道美国加州大学洛杉矶分校(UCLA)博士资格考题谈起	2012—10	28.00	219
差分方程的拉格朗日方法——从一道 2011 年全国高考理科试题的解法谈起	2012—08	28.00	200
力学在几何中的一些应用	2013—01	38.00	240
高斯散度定理、斯托克斯定理和平面格林定理——从一道国际大学生数学竞赛试题谈起	即将出版		
康托洛维奇不等式——从一道全国高中联赛试题谈起	2013—03	28.00	337
西格尔引理——从一道第 18 届 IMO 试题的解法谈起	即将出版		
罗斯定理——从一道前苏联数学竞赛试题谈起	即将出版		
拉克斯定理和阿廷定理——从一道 IMO 试题的解法谈起	2014—01	58.00	246
毕卡大定理——从一道美国大学数学竞赛试题谈起	2014—07	18.00	350
贝齐尔曲线——从一道全国高中联赛试题谈起	即将出版		
拉格朗日乘子定理——从一道 2005 年全国高中联赛试题的高等数学解法谈起	2015—05	28.00	480
雅可比定理——从一道日本数学奥林匹克试题谈起	2013—04	48.00	249
李天岩-约克定理——从一道波兰数学竞赛试题谈起	2014—06	28.00	349
受控理论与初等不等式:从一道 IMO 试题的解法谈起	2023—03	48.00	1601

刘培杰数学工作室
已出版（即将出版）图书目录——高等数学

书　　名	出版时间	定　价	编号
布劳维不动点定理——从一道前苏联数学奥林匹克试题谈起	2014—01	38.00	273
伯恩赛德定理——从一道英国数学奥林匹克试题谈起	即将出版		
布查特－莫斯特定理——从一道上海市初中竞赛试题谈起	即将出版		
数论中的同余数问题——从一道普特南竞赛试题谈起	即将出版		
范·德蒙行列式——从一道美国数学奥林匹克试题谈起	即将出版		
中国剩余定理:总数法构建中国历史年表	2015—01	28.00	430
牛顿程序与方程求根——从一道全国高考试题解法谈起	即将出版		
库默尔定理——从一道IMO预选试题谈起	即将出版		
卢丁定理——从一道冬令营试题的解法谈起	即将出版		
沃斯滕霍姆定理——从一道IMO预选试题谈起	即将出版		
卡尔松不等式——从一道莫斯科数学奥林匹克试题谈起	即将出版		
信息论中的香农熵——从一道近年高考压轴题谈起	即将出版		
约当不等式——从一道希望杯竞赛试题谈起	即将出版		
拉比诺维奇定理	即将出版		
刘维尔定理——从一道《美国数学月刊》征解问题的解法谈起	即将出版		
卡塔兰恒等式与级数求和——从一道IMO试题的解法谈起	即将出版		
勒让德猜想与素数分布——从一道爱尔兰竞赛试题谈起	即将出版		
天平称重与信息论——从一道基辅市数学奥林匹克试题谈起	即将出版		
哈密尔顿－凯莱定理:从一道高中数学联赛试题的解法谈起	2014—09	18.00	376
艾思特曼定理——从一道CMO试题的解法谈起	即将出版		
一个爱尔特希问题——从一道西德数学奥林匹克试题谈起	即将出版		
有限群中的爱丁格尔问题——从一道北京市初中二年级数学竞赛试题谈起	即将出版		
糖水中的不等式——从初等数学到高等数学	2019—07	48.00	1093
帕斯卡三角形	2014—03	18.00	294
蒲丰投针问题——从2009年清华大学的一道自主招生试题谈起	2014—01	38.00	295
斯图姆定理——从一道"华约"自主招生试题的解法谈起	2014—01	18.00	296
许瓦兹引理——从一道加利福尼亚大学伯克利分校数学系博士生试题谈起	2014—08	18.00	297
拉姆塞定理——从王诗宬院士的一个问题谈起	2016—04	48.00	299
坐标法	2013—12	28.00	332
数论三角形	2014—04	38.00	341
毕克定理	2014—07	18.00	352
数林掠影	2014—09	48.00	389
我们周围的概率	2014—10	38.00	390
凸函数最值定理:从一道华约自主招生题的解法谈起	2014—10	28.00	391
易学与数学奥林匹克	2014—10	38.00	392
生物数学趣谈	2015—01	18.00	409
反演	2015—01	28.00	420
因式分解与圆锥曲线	2015—01	18.00	426
轨迹	2015—01	28.00	427
面积原理:从常庚哲命的一道CMO试题的积分解法谈起	2015—01	48.00	431
形形色色的不动点定理:从一道28届IMO试题谈起	2015—01	38.00	439
柯西函数方程:从一道上海交大自主招生的试题谈起	2015—02	28.00	440

刘培杰数学工作室
已出版（即将出版）图书目录——高等数学

书 名	出版时间	定 价	编号
三角恒等式	2015—02	28.00	442
无理性判定：从一道 2014 年"北约"自主招生试题谈起	2015—01	38.00	443
数学归纳法	2015—03	18.00	451
极端原理与解题	2015—04	28.00	464
法雷级数	2014—08	18.00	367
摆线族	2015—01	38.00	438
函数方程及其解法	2015—05	38.00	470
含参数的方程和不等式	2012—09	28.00	213
希尔伯特第十问题	2016—01	38.00	543
无穷小量的求和	2016—01	28.00	545
切比雪夫多项式：从一道清华大学金秋营试题谈起	2016—01	38.00	583
泽肯多夫定理	2016—03	38.00	599
代数等式证题法	2016—01	28.00	600
三角等式证题法	2016—01	28.00	601
吴大任教授藏书中的一个因式分解公式：从一道美国数学邀请赛试题的解法谈起	2016—06	28.00	656
易卦——类万物的数学模型	2017—08	68.00	838
"不可思议"的数与数系可持续发展	2018—01	38.00	878
最短线	2018—01	38.00	879
从毕达哥拉斯到怀尔斯	2007—10	48.00	9
从迪利克雷到维斯卡尔迪	2008—01	48.00	21
从哥德巴赫到陈景润	2008—05	98.00	35
从庞加莱到佩雷尔曼	2011—08	138.00	136
从费马到怀尔斯——费马大定理的历史	2013—10	198.00	I
从庞加莱到佩雷尔曼——庞加莱猜想的历史	2013—10	298.00	II
从切比雪夫到爱尔特希(上)——素数定理的初等证明	2013—07	48.00	III
从切比雪夫到爱尔特希(下)——素数定理 100 年	2012—12	98.00	III
从高斯到盖尔方特——二次域的高斯猜想	2013—10	198.00	IV
从库默尔到朗兰兹——朗兰兹猜想的历史	2014—01	98.00	V
从比勒巴赫到德布朗斯——比勒巴赫猜想的历史	2014—02	298.00	VI
从麦比乌斯到陈省身——麦比乌斯变换与麦比乌斯带	2014—02	298.00	VII
从布尔到豪斯道夫——布尔方程与格论漫谈	2013—10	198.00	VIII
从开普勒到阿诺德——三体问题的历史	2014—05	298.00	IX
从华林到华罗庚——华林问题的历史	2013—10	298.00	X
数学物理大百科全书. 第 1 卷	2016—01	418.00	508
数学物理大百科全书. 第 2 卷	2016—01	408.00	509
数学物理大百科全书. 第 3 卷	2016—01	396.00	510
数学物理大百科全书. 第 4 卷	2016—01	408.00	511
数学物理大百科全书. 第 5 卷	2016—01	368.00	512
朱德祥代数与几何讲义. 第 1 卷	2017—01	38.00	697
朱德祥代数与几何讲义. 第 2 卷	2017—01	28.00	698
朱德祥代数与几何讲义. 第 3 卷	2017—01	28.00	699

刘培杰数学工作室
已出版（即将出版）图书目录——高等数学

书　　名	出版时间	定　价	编号
闵嗣鹤文集	2011—03	98.00	102
吴从炘数学活动三十年(1951～1980)	2010—07	99.00	32
吴从炘数学活动又三十年(1981～2010)	2015—07	98.00	491
斯米尔诺夫高等数学.第一卷	2018—03	88.00	770
斯米尔诺夫高等数学.第二卷.第一分册	2018—03	68.00	771
斯米尔诺夫高等数学.第二卷.第二分册	2018—03	68.00	772
斯米尔诺夫高等数学.第二卷.第三分册	2018—03	48.00	773
斯米尔诺夫高等数学.第三卷.第一分册	2018—03	58.00	774
斯米尔诺夫高等数学.第三卷.第二分册	2018—03	58.00	775
斯米尔诺夫高等数学.第三卷.第三分册	2018—03	68.00	776
斯米尔诺夫高等数学.第四卷.第一分册	2018—03	48.00	777
斯米尔诺夫高等数学.第四卷.第二分册	2018—03	88.00	778
斯米尔诺夫高等数学.第五卷.第一分册	2018—03	58.00	779
斯米尔诺夫高等数学.第五卷.第二分册	2018—03	68.00	780
zeta函数,q-zeta函数,相伴级数与积分(英文)	2015—08	88.00	513
微分形式:理论与练习(英文)	2015—08	58.00	514
离散与微分包含的逼近和优化(英文)	2015—08	58.00	515
艾伦·图灵:他的工作与影响(英文)	2016—01	98.00	560
测度理论概率导论,第2版(英文)	2016—01	88.00	561
带有潜在故障恢复系统的半马尔柯夫模型控制(英文)	2016—01	98.00	562
数学分析原理(英文)	2016—01	88.00	563
随机偏微分方程的有效动力学(英文)	2016—01	88.00	564
图的谱半径(英文)	2016—01	58.00	565
量子机器学习中数据挖掘的量子计算方法(英文)	2016—01	98.00	566
量子物理的非常规方法(英文)	2016—01	118.00	567
运输过程的统一非局部理论:广义波尔兹曼物理动力学,第2版(英文)	2016—01	198.00	568
量子力学与经典力学之间的联系在原子、分子及电动力学系统建模中的应用(英文)	2016—01	58.00	569
算术域(英文)	2018—01	158.00	821
高等数学竞赛:1962—1991年的米洛克斯·史怀哲竞赛(英文)	2018—01	128.00	822
用数学奥林匹克精神解决数论问题(英文)	2018—01	108.00	823
代数几何(德文)	2018—04	68.00	824
丢番图逼近论(英文)	2018—01	78.00	825
代数几何学基础教程(英文)	2018—01	98.00	826
解析数论入门课程(英文)	2018—01	78.00	827
数论中的丢番图问题(英文)	2018—01	78.00	829
数论(梦幻之旅):第五届中日数论研讨会演讲集(英文)	2018—01	68.00	830
数论新应用(英文)	2018—01	68.00	831
数论(英文)	2018—01	78.00	832
测度与积分(英文)	2019—04	68.00	1059
卡塔兰数入门(英文)	2019—05	68.00	1060
多变量数学入门(英文)	2021—05	68.00	1317
偏微分方程入门(英文)	2021—05	88.00	1318
若尔当典范性:理论与实践(英文)	2021—07	68.00	1366
R统计学概论(英文)	2023—03	88.00	1614
基于不确定静态和动态问题解的仿射算术(英文)	2023—03	38.00	1618

刘培杰数学工作室
已出版（即将出版）图书目录——高等数学

书　　名	出版时间	定　价	编号
湍流十讲(英文)	2018—04	108.00	886
无穷维李代数:第3版(英文)	2018—04	98.00	887
等值、不变量和对称性(英文)	2018—04	78.00	888
解析数论(英文)	2018—09	78.00	889
《数学原理》的演化:伯特兰·罗素撰写第二版时的手稿与笔记(英文)	2018—04	108.00	890
哈密尔顿数学论文集(第4卷):几何学、分析学、天文学、概率和有限差分等(英文)	2019—05	108.00	891
数学王子——高斯	2018—01	48.00	858
坎坷奇星——阿贝尔	2018—01	48.00	859
闪烁奇星——伽罗瓦	2018—01	58.00	860
无穷统帅——康托尔	2018—01	48.00	861
科学公主——柯瓦列夫斯卡娅	2018—01	48.00	862
抽象代数之母——埃米·诺特	2018—01	48.00	863
电脑先驱——图灵	2018—01	58.00	864
昔日神童——维纳	2018—01	48.00	865
数坛怪侠——爱尔特希	2018—01	68.00	866
当代世界中的数学.数学思想与数学基础	2019—01	38.00	892
当代世界中的数学.数学问题	2019—01	38.00	893
当代世界中的数学.应用数学与数学应用	2019—01	38.00	894
当代世界中的数学.数学王国的新疆域(一)	2019—01	38.00	895
当代世界中的数学.数学王国的新疆域(二)	2019—01	38.00	896
当代世界中的数学.数林撷英(一)	2019—01	38.00	897
当代世界中的数学.数林撷英(二)	2019—01	48.00	898
当代世界中的数学.数学之路	2019—01	38.00	899
偏微分方程全局吸引子的特性(英文)	2018—09	108.00	979
整函数与下调和函数(英文)	2018—09	118.00	980
幂等分析(英文)	2018—09	118.00	981
李群,离散子群与不变量理论(英文)	2018—09	108.00	982
动力系统与统计力学(英文)	2018—09	118.00	983
表示论与动力系统(英文)	2018—09	118.00	984
分析学练习.第1部分(英文)	2021—01	88.00	1247
分析学练习.第2部分.非线性分析(英文)	2021—01	88.00	1248
初级统计学:循序渐进的方法:第10版(英文)	2019—05	68.00	1067
工程师与科学家微分方程用书:第4版(英文)	2019—07	58.00	1068
大学代数与三角学(英文)	2019—06	78.00	1069
培养数学能力的途径(英文)	2019—07	38.00	1070
工程师与科学家统计学:第4版(英文)	2019—06	58.00	1071
贸易与经济中的应用统计学:第6版(英文)	2019—06	58.00	1072
傅立叶级数和边值问题:第8版(英文)	2019—05	48.00	1073
通往天文学的途径:第5版(英文)	2019—05	58.00	1074

刘培杰数学工作室
已出版(即将出版)图书目录——高等数学

书 名	出版时间	定 价	编号
拉马努金笔记.第1卷(英文)	2019—06	165.00	1078
拉马努金笔记.第2卷(英文)	2019—06	165.00	1079
拉马努金笔记.第3卷(英文)	2019—06	165.00	1080
拉马努金笔记.第4卷(英文)	2019—06	165.00	1081
拉马努金笔记.第5卷(英文)	2019—06	165.00	1082
拉马努金遗失笔记.第1卷(英文)	2019—06	109.00	1083
拉马努金遗失笔记.第2卷(英文)	2019—06	109.00	1084
拉马努金遗失笔记.第3卷(英文)	2019—06	109.00	1085
拉马努金遗失笔记.第4卷(英文)	2019—06	109.00	1086
数论:1976年纽约洛克菲勒大学数论会议记录(英文)	2020—06	68.00	1145
数论:卡本代尔1979:1979年在南伊利诺伊卡本代尔大学举行的数论会议记录(英文)	2020—06	78.00	1146
数论:诺德韦克豪特1983:1983年在诺德韦克豪特举行的Journees Arithmetiques数论大会会议记录(英文)	2020—06	68.00	1147
数论:1985—1988年在纽约城市大学研究生院和大学中心举办的研讨会(英文)	2020—06	68.00	1148
数论:1987年在乌尔姆举行的Journees Arithmetiques数论大会会议记录(英文)	2020—06	68.00	1149
数论:马德拉斯1987:1987年在马德拉斯安娜大学举行的国际拉马努金百年纪念大会会议记录(英文)	2020—06	68.00	1150
解析数论:1988年在东京举行的日法研讨会会议记录(英文)	2020—06	68.00	1151
解析数论:2002年在意大利切特拉罗举行的C.I.M.E.暑期班演讲集(英文)	2020—06	68.00	1152
量子世界中的蝴蝶:最迷人的量子分形故事(英文)	2020—06	118.00	1157
走进量子力学(英文)	2020—06	118.00	1158
计算物理学概论(英文)	2020—06	48.00	1159
物质,空间和时间的理论:量子理论(英文)	即将出版		1160
物质,空间和时间的理论:经典理论(英文)	即将出版		1161
量子场理论:解释世界的神秘背景(英文)	2020—07	38.00	1162
计算物理学概论(英文)	即将出版		1163
行星状星云(英文)	即将出版		1164
基本宇宙学:从亚里士多德的宇宙到大爆炸(英文)	2020—08	58.00	1165
数学磁流体力学(英文)	2020—07	58.00	1166
计算科学:第1卷,计算的科学(日文)	2020—07	88.00	1167
计算科学:第2卷,计算与宇宙(日文)	2020—07	88.00	1168
计算科学:第3卷,计算与物质(日文)	2020—07	88.00	1169
计算科学:第4卷,计算与生命(日文)	2020—07	88.00	1170
计算科学:第5卷,计算与地球环境(日文)	2020—07	88.00	1171
计算科学:第6卷,计算与社会(日文)	2020—07	88.00	1172
计算科学.别卷,超级计算机(日文)	2020—07	88.00	1173
多复变函数论(日文)	2022—06	78.00	1518
复变函数入门(日文)	2022—06	78.00	1523

刘培杰数学工作室
已出版(即将出版)图书目录——高等数学

书 名	出版时间	定价	编号
代数与数论:综合方法(英文)	2020—10	78.00	1185
复分析:现代函数理论第一课(英文)	2020—07	58.00	1186
斐波那契数列和卡特兰数:导论(英文)	2020—10	68.00	1187
组合推理:计数艺术介绍(英文)	2020—07	88.00	1188
二次互反律的傅里叶分析证明(英文)	2020—07	48.00	1189
旋瓦兹分布的希尔伯特变换与应用(英文)	2020—07	58.00	1190
泛函分析:巴拿赫空间理论入门(英文)	2020—07	48.00	1191
典型群,错排与素数(英文)	2020—11	58.00	1204
李代数的表示:通过gln进行介绍(英文)	2020—10	38.00	1205
实分析演讲集(英文)	2020—10	38.00	1206
现代分析及其应用的课程(英文)	2020—10	58.00	1207
运动中的抛射物数学(英文)	2020—10	38.00	1208
2—扭结与它们的群(英文)	2020—10	38.00	1209
概率,策略和选择:博弈与选举中的数学(英文)	2020—11	58.00	1210
分析学引论(英文)	2020—11	58.00	1211
量子群:通往流代数的路径(英文)	2020—11	38.00	1212
集合论入门(英文)	2020—10	48.00	1213
酉反射群(英文)	2020—11	58.00	1214
探索数学:吸引人的证明方式(英文)	2020—11	58.00	1215
微分拓扑短期课程(英文)	2020—10	48.00	1216
抽象凸分析(英文)	2020—11	68.00	1222
费马大定理笔记(英文)	2021—03	48.00	1223
高斯与雅可比和(英文)	2021—03	78.00	1224
π与算术几何平均:关于解析数论和计算复杂性的研究(英文)	2021—01	58.00	1225
复分析入门(英文)	2021—03	48.00	1226
爱德华·卢卡斯与素性测定(英文)	2021—03	78.00	1227
通往凸分析及其应用的简单路径(英文)	2021—01	68.00	1229
微分几何的各个方面.第一卷(英文)	2021—01	58.00	1230
微分几何的各个方面.第二卷(英文)	2020—12	58.00	1231
微分几何的各个方面.第三卷(英文)	2020—12	58.00	1232
沃克流形几何学(英文)	2020—11	58.00	1233
彷射和韦尔几何应用(英文)	2020—12	58.00	1234
双曲几何学的旋转向量空间方法(英文)	2021—02	58.00	1235
积分:分析学的关键(英文)	2020—12	48.00	1236
为有天分的新生准备的分析学基础教材(英文)	2020—11	48.00	1237

刘培杰数学工作室
已出版(即将出版)图书目录——高等数学

书　名	出版时间	定　价	编号
数学不等式.第一卷.对称多项式不等式(英文)	2021—03	108.00	1273
数学不等式.第二卷.对称有理不等式与对称无理不等式(英文)	2021—03	108.00	1274
数学不等式.第三卷.循环不等式与非循环不等式(英文)	2021—03	108.00	1275
数学不等式.第四卷.Jensen不等式的扩展与加细(英文)	2021—03	108.00	1276
数学不等式.第五卷.创建不等式与解不等式的其他方法(英文)	2021—04	108.00	1277
冯·诺依曼代数中的谱位移函数:半有限冯·诺依曼代数中的谱位移函数与谱流(英文)	2021—06	98.00	1308
链接结构:关于嵌入完全图的直线中链接单形的组合结构(英文)	2021—05	58.00	1309
代数几何方法.第1卷(英文)	2021—06	68.00	1310
代数几何方法.第2卷(英文)	2021—06	68.00	1311
代数几何方法.第3卷(英文)	2021—06	58.00	1312
代数、生物信息和机器人技术的算法问题.第四卷,独立恒等式系统(俄文)	2020—08	118.00	1119
代数、生物信息和机器人技术的算法问题.第五卷,相对覆盖性和独立可拆分恒等式系统(俄文)	2020—08	118.00	1200
代数、生物信息和机器人技术的算法问题.第六卷,恒等式和准恒等式的相等 问题、可推导性和可实现性(俄文)	2020—08	128.00	1201
分数阶微积分的应用:非局部动态过程,分数阶导热系数(俄文)	2021—01	68.00	1241
泛函分析问题与练习:第2版(俄文)	2021—01	98.00	1242
集合论、数学逻辑和算法论问题:第5版(俄文)	2021—01	98.00	1243
微分几何和拓扑短期课程(俄文)	2021—01	98.00	1244
素数规律(俄文)	2021—01	88.00	1245
无穷边值问题解的递减:无界域中的拟线性椭圆和抛物方程(俄文)	2021—01	48.00	1246
微分几何讲义(俄文)	2020—12	98.00	1253
二次型和矩阵(俄文)	2021—01	98.00	1255
积分和级数.第2卷,特殊函数(俄文)	2021—01	168.00	1258
积分和级数.第3卷,特殊函数补充:第2版(俄文)	2021—01	178.00	1264
几何图上的微分方程(俄文)	2021—01	138.00	1259
数论教程:第2版(俄文)	2021—01	98.00	1260
非阿基米德分析及其应用(俄文)	2021—03	98.00	1261

刘培杰数学工作室
已出版(即将出版)图书目录——高等数学

书　名	出版时间	定　价	编号
古典群和量子群的压缩(俄文)	2021—03	98.00	1263
数学分析习题集.第3卷,多元函数:第3版(俄文)	2021—03	98.00	1266
数学习题:乌拉尔国立大学数学力学系大学生奥林匹克(俄文)	2021—03	98.00	1267
柯西定理和微分方程的特解(俄文)	2021—03	98.00	1268
组合极值问题及其应用:第3版(俄文)	2021—03	98.00	1269
数学词典(俄文)	2021—01	98.00	1271
确定性混沌分析模型(俄文)	2021—06	168.00	1307
精选初等数学习题和定理.立体几何.第3版(俄文)	2021—03	68.00	1316
微分几何习题:第3版(俄文)	2021—05	98.00	1336
精选初等数学习题和定理.平面几何.第4版(俄文)	2021—05	68.00	1335
曲面理论在欧氏空间 E_n 中的直接表示	2022—01	68.00	1444
维纳—霍普夫离散算子和托普利兹算子:某些可数赋范空间中的诺特性和可逆性(俄文)	2022—03	108.00	1496
Maple中的数论:数论中的计算机计算(俄文)	2022—03	88.00	1497
贝尔曼和克努特问题及其概括:加法运算的复杂性(俄文)	2022—03	138.00	1498
复分析:共形映射(俄文)	2022—07	48.00	1542
微积分代数样条和多项式及其在数值方法中的应用(俄文)	2022—08	128.00	1543
蒙特卡罗方法中的随机过程和场模型:算法和应用(俄文)	2022—08	88.00	1544
线性椭圆型方程组:论二阶椭圆型方程的迪利克雷问题(俄文)	2022—08	98.00	1561
动态系统解的增长特性:估值、稳定性、应用(俄文)	2022—08	118.00	1565
群的自由积分解:建立和应用(俄文)	2022—08	78.00	1570
混合方程和偏差自变数方程问题:解的存在和唯一性(俄文)	2023—01	78.00	1582
拟度量空间分析:存在和逼近定理(俄文)	2023—01	108.00	1583
二维和三维流形上函数的拓扑性质:函数的拓扑分类(俄文)	2023—03	68.00	1584
齐次马尔科夫过程建模的矩阵方法:此类方法能够用于不同目的的复杂系统研究、设计和完善(俄文)	2023—03	68.00	1594
周期函数的近似方法和特性:特殊课程(俄文)	2023—04	158.00	1622
扩散方程解的矩函数:变分法(俄文)	2023—03	58.00	1623
多赋范空间和广义函数:理论及应用(俄文)	2023—03	98.00	1632
分析中的多值映射:部分应用(俄文)	2023—06	98.00	1634
数学物理问题(俄文)	2023—03	78.00	1636
函数的幂级数与三角级数分解(俄文)	2024—01	58.00	1695
星体理论的数学基础:原子三元组(俄文)	2024—01	98.00	1696
素数规律:专著(俄文)	2024—01	118.00	1697

书　名	出版时间	定　价	编号
狭义相对论与广义相对论:时空与引力导论(英文)	2021—07	88.00	1319
束流物理学和粒子加速器的实践介绍:第2版(英文)	2021—07	88.00	1320
凝聚态物理中的拓扑和微分几何简介(英文)	2021—05	88.00	1321
混沌映射:动力学、分形学和快速涨落(英文)	2021—05	128.00	1322
广义相对论:黑洞、引力波和宇宙学介绍(英文)	2021—06	68.00	1323
现代分析电磁均质化(英文)	2021—06	68.00	1324
为科学家提供的基本流体动力学(英文)	2021—06	88.00	1325
视觉天文学:理解夜空的指南(英文)	2021—06	68.00	1326

刘培杰数学工作室
已出版(即将出版)图书目录——高等数学

书 名	出版时间	定 价	编号
物理学中的计算方法(英文)	2021—06	68.00	1327
单星的结构与演化:导论(英文)	2021—06	108.00	1328
超越居里:1903年至1963年物理界四位女性及其著名发现(英文)	2021—06	68.00	1329
范德瓦尔斯流体热力学的进展(英文)	2021—06	68.00	1330
先进的托卡马克稳定性理论(英文)	2021—06	88.00	1331
经典场论导论:基本相互作用的过程(英文)	2021—07	88.00	1332
光致电离量子动力学方法原理(英文)	2021—07	108.00	1333
经典域论和应力:能量张量(英文)	2021—05	88.00	1334
非线性太赫兹光谱的概念与应用(英文)	2021—06	68.00	1337
电磁学中的无穷空间并矢格林函数(英文)	2021—06	88.00	1338
物理科学基础数学.第1卷,齐次边值问题、傅里叶方法和特殊函数(英文)	2021—07	108.00	1339
离散量子力学(英文)	2021—07	68.00	1340
核磁共振的物理学和数学(英文)	2021—07	108.00	1341
分子水平的静电学(英文)	2021—08	68.00	1342
非线性波:理论、计算机模拟、实验(英文)	2021—06	108.00	1343
石墨烯光学:经典问题的电解决方案(英文)	2021—06	68.00	1344
超材料多元宇宙(英文)	2021—07	68.00	1345
银河系外的天体物理学(英文)	2021—07	68.00	1346
原子物理学(英文)	2021—07	68.00	1347
将光打结:将拓扑学应用于光学(英文)	2021—07	68.00	1348
电磁学:问题与解法(英文)	2021—07	88.00	1364
海浪的原理:介绍量子力学的技巧与应用(英文)	2021—07	108.00	1365
多孔介质中的流体:输运与相变(英文)	2021—07	68.00	1372
洛伦兹群的物理学(英文)	2021—08	68.00	1373
物理导论的数学方法和解决方法手册(英文)	2021—08	68.00	1374
非线性波数学物理学入门(英文)	2021—08	88.00	1376
波:基本原理和动力学(英文)	2021—07	68.00	1377
光电子量子计量学.第1卷,基础(英文)	2021—07	88.00	1383
光电子量子计量学.第2卷,应用与进展(英文)	2021—07	68.00	1384
复杂流的格子玻尔兹曼建模的工程应用(英文)	2021—08	68.00	1393
电偶极矩挑战(英文)	2021—08	108.00	1394
电动力学:问题与解法(英文)	2021—09	68.00	1395
自由电子激光的经典理论(英文)	2021—08	68.00	1397
曼哈顿计划——核武器物理学简介(英文)	2021—09	68.00	1401

刘培杰数学工作室
已出版(即将出版)图书目录——高等数学

书　　名	出版时间	定　价	编号
粒子物理学(英文)	2021—09	68.00	1402
引力场中的量子信息(英文)	2021—09	128.00	1403
器件物理学的基本经典力学(英文)	2021—09	68.00	1404
等离子体物理及其空间应用导论.第1卷,基本原理和初步过程(英文)	2021—09	68.00	1405
伽利略理论力学:连续力学基础(英文)	2021—10	48.00	1416
磁约束聚变等离子体物理:理想MHD理论(英文)	2023—03	68.00	1613
相对论量子场论.第1卷,典范形式体系(英文)	2023—03	38.00	1615
相对论量子场论.第2卷,路径积分形式(英文)	2023—06	38.00	1616
相对论量子场论.第3卷,量子场论的应用(英文)	2023—06	38.00	1617
涌现的物理学(英文)	2023—05	58.00	1619
量子化旋涡:一本拓扑激发手册(英文)	2023—04	68.00	1620
非线性动力学:实践的介绍性调查(英文)	2023—05	68.00	1621
静电加速器:一个多功能工具(英文)	2023—06	58.00	1625
相对论多体理论与统计力学(英文)	2023—06	58.00	1626
经典力学.第1卷,工具与向量(英文)	2023—04	38.00	1627
经典力学.第2卷,运动学和匀加速运动(英文)	2023—04	58.00	1628
经典力学.第3卷,牛顿定律和匀速圆周运动(英文)	2023—04	58.00	1629
经典力学.第4卷,万有引力定律(英文)	2023—04	38.00	1630
经典力学.第5卷,守恒定律与旋转运动(英文)	2023—04	38.00	1631
对称问题:纳维尔-斯托克斯问题(英文)	2023—04	38.00	1638
摄影的物理和艺术.第1卷,几何与光的本质(英文)	2023—04	78.00	1639
摄影的物理和艺术.第2卷,能量与色彩(英文)	2023—04	78.00	1640
摄影的物理和艺术.第3卷,探测器与数码的意义(英文)	2023—04	78.00	1641
拓扑与超弦理论焦点问题(英文)	2021—07	58.00	1349
应用数学:理论、方法与实践(英文)	2021—07	78.00	1350
非线性特征值问题:牛顿型方法与非线性瑞利函数(英文)	2021—07	58.00	1351
广义膨胀和齐性:利用齐性构造齐次系统的李雅普诺夫函数和控制律(英文)	2021—06	48.00	1352
解析数论焦点问题(英文)	2021—07	58.00	1353
随机微分方程:动态系统方法(英文)	2021—07	58.00	1354
经典力学与微分几何(英文)	2021—07	58.00	1355
负定相交形式流形上的瞬子模空间几何(英文)	2021—07	68.00	1356
广义卡塔兰轨道分析:广义卡塔兰轨道计算数字的方法(英文)	2021—07	48.00	1367
洛伦兹方法的变分:二维与三维洛伦兹方法(英文)	2021—08	38.00	1378
几何、分析和数论精编(英文)	2021—08	68.00	1380
从一个新角度看数论:通过遗传方法引入现实的概念(英文)	2021—07	58.00	1387
动力系统:短期课程(英文)	2021—08	68.00	1382

刘培杰数学工作室
已出版(即将出版)图书目录——高等数学

书 名	出版时间	定 价	编号
几何路径:理论与实践(英文)	2021—08	48.00	1385
广义斐波那契数列及其性质(英文)	2021—08	38.00	1386
论天体力学中某些问题的不可积性(英文)	2021—07	88.00	1396
对称函数和麦克唐纳多项式:余代数结构与 Kawanaka 恒等式	2021—09	38.00	1400
杰弗里•英格拉姆•泰勒科学论文集:第1卷.固体力学(英文)	2021—05	78.00	1360
杰弗里•英格拉姆•泰勒科学论文集:第2卷.气象学、海洋学和湍流(英文)	2021—05	68.00	1361
杰弗里•英格拉姆•泰勒科学论文集:第3卷.空气动力学以及落弹数和爆炸的力学(英文)	2021—05	68.00	1362
杰弗里•英格拉姆•泰勒科学论文集:第4卷.有关流体力学(英文)	2021—05	58.00	1363
非局域泛函演化方程:积分与分数阶(英文)	2021—08	48.00	1390
理论工作者的高等微分几何:纤维丛、射流流形和拉格朗日理论(英文)	2021—08	68.00	1391
半线性退化椭圆微分方程:局部定理与整体定理(英文)	2021—07	48.00	1392
非交换几何、规范理论和重整化:一般简介与非交换量子场论的重整化(英文)	2021—09	78.00	1406
数论论文集:拉普拉斯变换和带有数论系数的幂级数(俄文)	2021—09	48.00	1407
挠理论专题:相对极大值,单射与扩充模(英文)	2021—09	88.00	1410
强正则图与欧几里得若尔当代数:非通常关系中的启示(英文)	2021—10	48.00	1411
拉格朗日几何和哈密顿几何:力学的应用(英文)	2021—10	48.00	1412
时滞微分方程与差分方程的振动理论:二阶与三阶(英文)	2021—10	98.00	1417
卷积结构与几何函数理论:用以研究特定几何函数理论方向的分数阶微积分算子与卷积结构(英文)	2021—10	48.00	1418
经典数学物理的历史发展(英文)	2021—10	78.00	1419
扩展线性丢番图问题(英文)	2021—10	38.00	1420
一类混沌动力系统的分歧分析与控制:分歧分析与控制(英文)	2021—11	38.00	1421
伽利略空间和伪伽利略空间中一些特殊曲线的几何性质(英文)	2022—01	48.00	1422
一阶偏微分方程:哈密尔顿—雅可比理论(英文)	2021—11	48.00	1424
各向异性黎曼多面体的反问题:分段光滑的各向异性黎曼多面体反边谱问题:唯一性(英文)	2021—11	38.00	1425

刘培杰数学工作室
已出版(即将出版)图书目录——高等数学

书　　名	出版时间	定　价	编号
项目反应理论手册.第一卷,模型(英文)	2021—11	138.00	1431
项目反应理论手册.第二卷,统计工具(英文)	2021—11	118.00	1432
项目反应理论手册.第三卷,应用(英文)	2021—11	138.00	1433
二次无理数:经典数论入门(英文)	2022—05	138.00	1434
数,形与对称性:数论,几何和群论导论(英文)	2022—05	128.00	1435
有限域手册(英文)	2021—11	178.00	1436
计算数论(英文)	2021—11	148.00	1437
拟群与其表示简介(英文)	2021—11	88.00	1438
数论与密码学导论:第二版(英文)	2022—01	148.00	1423
几何分析中的柯西变换与黎兹变换:解析调和容量和李普希兹调和容量、变化和振荡以及一致可求长性(英文)	2021—12	38.00	1465
近似不动点定理及其应用(英文)	2022—05	28.00	1466
局部域的相关内容解析:对局部域的扩展及其伽罗瓦群的研究(英文)	2022—01	38.00	1467
反问题的二进制恢复方法(英文)	2022—03	28.00	1468
对几何函数中某些类的各个方面的研究:复变量理论(英文)	2022—01	38.00	1469
覆盖、对应和非交换几何(英文)	2022—01	28.00	1470
最优控制理论中的随机线性调节问题:随机最优线性调节器问题(英文)	2022—01	38.00	1473
正交分解法:涡流流体动力学应用的正交分解法(英文)	2022—01	38.00	1475
芬斯勒几何的某些问题(英文)	2022—03	38.00	1476
受限三体问题(英文)	2022—05	38.00	1477
利用马利亚万微积分进行 Greeks 的计算:连续过程、跳跃过程中的马利亚万微积分和金融领域中的 Greeks(英文)	2022—05	48.00	1478
经典分析和泛函分析的应用:分析学的应用(英文)	2022—05	38.00	1479
特殊芬斯勒空间的探究(英文)	2022—03	48.00	1480
某些图形的施泰纳距离的细谷多项式:细谷多项式与图的维纳指数(英文)	2022—05	38.00	1481
图论问题的遗传算法:在新鲜与模糊的环境中(英文)	2022—05	48.00	1482
多项式映射的渐近簇(英文)	2022—05	38.00	1483
一维系统中的混沌:符号动力学,映射序列,一致收敛和沙可夫斯基定理(英文)	2022—05	38.00	1509
多维边界层流动与传热分析:粘性流体流动的数学建模与分析(英文)	2022—05	38.00	1510

刘培杰数学工作室
已出版(即将出版)图书目录——高等数学

书 名	出版时间	定 价	编号
演绎理论物理学的原理:一种基于量子力学波函数的逐次置信估计的一般理论的提议(英文)	2022—05	38.00	1511
R^2 和 R^3 中的仿射弹性曲线:概念和方法(英文)	2022—08	38.00	1512
算术数列中除数函数的分布:基本内容、调查、方法、第二矩、新结果(英文)	2022—05	28.00	1513
抛物型狄拉克算子和薛定谔方程:不定常薛定谔方程的抛物型狄拉克算子及其应用(英文)	2022—07	28.00	1514
黎曼-希尔伯特问题与量子场论:可积重正化、戴森-施温格方程(英文)	2022—08	38.00	1515
代数结构和几何结构的形变理论(英文)	2022—08	48.00	1516
概率结构和模糊结构上的不动点:概率结构和直觉模糊度量空间的不动点定理(英文)	2022—08	38.00	1517
反若尔当对:简单反若尔当对的自同构(英文)	2022—07	28.00	1533
对某些黎曼—芬斯勒空间变换的研究:芬斯勒几何中的某些变换(英文)	2022—07	38.00	1534
内诣零流形映射的尼尔森数的阿诺索夫关系(英文)	2023—01	38.00	1535
与广义积分变换有关的分数次演算:对分数次演算的研究(英文)	2023—01	48.00	1536
强子的芬斯勒几何和吕拉几何(宇宙学方面):强子结构的芬斯勒几何和吕拉几何(拓扑缺陷)(英文)	2022—08	38.00	1537
一种基于混沌的非线性最优化问题:作业调度问题(英文)	即将出版		1538
广义概率论发展前景:关于趣味数学与置信函数实际应用的一些原创观点(英文)	即将出版		1539
纽结与物理学:第二版(英文)	2022—09	118.00	1547
正交多项式和 q—级数的前沿(英文)	2022—09	98.00	1548
算子理论问题集(英文)	2022—03	108.00	1549
抽象代数:群、环与域的应用导论:第二版(英文)	2023—01	98.00	1550
菲尔兹奖得主演讲集:第三版(英文)	2023—01	138.00	1551
多元实函数教程(英文)	2022—09	118.00	1552
球面空间形式群的几何学:第二版(英文)	2022—09	98.00	1566
对称群的表示论(英文)	2023—01	98.00	1585
纽结理论:第二版(英文)	2023—01	88.00	1586
拟群理论的基础与应用(英文)	2023—01	88.00	1587
组合学:第二版(英文)	2023—01	98.00	1588
加性组合学:研究问题手册(英文)	2023—01	68.00	1589
扭曲、平铺与镶嵌:几何折纸中的数学方法(英文)	2023—01	98.00	1590
离散与计算几何手册:第三版(英文)	2023—01	248.00	1591
离散与组合数学手册:第二版(英文)	2023—01	248.00	1592

刘培杰数学工作室
已出版（即将出版）图书目录——高等数学

书　名	出版时间	定　价	编号
分析学教程.第1卷,一元实变量函数的微积分分析学介绍（英文）	2023—01	118.00	1595
分析学教程.第2卷,多元函数的微分和积分,向量微积分（英文）	2023—01	118.00	1596
分析学教程.第3卷,测度与积分理论,复变量的复值函数（英文）	2023—01	118.00	1597
分析学教程.第4卷,傅里叶分析,常微分方程,变分法（英文）	2023—01	118.00	1598
共形映射及其应用手册（英文）	2024—01	158.00	1674
广义三角函数与双曲函数（英文）	2024—01	78.00	1675
振动与波:概论:第二版（英文）	2024—01	88.00	1676
几何约束系统原理手册（英文）	2024—01	120.00	1677
微分方程与包含的拓扑方法（英文）	2024—01	98.00	1678
数学分析中的前沿话题（英文）	2024—01	198.00	1679
流体力学建模:不稳定性与湍流（英文）	即将出版		1680

联系地址:哈尔滨市南岗区复华四道街10号　哈尔滨工业大学出版社刘培杰数学工作室
网　　址:http://lpj.hit.edu.cn/
邮　　编:150006
联系电话:0451—86281378　　13904613167
E-mail:lpj1378@163.com